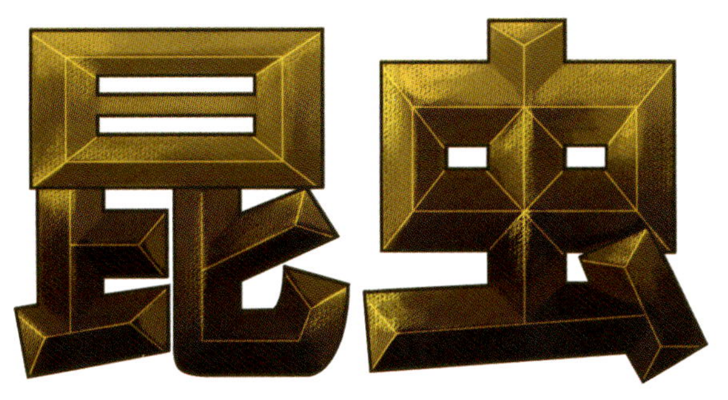

得 韬 主编

央美阳光 绘

青岛出版社
QINGDAO PUBLISHING HOUSE

图书在版编目（CIP）数据

昆虫图鉴 / 得韬主编；央美阳光绘 . — 青岛：青岛出版社，2019.8
ISBN 978-7-5552-8081-1

Ⅰ . ①昆…　Ⅱ . ①得…②央…　Ⅲ . ①昆虫－图集　Ⅳ . ① Q96-64

中国版本图书馆 CIP 数据核字（2019）第 043384 号

书　　名　昆虫图鉴
主　　编　得　韬
出版发行　青岛出版社（青岛市海尔路182号，266061）
本社网址　http://www.qdpub.com
策　　划　张化新
责任编辑　周静静
制　　版　央美阳光
印　　刷　深圳市国际彩印有限公司
出版日期　2019 年 8 月第 1 版　2019 年 8 月第 1 次印刷
开　　本　16 开（787 × 1092）
印　　张　25
字　　数　450 千
印　　数　1— 6000
书　　号　ISBN 978-7-5552-8081-1
定　　价　168.00 元

前言 Preface

提到昆虫，你第一时间会联想到什么呢？是扑扇着多彩的翅膀在空中舞动的蝴蝶，还是明明不起眼却异常团结的蚂蚁？又或者是出没在家庭中，令人生厌却生命力顽强的蟑螂？不管你想到的是哪种昆虫，我们都不得不承认，在这颗美丽的星球上，这些貌不惊人的小家伙是远比我们要“老资格”的居民。

也许有人看到这里会觉得难以置信，认为上面的话是天方夜谭。但是，事实证明，最早的昆虫出现在距今约 3.5 亿年前的泥盆纪，那时连最原始的哺乳动物还没有出现，更别提人类了。经过如此漫长的演化，昆虫早已经从单一、原始的个体形成了多元、复杂的“家族”。

为了能让广大读者对昆虫有一定的了解，我们精心编写了这本《昆虫图鉴》。本书蕴含了作者多年来在昆虫领域研究、探索的成果，用质朴流畅的文字、精美逼真的手绘插图以及灵动多变的编排方式为读者搭建了一座生动有趣的昆虫舞台。昆虫王国的各色成员，或美丽，或轻盈，或古怪，它们的外观、习性、特色都将在这里一一呈现。

昆虫家族究竟有多么庞大？它们都分布在哪里？怎样区分昆虫的种类？它们的构造又是什么样的？……相信你可以在本书中找到想要的答案。

来吧，从此刻起，让我们开始昆虫王国的探索之旅，聆听昆虫的密语。

目　录

Contents

第一章 与昆虫零距离

第二章 昆虫的小秘密

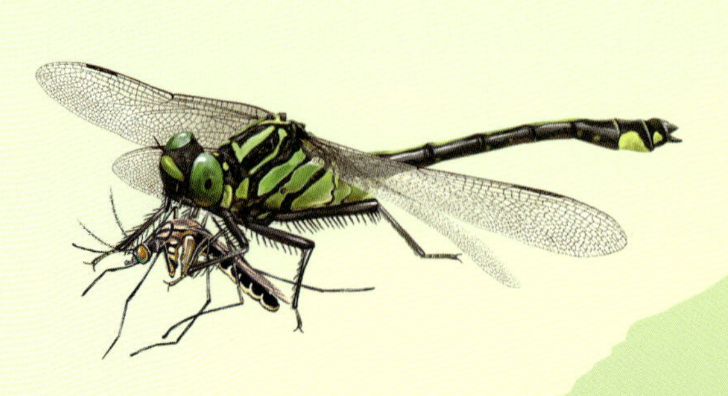

第三章 昆虫“特工”

第四章 千奇百怪的虫虫王国

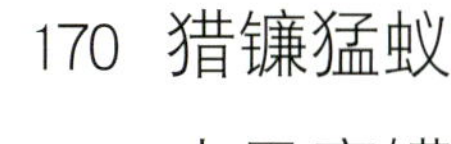

第五章 好帮手 VS 坏家伙

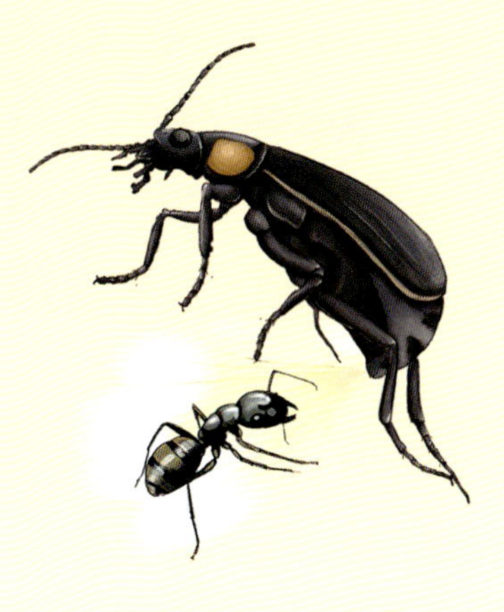

第六章 昆虫的奇妙物语

第一章

与昆虫零距离

昆虫的“发迹史”

世间万物都有各自的起源，我们这本书的“主人公”——昆虫也不例外。昆虫的起源不仅是昆虫学家在意的问题，也是许多地质学者、古生物学家甚至考古工作者颇感兴趣的问题，因为他们认为昆虫的起源与地质结构、生物演化乃至历史进程都有着较为密切的关联。

追根溯源，昆虫最早出现在泥盆纪，距今大约 3.5 亿年。泥盆纪是地球生命发生大变革的时期。当时，海陆地貌变迁，许多生活在海洋里的动物开始大规模上岸，昆虫就在这样的大环境中正式登上历史舞台，成为首批出现在陆地上的动物，比恐龙还要早出现 1 亿年左右。

你知道吗？

在地球地貌发生巨大变动的泥盆纪晚期，除了昆虫，两栖类也选择上岸生活。

昆虫的祖先最早是生活在水里的，身体既长又细，和现在的蠕虫、蚯蚓很相似，全身上下分为很多能够屈伸活动的环节。身体的前端长有稀疏的刚毛，在水中运动时会不断向周围探索、触摸。这样做可以使它们感知到周围的环境是否安全。

随着时间的推移，昆虫的祖先渐渐从水中登上陆地。为了适应环境的改变，它们的身体结构随之发生巨大的变化：原本环形的体节慢慢演变为头、胸、腹 3 部分，短小的多足附肢也渐渐变成六足的形态。它们成为早期昆虫。

早期昆虫在长大的过程中，身体的节数会一节节地增加，性发育从不成熟走向成熟，其余的并不会发生什么变化。它们没有明显的翅膀，最初的多条腹足没有完全退化。后来，那些腹足有的特化成跳跃的器官，有的则依旧保持原样，并延续到现代，就像如今的弹尾目、原尾目以及双尾目昆虫一样。

在演化的早期阶段，昆虫还没有能够用来飞翔的翅膀，都属于“无翅类”。直到泥盆纪末期，一部分无翅昆虫才演化成有翅昆虫。到了石炭纪，地球气候温暖、环境适宜，陆地上生长了许多粗壮高大、枝繁叶茂的植物，促使大多数以植物为食的昆虫拥有了飞行的工具。

石炭纪号称“巨虫时代”。这里所说的“巨虫”指的不单单是昆虫，还包括许多节肢类动物。由于食物充足，大气中含氧量比现代高出不少，因此它们的体形都很巨大。除此之外，石炭纪时期还出现了一些我们十分熟悉的昆虫，比如蜚蠊（蟑螂）、蜻蜓等等。

有翅昆虫虽然比起无翅昆虫有了能够飞翔的优势，但这并不意味着它们过上了无忧无虑的幸福生活。相反，最早的有翅昆虫一直生活在危险之中。原来，最开始的时候，这些有翅昆虫的翅膀既大又长，而且不可以折叠，它们在休息时只能张着翅膀，无法很好地隐藏自己，以致时刻暴露在捕食者面前。结果，很多原始的有翅昆虫渐渐消失了。

食草的巨马陆

蜚蠊

古蜻蜓

早期两栖类引螈以昆虫为食。

后来，翅膀能够折叠的昆虫出现了。它们的身体娇小玲珑，能利用非常小的空间躲避起来，可折叠的翅膀则可以让它们休息的时候保护自己。与不能折叠翅膀的前辈比起来，这些新的种类显然要更加适应竞争激烈的残酷环境。

石炭纪末期，一部分昆虫为了适应剧烈的气候变化，开始继续向更高级演化——蛹的形态出现了！这意味着昆虫的完全变态至此终于产生。不过，昆虫的发展并不总是一帆风顺的。比如二叠纪时期，全球气候干旱，荒漠覆盖了原本陆地上的绿色，大量植食性昆虫失去了食物来源，加上以昆虫为食的捕食动物的威胁，昆虫家族损失惨重，几乎到了灭绝的边缘。但是，凭借自身的各种优势，它们顽强地生存下来。

大约1亿年前的白垩纪，大量开花植物涌现，为昆虫家族的发展提供了有利的条件。哺乳动物与鸟类的繁荣使得虱目、蚤目等寄生昆虫应运而生。就这样，经过亿万年的演化发展，昆虫家族表现出越来越强大的生命力，即便是面对白垩纪晚期的大灾难，也依然顽强地繁衍下来。

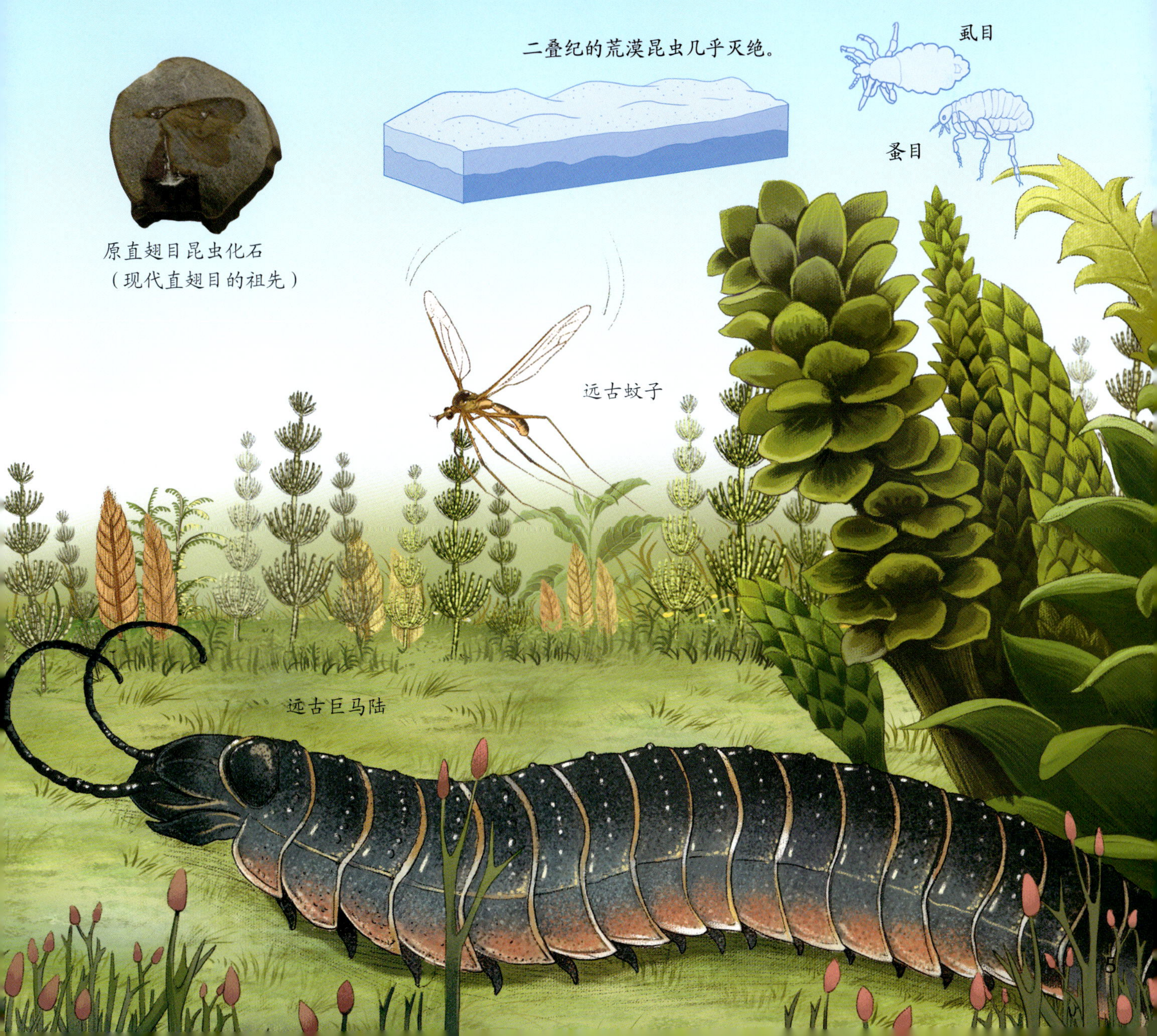

庞大的家族

曾经有科学家估算过，目前仍然生活在地球上的生物大约有 150 万种，其中动物占绝大部分，约有 120 万种。令人瞩目的是，在这大约 120 万种动物里，80% 以上是昆虫。这不得不让人感到惊讶。原来平时看起来毫不起眼的昆虫才是地球上数量最多的“居民”啊！

昆虫在动物界占 80% 的比例

昆虫是什么？

在日常生活里，很多人会将昆虫称为“虫子”。这样的说法其实并不准确，因为并不是人们口中的所有“虫子”都属于昆虫哟！

结网的蜘蛛

示威的蝎子

觅食的马陆

爬行的蜈蚣

以上图片里的动物基本都是人们常挂在嘴边的“虫子”。事实上，它们虽然和昆虫同属于节肢动物大家庭，但顶多算是昆虫的“远亲近邻”，并不属于昆虫家族。

说了这么多，昆虫的概念到底是什么呢？或者说，究竟什么样的动物才算是昆虫呢？

答案很简单，想要成为昆虫，一定要具备以下特征：

翅膀　胸部　复眼　触角　单眼　头部　腹部　口器　后胸足　中胸足　前胸足

1. 身体明显分为头、胸、腹 3 个部分。
2. 头部不分节，长有口器与 1 对触角。
3. 一般具备单眼或复眼。
4. 胸部作为运动中心，长有 3 对足。
5. 通常情况下，成虫会长着两对翅膀，但也有例外。
6. 腹部包含大部分内脏与器官，是生殖和营养代谢的中心。
7. 昆虫在成长过程中一般会经历一系列内、外形态的变化，即变态过程。

不过，区分昆虫与蜘蛛、蜈蚣等其他节肢动物时，一般只需记住昆虫是“有 3 对足、2 对翅，分头、胸、腹 3 部分的动物”就可以了。

昆虫的种类

聊完了昆虫的定义，咱们再来谈谈昆虫的分类吧。

昆虫家族历史悠久，成员种类丰富、数量众多、分布广泛。为了方便认知这些昆虫，昆虫学家结合它们的共同点，为它们进行了细致的分类。他们将昆虫纲按照有无翅膀的特点分为无翅亚纲和有翅亚纲两大类。

一、无翅亚纲

特点：体形娇小，外观原始，没有翅膀，不具备变态的能力。

弹尾目

1. 该目昆虫遍布世界各地，甚至在严寒的冰雪地带也有分布。弹尾目昆虫长有咀嚼式口器，缺少复眼，腹部有6节或更少，在第一、三、四节长有附肢，能够帮助其弹跳。

代表成员：鳞跳虫

原尾目

2. 该目昆虫较为少见，目前只发现了不到100种。它们既没有眼睛，也没有触角，就连口器也深陷头部，进食全靠钻刺。它们的体节较长，腹部足有12节。它们一般在石块、枯叶下或者湿地里的腐殖质中活动。1956年，我国著名昆虫学家杨集昆先生首次在国内发现了原尾目昆虫。

代表成员：红华蚖

双尾目

3. 该目昆虫比较原始，种类较少。它们生活在土壤中、落叶下等荫蔽潮湿的环境中。双尾目昆虫的口器内陷，呈咀嚼式。它们没有复眼和单眼，没有翅膀，触角较长，腹部体节足有11节，腹足痕迹明显，长有两根尾须，因此被称为“双尾目”。

代表成员：康虯

石蛃目

4. 该目昆虫具有原始的上颚，体表密被形状多样的鳞片，无翅，复眼很大，触角较长，长有咀嚼式口器，腹部生有成对的刺突。身体末端有一对长且多节的尾须，中间还有一根特化的长尾须。

代表成员：石蛃

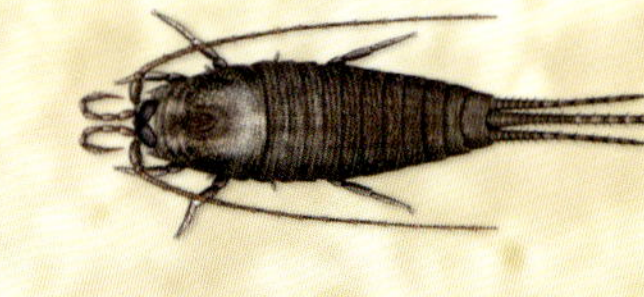

缨尾目

5. 该目昆虫也是比较原始的小型昆虫，以其腹部末端具有线状多节的尾须和中尾丝而得名。它们身体长而扁平，触角呈长丝状，长有咀嚼式口器。缨尾目昆虫喜欢温暖的环境，生活在土壤中、落叶下等，有的也生活在室内。

代表成员：毛衣鱼

二、有翅亚纲

特点：体形偏大，基本都长有翅膀（个别种类已经退化），存在变态的成长过程。

代表成员：蟑螂

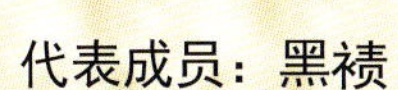

9. 蜚蠊目昆虫的祖先出现在恐龙称霸陆地前的地球上。该目昆虫身体既扁又小，头部长有一对细丝状的触角；长有咀嚼式口器，复眼发达，单眼退化，拥有发达的前、后翅（个别种类缺翅）。它们生命力非常顽强，一点儿也不挑食，无论怎样恶劣的环境都无法妨碍它们生活。2007年，以白蚁为代表的等翅目被撤销，归入蜚蠊目。

蜚蠊目

代表成员：黑襀

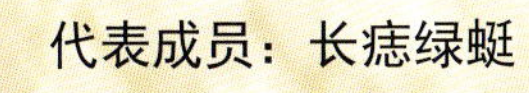

8. 该目昆虫比较原始，最早出现于二叠纪，基本都是杂食类昆虫，对植物或肉食并不挑剔。它们头部宽大，口器退化，长有丝状的触角，膜质前翅一般平叠在腹背，后翅的臀角比较发达。

襀翅目

代表成员：长痣绿蜓

7. 蜻蜓目昆虫的祖先早在恐龙出现前就已经生活在地球上。该目昆虫头部大而灵巧，长有咀嚼式口器和刚毛状的触角以及发达的复眼。它们翅膀上生有网状脉纹，腹部长而狭，属于捕食性昆虫。

蜻蜓目

代表成员：华丽蜉

6. 该目昆虫是中国人比较熟悉的一类昆虫。它们的触角呈短刺形，膜质前翅生有网状脉纹，后翅娇小或干脆退化消失；尾部末端生长着一对丝状长尾须，一些种类还有一根中尾丝。蜉蝣目昆虫自幼生活在水中，成虫生命短暂，古人认为它们“朝生暮死”。

蜉蝣目

代表成员：中华大刀螳螂

螳螂目

10. 该目昆虫颇具进攻性，喜欢捕食其他小昆虫。它们头部呈三角形，转动灵活；长有咀嚼式口器，触角呈丝状。一对大刀似的前足是它们的捕捉足，它们因此被称为凶猛的“刀客”；细长的中、后足擅长爬行。

代表成员：双斑蟋

直翅目

11. 该目昆虫种类较多。它们体形偏向于大中型，身体较为粗壮；前翅狭长，后翅宽大；前足擅长掘土，后足善于跳跃。雌性直翅目昆虫腹部末端长有产卵管。

代表成员：叶䗛

䗛目

12. 该目昆虫因其独特的体形而得名。它们通常喜欢生活在山地、森林等复杂的地形环境中。䗛目昆虫不仅头小，复眼也小，长着丝状的触角。它们身体细长或者宽扁，有的像树枝，有的像阔叶片。这是因为它们具有拟态能力。

代表成员：中华蛩蠊

13. 该目昆虫种类稀少。1986 年，中科院动物研究所王书永先生在吉林长白山天池发现蛩蠊目昆虫并记录下来。它们身体细长，触角呈细丝状，复眼小，尾须长，雄虫还长有特别的“腹刺”。

蛩蠊目

代表成员：短角鸟虱

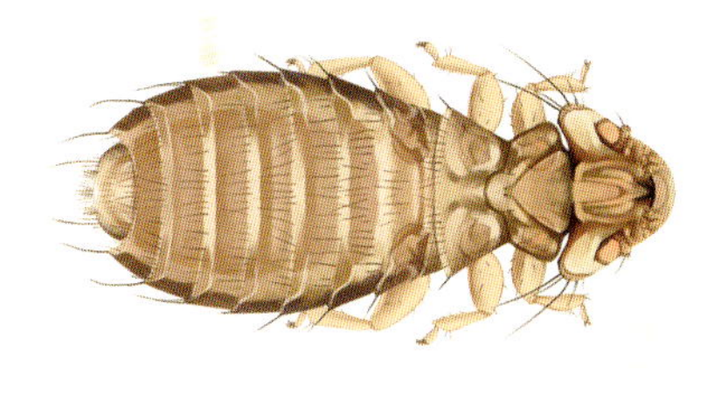

18. 该目昆虫属于寄生类昆虫，一般寄生在哺乳动物或鸟类身上，以被寄生者的毛发或者肌肤分泌物为食。它们的触角大多只有5节，翅膀已经退化，特化的前足能帮它们牢牢攀附在被寄生者的毛发上。

食毛目

代表成员：白斑触啮

17. 该目昆虫比较喜欢在书籍、面粉等环境中生活，个别种类对充满腐烂物质的环境情有独钟。它们身体较小，头部较大，生有长丝状的触角，长有膜质翅，其中前翅大于后翅，有些种类无翅。另外，它们的足部比较发达，善于跳跃。

啮虫目

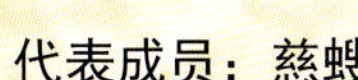

代表成员：蠼螋

16. 该目昆虫一般出没在腐殖质较多的环境中，有筑巢育儿的本能，属于群居性昆虫。它们的身体较长，细长的触角呈鞭状，革质的前翅较短，后翅呈放射状，近似扇形。因为尾须演化后的形状像铗，所以它们也被称为“耳夹子虫”。

革翅目

代表成员：中华缺翅虫

15. 缺翅目是昆虫纲中比较神秘的一目，于1913年创立。该目昆虫中最初发现的种类都是无翅形昆虫，所以被命名为“缺翅目”，后来才发现该目中存在有翅形昆虫。它们体形很小，身体扁平，触角只有9节，呈念珠状。1973年，中科院动物研究所黄复生先生在我国西藏地区发现了该目昆虫。这是我国第一次对缺翅目进行记录。

缺翅目

代表成员：婆罗洲丝蚁

14. 该目昆虫通常喜欢在热带地区一些树木的树皮下营网筑巢。它们身体细长，头部扁小，活动灵巧，复眼发达，口器为咀嚼式。其最大的特点是前足膨大的第一跗节有能够喷射丝线的丝腺体。

纺足目

代表成员：体虱

虱目

19.该目昆虫是人们非常熟悉的“老朋友”。根据种类的不同，它们分别寄生在人或者其他哺乳动物身上。它们身体扁平，眼睛消失或者退化，口器呈刺吸式，触角短小，胸部各节愈合，没有尾须，前足擅长攀附人和动物。

代表成员：人蚤

蚤目

20.该目与虱目都属于寄生类昆虫。它们体形娇小侧扁，口器为刺吸式，触角呈短锥状，皮肤坚韧，表面多刺毛，翅膀已经退化，后足强健有力，善于跳跃，腹部既扁又大，末端长有发达的臀板，感觉敏锐。

代表成员：西花蓟马

缨翅目

21.该目昆虫绝大多数是“素食主义者”，只有少数种类吃肉。它们体形纤细，长有发达的复眼，生有锉吸式口器。其翅膀发达，前后翅狭长，边缘生长着缨毛，所以被称为“缨翅”。

代表成员：白尾红蚜

22.该目昆虫除了植食性，就是捕食性的。它们头部较小，长着一对长长的触角；口器很长，为刺吸式，朝前下方伸出；前胸宽大，中胸长有十分明显的小盾片；前翅为半鞘质，翅基半部骨化，翅端半部为膜质。

半翅目

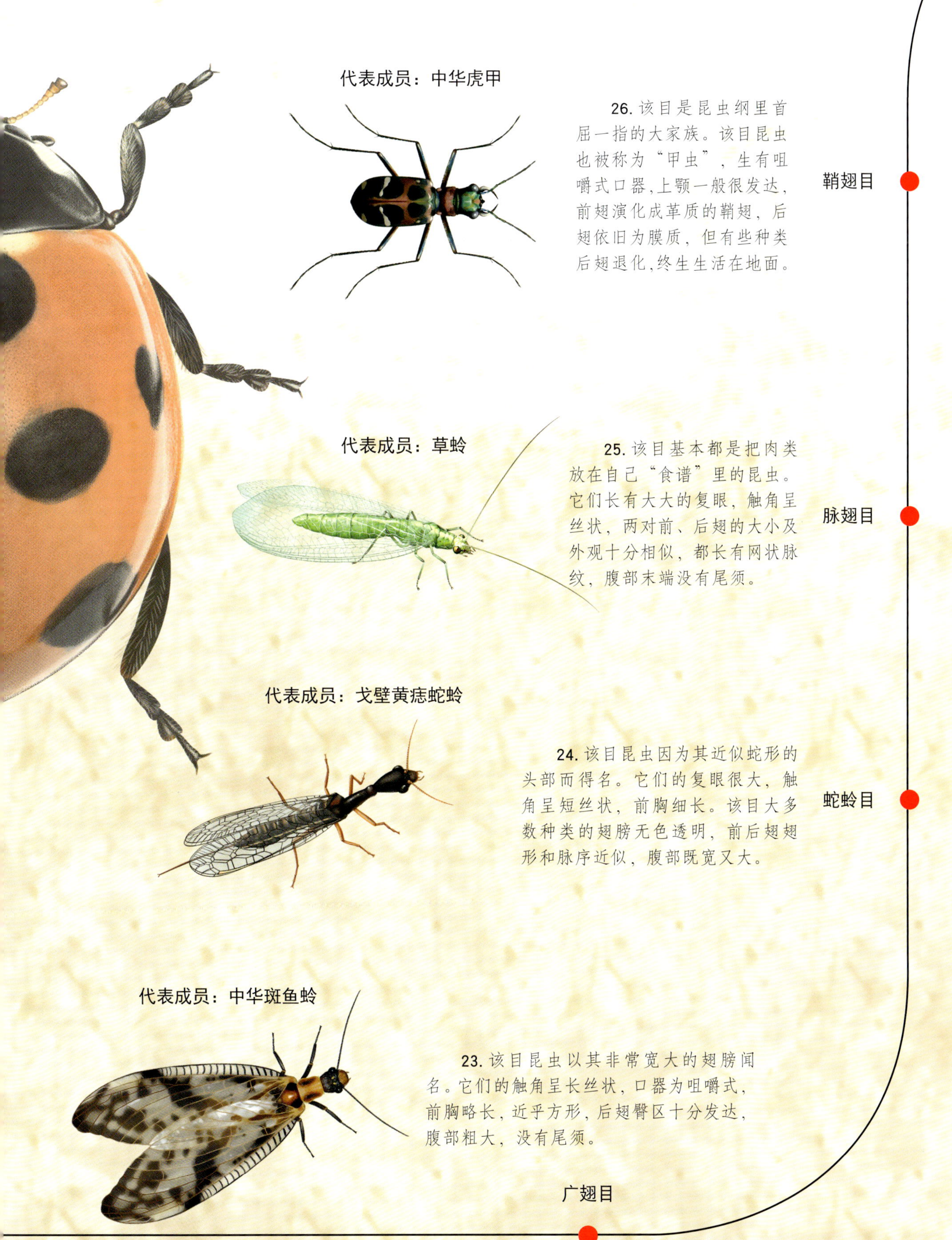

26. 该目是昆虫纲里首屈一指的大家族。该目昆虫也被称为“甲虫”，生有咀嚼式口器，上颚一般很发达，前翅演化成革质的鞘翅，后翅依旧为膜质，但有些种类后翅退化，终生生活在地面。

25. 该目基本都是把肉类放在自己“食谱”里的昆虫。它们长有大大的复眼，触角呈丝状，两对前、后翅的大小及外观十分相似，都长有网状脉纹，腹部末端没有尾须。

24. 该目昆虫因为其近似蛇形的头部而得名。它们的复眼很大，触角呈短丝状，前胸细长。该目大多数种类的翅膀无色透明，前后翅翅形和脉序近似，腹部既宽又大。

23. 该目昆虫以其非常宽大的翅膀闻名。它们的触角呈长丝状，口器为咀嚼式，前胸略长，近乎方形，后翅臀区十分发达，腹部粗大，没有尾须。

代表成员：蜂螭

捻翅目

27. 该目昆虫的触角非常特别，长有很多“枝杈”，像梳子一样。它们不仅前翅已经退化，就连咀嚼式口器也退化得差不多了。该目昆虫退化的前翅呈棒状，宽大的后翅呈扇形。另外，雌虫头与胸之间的连接愈合，没有眼、翅以及足。

代表成员：斑翅蝎蛉

长翅目

28. 该目昆虫因为翅膀大多狭长而得名，雄性腹部末端的钳状尾向上翘起的形象和蝎子有些像，所以它们也被称作“蝎蛉”。它们头部垂直且向下延长，生有咀嚼式口器和大大的复眼，触角呈纤细的丝状。

代表成员：石蛾

毛翅目

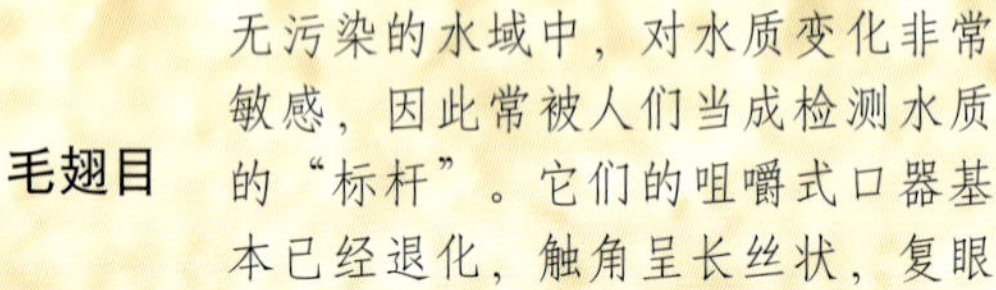

29. 该目昆虫喜欢生活在清洁无污染的水域中，对水质变化非常敏感，因此常被人们当成检测水质的“标杆”。它们的咀嚼式口器基本已经退化，触角呈长丝状，复眼很发达。它们生有两对翅，表面长着鳞或者密集的毛，前翅略长于后翅。

代表成员：凤蝶

30. 该目也是昆虫家族里的“豪门大户”，目前发现的种类超过20万种。它们长着虹吸式口器，纤细的触角形态各异，有棒状、丝状、羽状等。该目昆虫的翅膀为膜质，表面布满色彩鲜艳的鳞片。

鳞翅目

看到这里，也许很多人会有疑问：昆虫的种类为什么如此之多？这其中的奥秘究竟是什么？其实，昆虫种类繁多的原因主要有以下几点：

1. 体形小，在争夺生存空间的战斗中占了很多便宜。

2. 繁殖能力强，大多数成熟的雌性昆虫在与雄性昆虫交配后会产下成百上千的卵。

3. 食量小，食性杂，不用为食物而担心。

4. 对极端、恶劣的环境有很强的适应能力。

5. 在环境不利于生存时，会自发组织远距离的迁移。

6. 本身具有复杂多变的自我保护行为，比如模仿、拟态等等。

代表成员：胡蜂

膜翅目

32. 该目也是昆虫纲的大家族，大多数成员为捕食性或寄生性昆虫，少数成员为植食性昆虫。它们的头部较大，可以较为灵巧地活动，复眼很大，存在单眼；触角形态各异，呈丝状、锤状或膝状等；口器主要分为咀嚼式和嚼吸式两种。

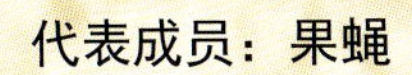

代表成员：果蝇

双翅目

31. 该目是仅次于鞘翅目的昆虫纲第二大家族。它们的口器为舐吸式或者刺吸式，触角也因为种类的不同而形态各异，有环毛状、丝状、具芒状等。该目昆虫只剩下一对正常的前翅，一对后翅已经退化成平衡棒。

长得好奇怪

昆虫历经了无数风雨，度过了亿万年岁月，经历了数次灭绝性的大灾难，依旧生存在地球上。这和它们独特的身体构造不无关系。现在，让我们将昆虫“从头到脚”地好好瞧一瞧吧。

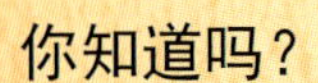

你知道吗？

昆虫在成长到一定阶段后，就不会继续生长了。这不光是代代相传的基因与环境因素限制了它们的成长，更是因为它们坚硬的“外骨骼”。这层外骨骼主要由坚韧的角素组成，覆盖了昆虫整个身体。幼虫如果要长大，就必须蜕掉它们。这种行为被称为“蜕皮”。

正在蜕皮的蝉

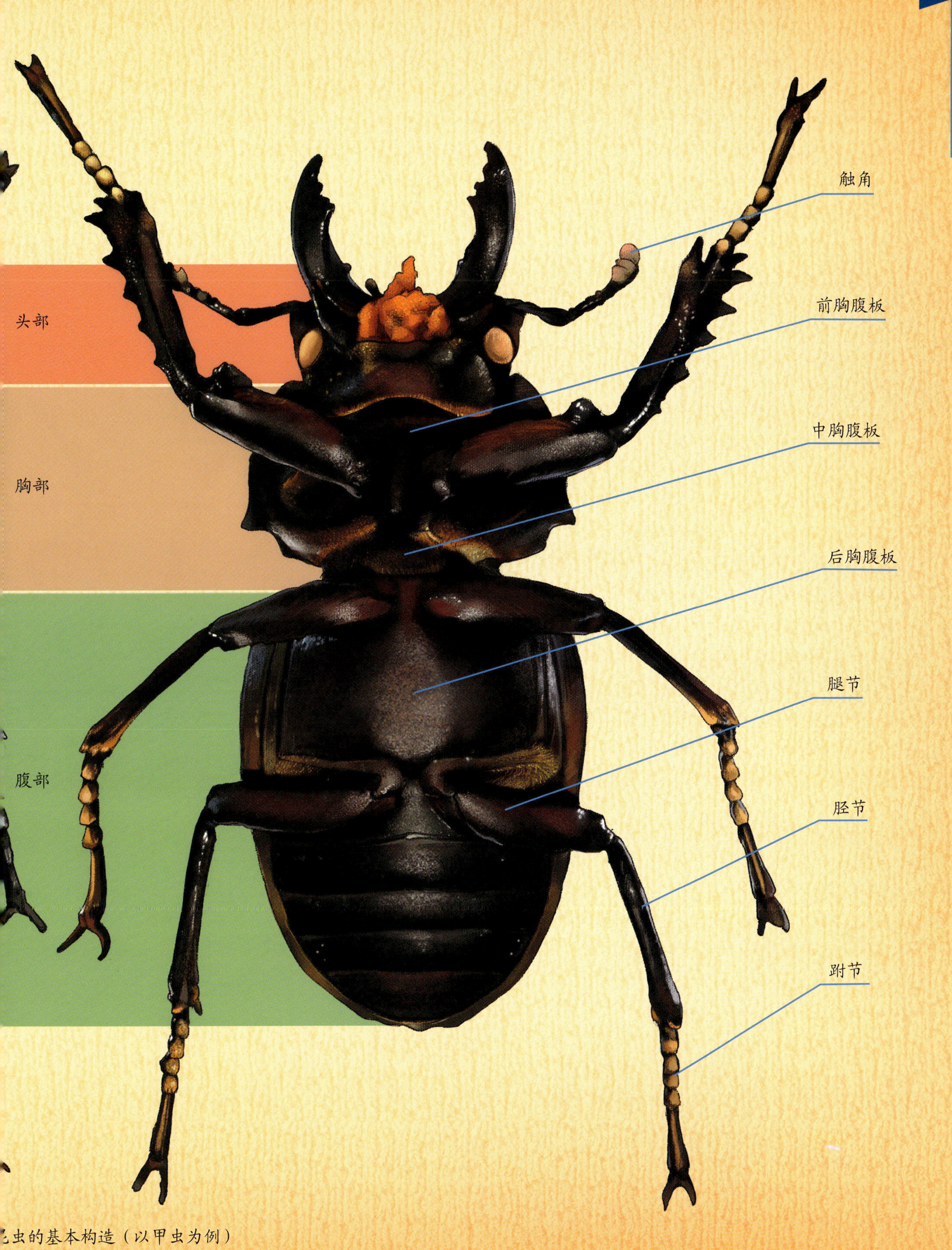

昆虫的基本构造（以甲虫为例）

一、触角

所谓触角，指的是昆虫头部顶端那两根像天线一样的须。因为昆虫的种类、性别存在差异，所以它们触角的长短、粗细与形状也各不相同。观察触角成了识别昆虫种类、判断昆虫性别的重要手段之一。

昆虫的触角基本都生长在其头部额区的触角窝中。触角窝是一种膜质的小坑，位置并不固定，有的种类长在复眼前面，有的则长在复眼之间。

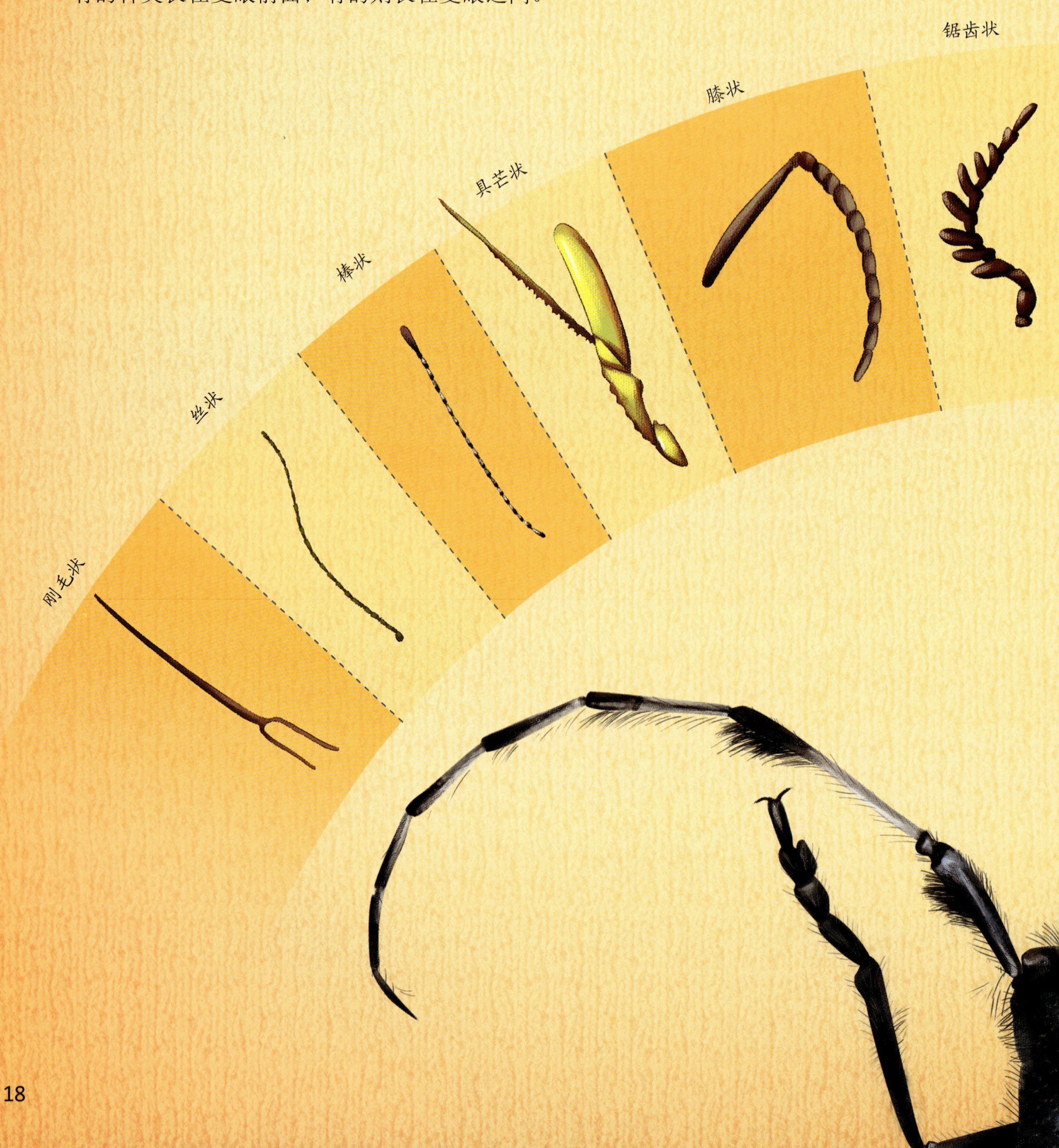

1. 柄节：连接触角窝基部的一节，既短又粗，形状和树叶的叶柄一样，用来支撑梗节和鞭节的活动。

2. 梗节：柄节以上细而短的部分，起承上启下的作用。

3. 鞭节：触角最上面的一节，由数目不等（几个到几十个）的小短节组成，十分纤细。通常同一种鞭节的数目是固定的。

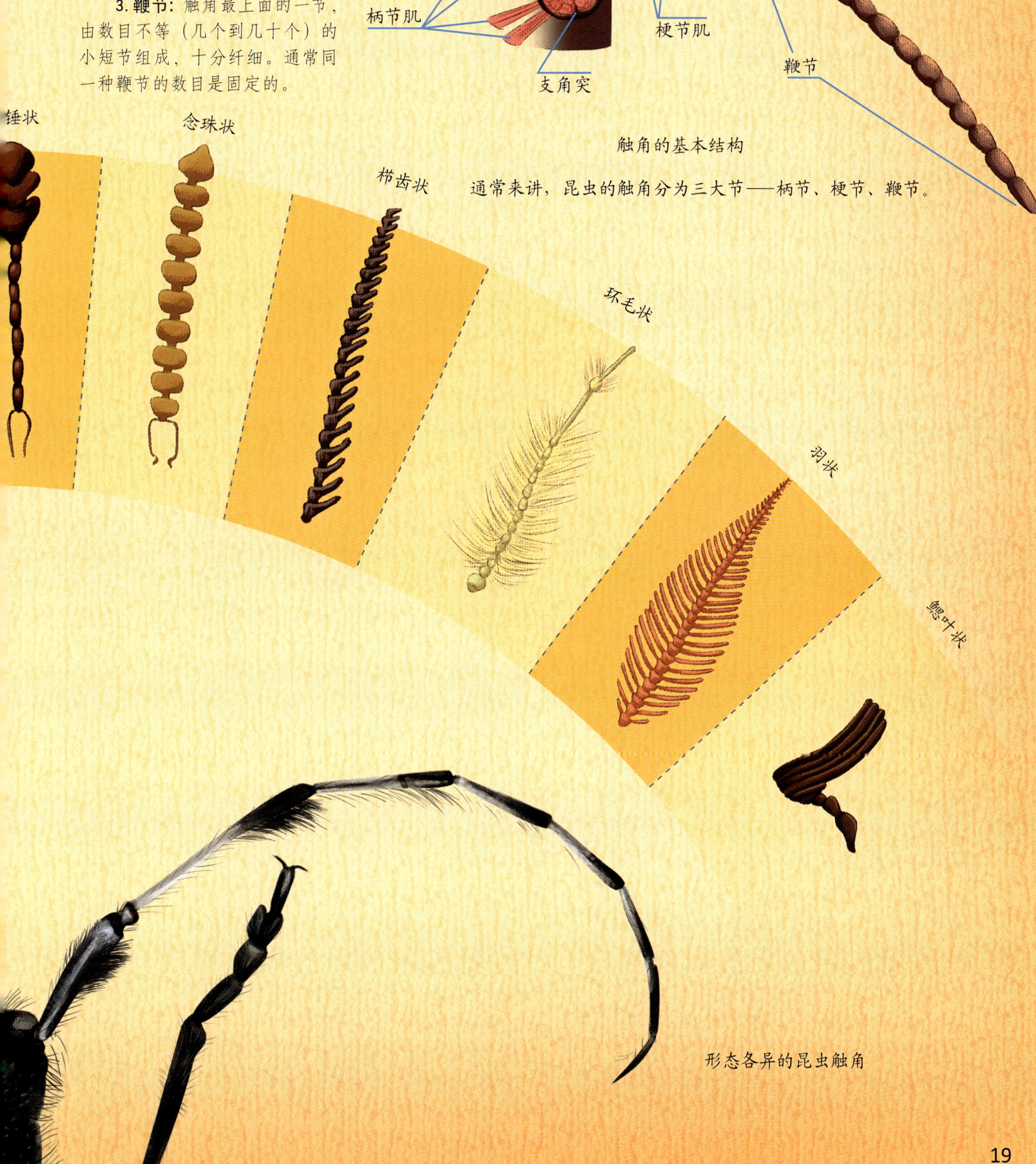

触角的基本结构

通常来讲，昆虫的触角分为三大节——柄节、梗节、鞭节。

形态各异的昆虫触角

1. 刚毛状触角：这是一种很短的触角，通常基部1～2节比较粗大，鞭节纤细好似鬃毛。代表：蜻蜓。

2. 丝状触角：除了基部的两节略显粗大，丝状触角并没有什么太特殊的地方。丝状触角的鞭节由很多大小相似的小节紧紧相连成丝状，然后顶端慢慢变细。代表：蟋蟀。

3. 念珠状触角：该触角鞭节部位的各个小节接近圆珠形，大小相似，连成一串，如同念珠一般。代表：白蚁。

4. 锯齿状触角：该触角的外形和生活里的锯条很像，鞭节上生长的各个小节形状近似三角形。代表：叩头虫雄虫。

5. 栉齿状触角：该触角鞭节上纤细的各个小节都向一侧突出，外形和梳子很像。代表：大栉齿红萤。

6. 羽状（双栉齿状）触角：该鞭节的各个小节呈细枝状向两侧突的出，外表与羽毛非常相似。代表：雄蚕蛾。

刚毛状

丝状

念珠状

锯齿状

栉齿状

羽状

昆虫学家在观察大量不同种类的昆虫实

触角是昆虫重要的感觉器官，不仅能发挥触觉作用，还有着相当于人类鼻子的嗅觉能力，甚至有的种类的触角还有听觉作用。这是怎么一回事呢？原来这些触角的表面长有很多感觉器和嗅觉器，它们和触角窝里的感觉神经相连，对外界刺激非常敏感。这就使得昆虫既能靠触角感觉物体，又能靠它们闻到气味。

放大后的昆虫触角

后，将其触角大致分为12种类别。

膝状

7. 膝状触角： 该触角的形态很有特点：柄节很长，梗节既细又小，鞭节的各个小节大小相近，同时和柄节相连，彼此连接的部分呈膝状曲折。代表：蜜蜂。

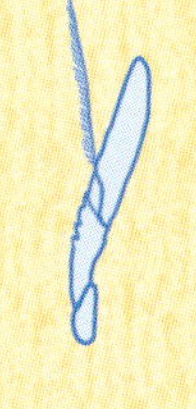

具芒状

8. 具芒状触角： 该触角很短，鞭节部位只有1节。与其他种类触角不同的是，它的鞭节非常膨大，表面长有很多刚毛状触角芒，有的芒上长有很多细毛。代表：蝇。

环毛状

9. 环毛状触角： 该触角鞭节部位长有一圈细毛，而且越是接近基部的细毛往往越长。代表：雄性摇蚊。

棒状

10. 棒状触角： 该触角基部的各节都细长如杆，端部的几个小节慢慢膨大，整体外观看上去就像一根球棍。代表：蝶。

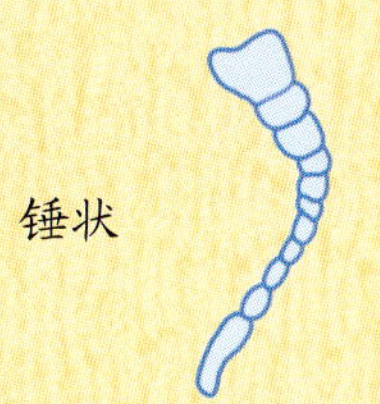

锤状

11. 锤状触角： 该触角基部的各个小节细长如杆，但端部却与之相反，变得“肿胀”如锤。代表：郭公虫。

鳃叶状

12. 鳃叶状触角： 该触角端部的部分小节突然向一侧扩展成薄片状，其相互叠加在一起的外形和鱼鳃很像。代表：泛长角绒毛金龟。

你知道吗？

也许很多人已经注意到了，不同种类的昆虫，其复眼的具体形态是不一样的。比如：有的昆虫复眼是圆形的，有的则是卵圆形的，还有的是肾形的。

昆虫眼睛的特写

二、眼睛

不管对于人类还是其他动物来说，眼睛都是观察外界环境、获取信息的重要视觉器官。昆虫的眼睛自然也不例外，对于它们取食、交配、避敌都有着很大的帮助。

一般来讲，昆虫只有1对大的复眼与1～3个小的单眼。它们的复眼长在头部两侧。由于种类不同，昆虫复眼的具体位置也存在一定差异。有的昆虫复眼长在头部两侧上方，有的长在头部柄状突起的末端，还有的昆虫复眼已经退化或者消失。

三、翅膀

会飞行的昆虫出现的年代比翼龙还要早。它们不仅是世界上最早的会飞的生物，也是独一无二的有翅、能飞行的无脊椎动物。

昆虫翅膀的演化过程和鸟类双翼的不同。前者的翅膀是由胸部背板两侧的侧背叶渐渐扩展演化而成的，后者的翅膀则是由前肢慢慢演变的。成熟的昆虫通常有两对翅膀，生长在中胸的一对叫"前翅"，长在后胸的一对叫"后翅"。

一般来讲，昆虫的翅大略呈三角形，具有三边和三角。翅的边缘、翅脉和翅室往往是鉴别昆虫种类的重要依据。

昆虫大多属于"有翅一族"，但有少数种类是无翅的。有翅昆虫在多年的演化中，其翅的形态、发达程度、质地与表面覆盖物等都发生了许多变化。昆虫的翅大致被分为缨翅、膜翅、鳞翅、毛翅、鞘翅、半鞘翅、覆翅7种类型。

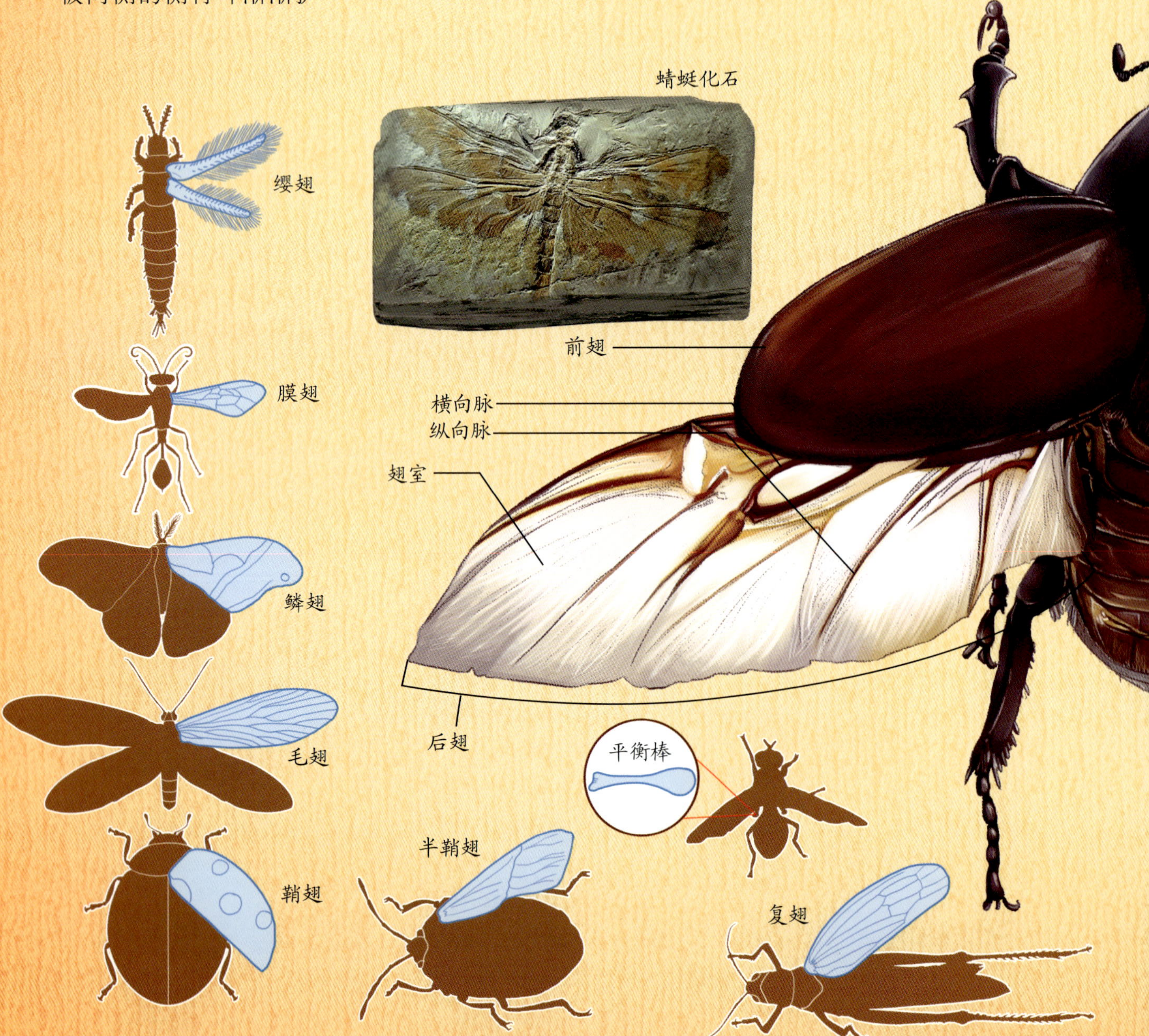

四、腿部

对世界上绝大多数生物而言，腿是非常重要的器官。毕竟，没了腿就意味着生物几乎无法自主行动，获取食物、繁衍后代、躲避危险等行为也会因此受到严重的影响。

昆虫的3对足分别长在前胸、中胸、后胸的部位，因此分别叫“前足”“中足”与“后足”。它们的足主要由5节组成，彼此之间依靠灵活的关节和发达的肌肉相互连接。

根据昆虫足部形态的差别以及各自功能的不同，人们将其分为步行足、捕捉足、跳跃足、游泳足、开掘足、携粉足、攀缘足、抱握足8个种类。

1. **基节**：最靠近胸部小窝的一节，既短又粗，起到支撑整个足活动的作用。
2. **转节**：形状为多角形，十分短小，可以像转轴一样协调足的转动方向。
3. **腿节**：修长发达，粗壮有力，能承担整只足的重力。
4. **胫节**：既长又细，收缩自如，表面长有很多倒刺，与挖掘机的长臂很像，能轻松支配足的活动。
5. **跗节**：被胫节控制，前端长有两爪，能通过接触物体产生的感觉来决定活动。

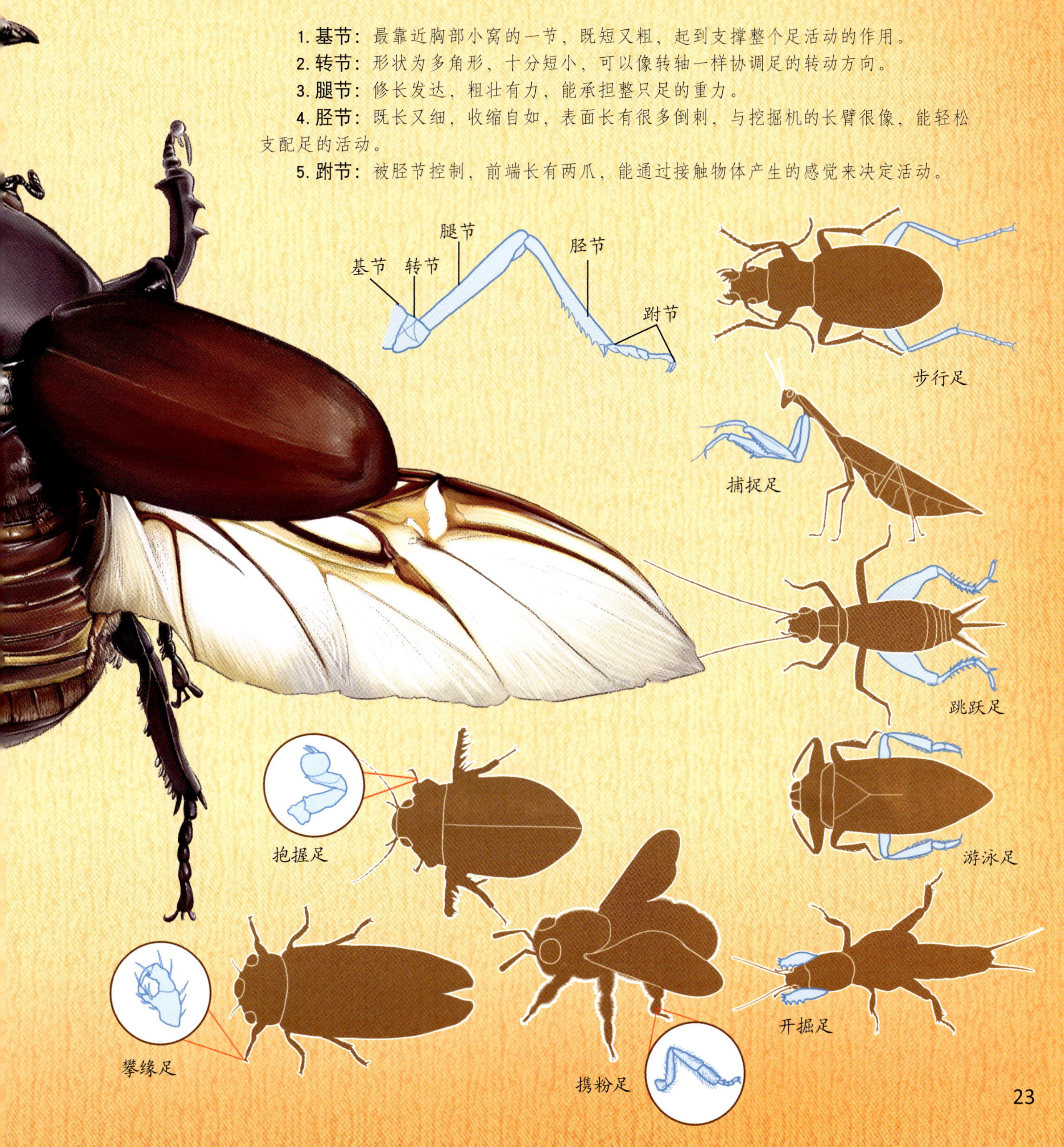

昆虫与文化

昆虫是远比人类更早生活在地球上的“居民”。它们在和人类不断接触与联系的过程中，直接或间接地影响着人们的思想意识、精神文化乃至宗教传说等方面。

一、屎壳郎的华丽“变身”

屎壳郎（蜣螂）是一种以粪便为食的昆虫。在我们的印象里，它们似乎总与肮脏、疾病有关。实际上，屎壳郎是勤勤恳恳的“清道夫”，不仅净化了环境，避免了病害的滋生蔓延，更在某种程度上滋润了土地。因此，古埃及人将勤劳的屎壳郎亲切地称为“圣甲虫”，并赋予其许多吉祥的寓意。

圣蜣螂

古埃及人对圣甲虫的崇拜由来已久。当时，古埃及人观察到圣甲虫在粪球中产卵后，就将它们和太阳联系在一起，脑补出了太阳被巨大圣甲虫推过天空的场景。虫卵自粪便中孵化，古埃及人又把这和生命轮回、死者复生联系到一起。他们还干脆在死者的身上与坟墓中放上一些圣甲虫，希望圣甲虫能帮助死者复活。

古埃及人为了表达自己对圣甲虫的崇拜，甚至以其为原形创造了一位神明——太阳神凯布利，并为其兴建了神庙与塑像。

卡尔纳克神庙前的圣甲虫石像是太阳神凯布利的象征。

太阳神凯布利的形象很奇怪：他长着一个圣甲虫的头部（也许戴着圣甲虫面具）与一副人的身躯，手里拿着象征复活的生命之钥与权杖。

你知道吗？

古埃及人尊奉的太阳神有3名，分别是象征清晨的太阳神凯布利、象征中午的太阳神拉、象征傍晚的太阳神亚图姆。

除此之外，圣甲虫还被古埃及人赋予驱邪、避灾的含义。人们制作了许多圣甲虫护身符，希望借助它们得到神明的庇护，并祈盼它们能带来好运与健康，使自己免受厄运和疾病的侵袭。这种传统一直延续到今天。

圣甲虫护身符

二、蝉之雅

人们对蝉这种昆虫并不陌生。每到炎炎夏日，它们就会在树木上优哉游哉地吸食树汁。

汉代经典“汉八刀”玉蝉

从蝉的表现来看，它们吸食植物汁液，危害树木生长，是地地道道的害虫。但是，在遥远的古代，蝉却被人们视为一种有灵性的神秘圣物。这是为什么呢？原来，古人发现蝉在天气温暖的时候爬上树木鸣叫，在天气转凉时钻入土里休养，如此周而复始，似乎永远也不会消失（其实这是古人的误会）。于是，古人将蝉当成“脱胎换骨，转世重生”的象征，对其非常推崇，并将它们的形象雕琢成玉制品。

三、蚕神与蚕

很多人对白白胖胖的蚕宝宝很熟悉，毕竟中国是世界上最早养蚕缫丝的国家，历史可以追溯到 5000 多年前。

商代青铜蝉纹鼎

除此之外，商周时代的古人还在青铜器上留下了蝉纹。其中有的与实物十分相像，有的则只是蝉形的几何图纹。

由于过去科技不发达，古人认为养蚕就该有个蚕神来掌管蚕的产量和蚕茧的收成。多年来，民间流传的蚕神形象一直未曾统一，有的蚕神是一个年轻女子和一匹马，有的则是雍容的仙姑等等。

几千年来，养蚕业一直是中国古代小农经济的一个支柱，因此历朝历代的统治者都对祭祀蚕神的活动很重视。比如：有些朝代的皇宫内设有先蚕坛，供皇后祭祀蚕神。

除了官方的祭祀，民间的蚕神崇拜才是真正的重头戏。各地百姓纷纷祭祀不同的“蚕神”，献上自己的诚意，祈祷自家的蚕能够在明年大丰收。值得一提的是，民间供奉蚕神的场所其实并不一样：正式一点的建起专门的蚕神庙、蚕王殿，稍差一点的则在佛寺的偏殿或所供养的菩萨旁塑个蚕神像，再随便一点的干脆直接在自家墙上嵌砌神龛供奉“蚕神纸马”。

祭祀蚕神

四、蝗虫之灾

蝗虫是啃食庄稼的害虫，一旦大量繁殖、集群活动，那么恐怖的蝗灾就会出现。疯狂的蝗群会吃掉它们发现的一切食物。更可怕的是，蝗群将某地啃成荒野后，就会向下一个地点转移，继续为非作歹。

在中国这个传统的农业大国，有关蝗灾的记录很多。因为古人迷信，加上当时没有太好的应付蝗灾的办法，所以人们对蝗虫敬若神明，谈“蝗”色变，认为蝗虫是上苍派来惩罚世人的使者。以唐代某次蝗灾为例，蝗灾暴发后，人们只知道对蝗虫设祭膜拜，却不敢捕杀它们，任由蝗虫啃食田地里的庄稼。

在古代，很多地方建有“蝗神庙”，尤以华北一带为多。每逢蝗灾严重时，百姓们就会敲锣打鼓地到蝗神庙里祭祀，希望蝗神“收了神通”。

你知道吗？

古人所祭祀的蝗神一般指的是虫王刘猛将军。其实早在周代就有关于“虫王”的祭祀，只不过当时人们所祭拜的是虚构的自然神。后来，虫王的祭祀才完成了从自然神到“人格神”的过渡，变成了这位刘猛将军。不过，刘猛将军到底是谁，历史上并没有定论。

蝗虫灾

昆虫的亲朋好友

在动物界，有很多动物被误认为昆虫，但它们只是外表像昆虫，实际上并不符合昆虫的“标准”，而是节肢动物的成员。

燕山蛩 *Spirobolus bungii* Brandt

燕山蛩的外表和我们印象里的“虫子”一样，但它们并不是学术意义上的昆虫，而是节肢动物——马陆的一员。燕山蛩的身体下方长有密密麻麻的足，因此它们还有一个有趣的名字叫“千足虫”。

辨识要诀 燕山蛩 >>>

燕山蛩的身体呈圆筒状，既长又粗，体表长有一圈圈黑色的纹路，形成了黑白相间的体色。

无害之虫

燕山蛩的外观乍一看和蜈蚣有些相似：两者都长着长长的身体，生有许多足。因此，许多人觉得它们和蜈蚣一样，也是危害人类的捕食性动物。事实上，燕山蛩性格很温和，基本不会攻击人类。而且，它们生活在阴暗潮湿的山区，只吃一些枯枝落叶形成的腐殖质或有机质，从这种意义上讲是无害的。

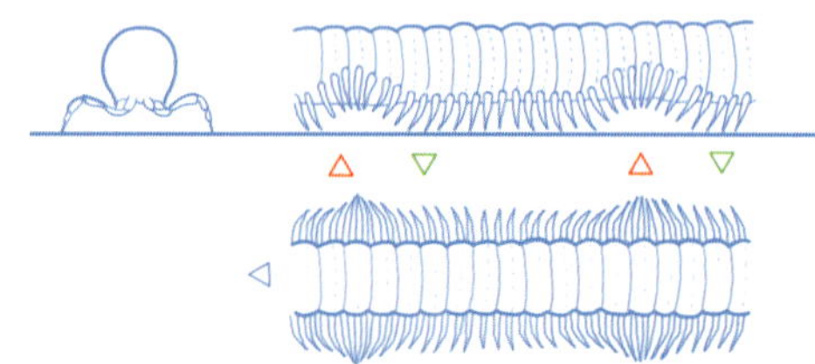

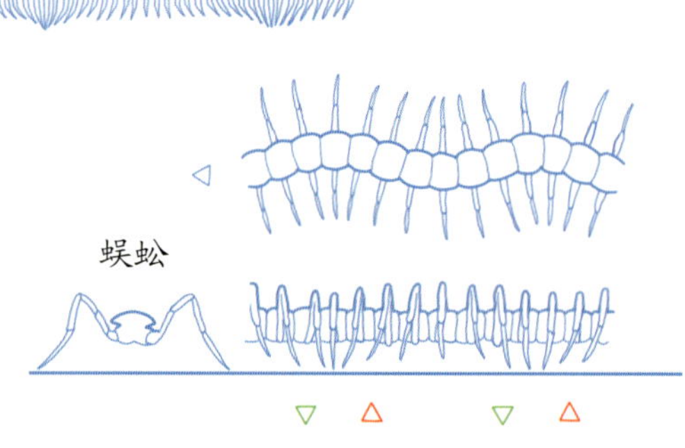

难闻的异味

在野外遇到燕山蛩时，如果靠近它，就会闻到一股难闻的气味，那是燕山蛩受到刺激时从体内分泌出的毒臭液的气味。

大　小	成虫体长 68 ～ 80 毫米。
栖息环境	低、中海拔山区
食　物	以落叶等腐殖质或有机质为食
分布地区	中国、东南亚部分国家和地区

恐怖的史前生物——巨型马陆

▶ 马陆是节肢动物圈子里的“老前辈”，早在3亿多年前的石炭纪就活跃在地球上。因为当时的地球气候湿润，大气内氧气含量非常高，所以包括马陆在内的陆生动物体形都格外巨大。

步履缓慢

别以为燕山蛩有这么多腿就是“跑步健将”。实际上，燕山蛩的行动速度并不快，大部分动物可以轻松地追上它们。燕山蛩一旦感觉到危险时，就会将长长的身子卷成一团，以一盘卷曲的蚊香的姿势卧在一处。

燕山蛩的构造

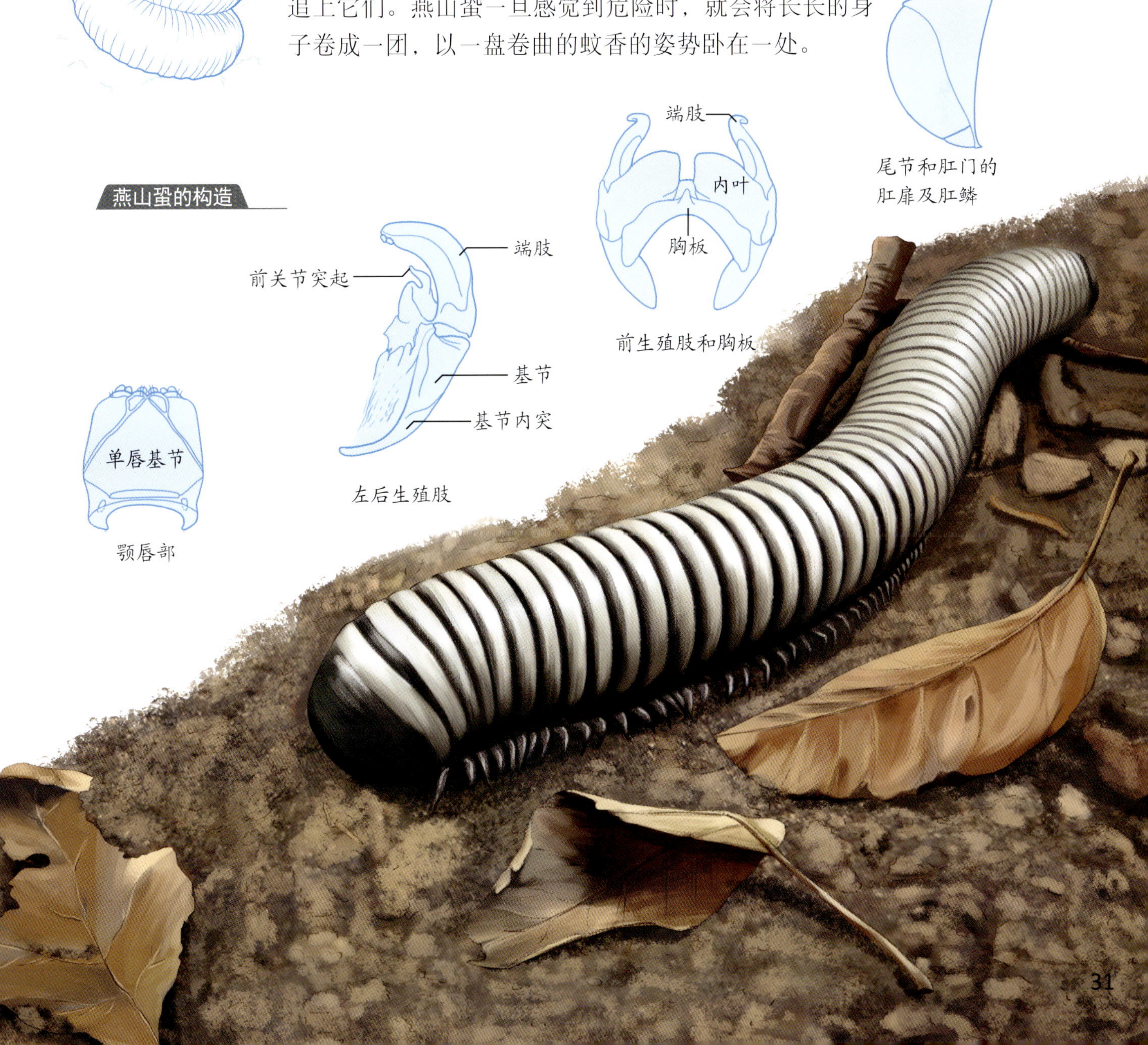

大　小	成虫体长 100 ~ 200 毫米。
栖息环境	山坡、田野、路旁、杂草中、石隙、墙角、厨房等地
食　物	其他节肢动物（包括昆虫）、老鼠、青蛙等
分布地区	亚洲、印度洋诸岛、南美洲

金头蜈蚣 *Scolopendra subspinipes mutilans*

金头蜈蚣是凶名赫赫的毒物，其名字来源于它们色彩鲜艳的头板和第一背板。不过，金头蜈蚣并没有毒牙，只有一对颚肢，那是它们身体最前端被特化的足。颚肢的尖端非常锋利且与体内的毒腺相连，是它们克敌制胜的法宝。

辨识要诀　金头蜈蚣 >>>

金头蜈蚣头部为金红色，躯干为深黑色，足部为黄色。成虫的身体有 20 多个体节，每节各有 1 对足，因此民间也管它们叫“百脚虫”。

它们好毒！

民间一直流传的“五毒”（蛇、蝎子、蜈蚣、蟾蜍、壁虎）里就有金头蜈蚣的一席之地。金头蜈蚣的毒液里含有剧毒物质，人一旦被金头蜈蚣蜇咬，就会感觉十分疼痛，同时伤口还会肿胀、发热，此时应该立即就医，否则会相当凶险。

夜晚活动

金头蜈蚣白天一般藏在巢穴里养精蓄锐，直到夜幕降临，才会集体出巢活动。通常 20：00—24：00 是它们的活动高峰期，捕食、交配等行为基本在这个时间段完成。金头蜈蚣是凶猛的捕食动物，虽然眼神不好，但对气味和振动十分敏感。察觉到猎物时，它们就会迅速行动，像蛇一样用身体将猎物卷住，再用颚肢向猎物注射毒液，然后静静等待，直到猎物毒性发作。

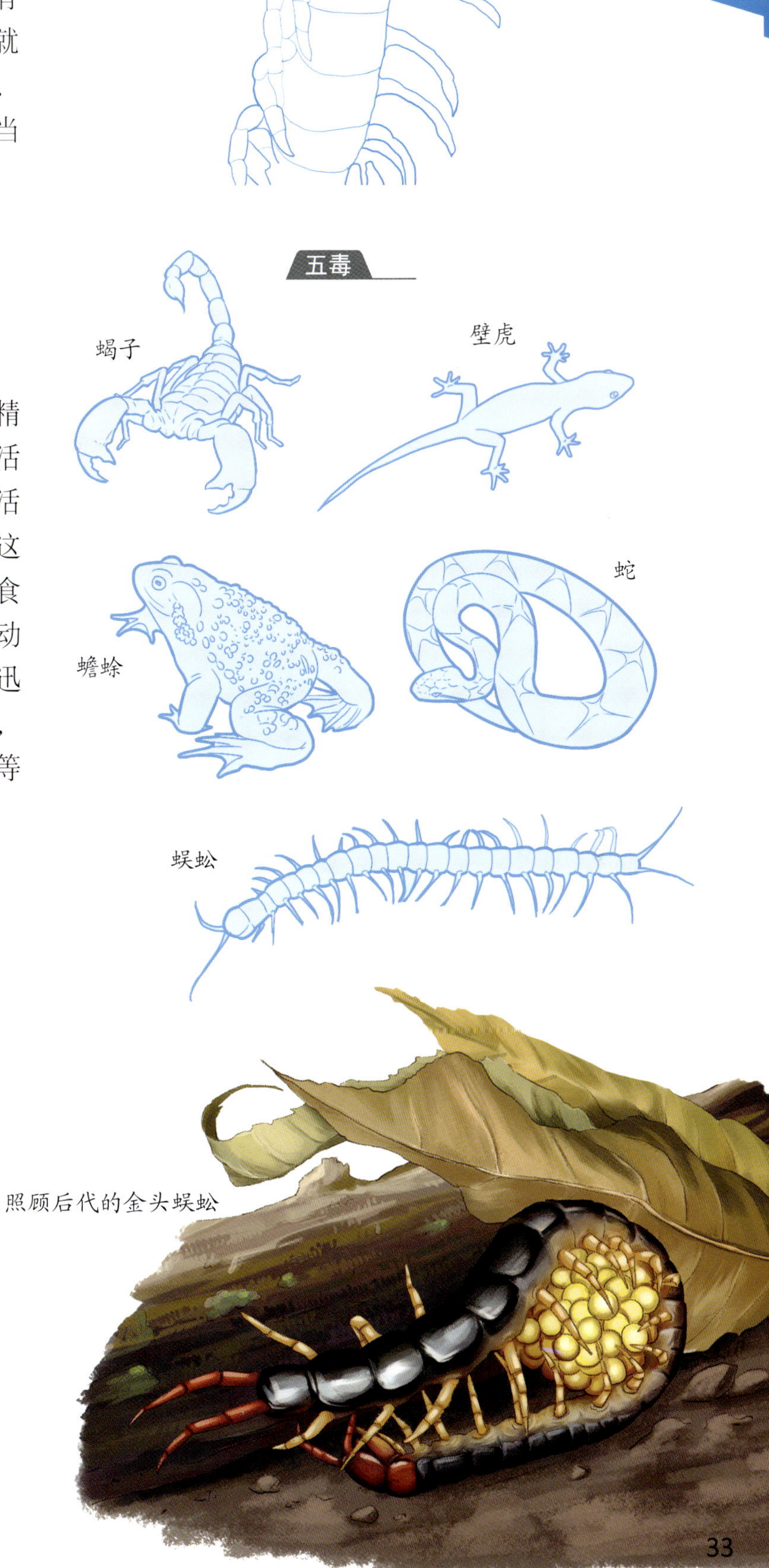

照顾后代的金头蜈蚣

▶ 金头蜈蚣虽然看上去很凶残，但也有温情的时候。雌性金头蜈蚣产下后代时，会把身体盘在一起，将卵围在身体中央细心照料，直到蜈蚣宝宝从卵中孵化出来为止。

白额高脚蛛 *Heteropoda venatoria*

蜘蛛常被人们误认为昆虫，但它们显然不符合昆虫的定义（头、胸、腹3段；2对翅膀；3对足）。蜘蛛的种类大致可以分为“室内党”和“野外派”，其中白额高脚蛛就是室内蜘蛛里体形最大的一种。

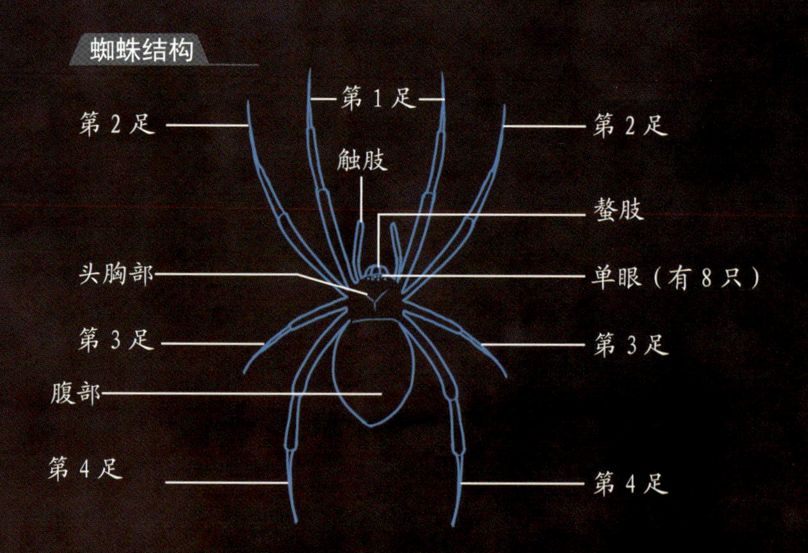

大　　小	成蛛体长20～25毫米，全长70～100毫米。
栖息环境	室内阴暗的地方
食　　物	蟑螂、苍蝇、蛾等小昆虫
分布地区	广泛分布于世界各地。

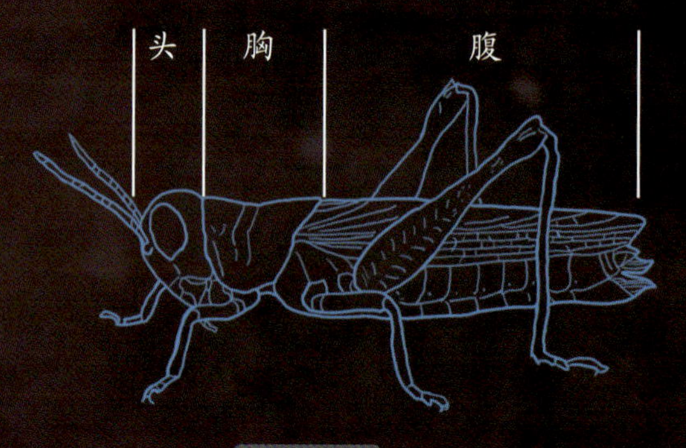

昆虫结构

辨识要诀　白额高脚蛛（雌性）>>>

白额高脚蛛俗名“高脚蜘蛛”，全身密布黄灰色的细毛。其头部额区生有一条白色横带，这是它们名字的由来。雄性与雌性的外观差别很大：雄性背甲上长有大大的黑色“V”形斑纹，雌性则没有斑纹，而且雌性的体色更深，体形更大。

胆小与自卫

很多人因为白额高脚蛛不讨喜的外表而害怕它们，但其实白额高脚蛛胆子很小，遇到危险就会迅速逃跑。不过，人们如果贸然去抓它们，很有可能会被自卫的白额高脚蛛咬伤。

蟑螂克星

白额高脚蛛是一种肉食动物，喜爱捕食一些小昆虫，尤其对蟑螂情有独钟。它们在夜间活动时，通常会到处寻找蟑螂的踪迹，然后吃掉蟑螂。因此，不少家庭选择在家里饲养白额高脚蛛作为“杀蟑神器”。

夜间出没

白额高脚蛛张开自己的8条大长腿时，足有1张普通碟片那么大，是最大的室内蜘蛛之一。不过，这些“大家伙”非常不喜欢明亮的光线。因此，白额高脚蛛白天一般会藏身在屋顶、橱柜缝隙等阴暗的角落，直到天色转黑时才会出来四处活动。

◀ 在人们的印象里，蜘蛛与结网是分不开的，但其实并不是所有的蜘蛛都会织网，白额高脚蛛就是“不会织网的特殊蜘蛛”之一。

红背蜘蛛 *Latrodectus hasselti*

“黑寡妇蜘蛛”的大名想必很多人有所耳闻，它们是世界上最毒的蜘蛛之一，毒性之猛烈甚至是响尾蛇的好几倍。不过，很少有人知道，“黑寡妇蜘蛛”指的并不是单纯一种蜘蛛，寇蛛属里的很多蛛类可以被称作“黑寡妇”。澳大利亚的红背蜘蛛就是其中之一。

“寡妇”之名

红背蜘蛛是大名鼎鼎的“黑寡妇蜘蛛”里的一员。它们为什么被称作“寡妇”呢？这源于其雌蛛残忍的本性。动物学家发现：红背蜘蛛的雌性在和雄性交配后，往往会将雄蛛吃掉，将其化作自身的养分，用于繁衍后代。

雌性红背蜘蛛吃掉了雄性的红背蜘蛛。

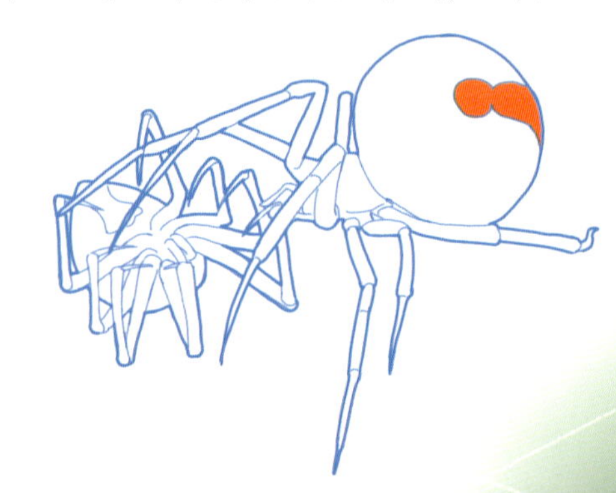

苦命的雄蛛

与雌性比起来，雄性红背蜘蛛的命运可以说是非常坎坷。它们从出生开始，只背负了一个使命——寻找雌蛛，与其交配。在寻找雌蛛的过程中，雄蛛一般不吃不喝，很大一部分雄蛛会死于这个过程。另外，雄蛛还会根据周围雌蛛的情况来调节自己的成熟速度，在完成交配后自愿牺牲，喂饱雌蛛。

雄性红背蜘蛛背部有明显的黄斑。

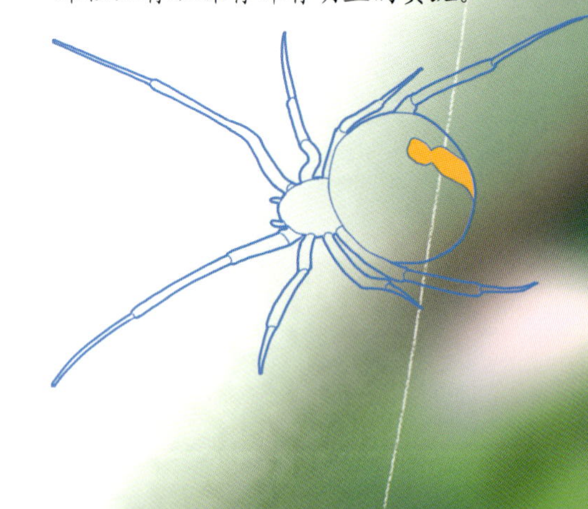

毒性凶猛

红背蜘蛛是澳大利亚毒性最猛烈的蜘蛛之一。人们刚被红背蜘蛛蜇咬后很难发觉，直到数分钟后才感觉伤口发热疼痛，几小时后毒性开始发作，肌肉无力、呕吐、心跳加速、发烧、痉挛等症状纷纷出现。如果就医不及时，伤者很可能会因此死亡。

红背蜘蛛原产于澳大利亚，是当地著名的“剧毒杀手”。但是，如今红背蜘蛛的生存空间已经不局限于澳洲一地。美国北部、日本等国家和地区也出现了它们的身影。这给当地的人们带来了恐慌。

辨识要诀　红背蜘蛛 >>>

红背蜘蛛的躯干主体以及腿部为黑色，个头不大，背部长有一道红色条斑。它们的名字即由此而来。红背蜘蛛捕猎时常将猎物的肉体分解后再吸食。

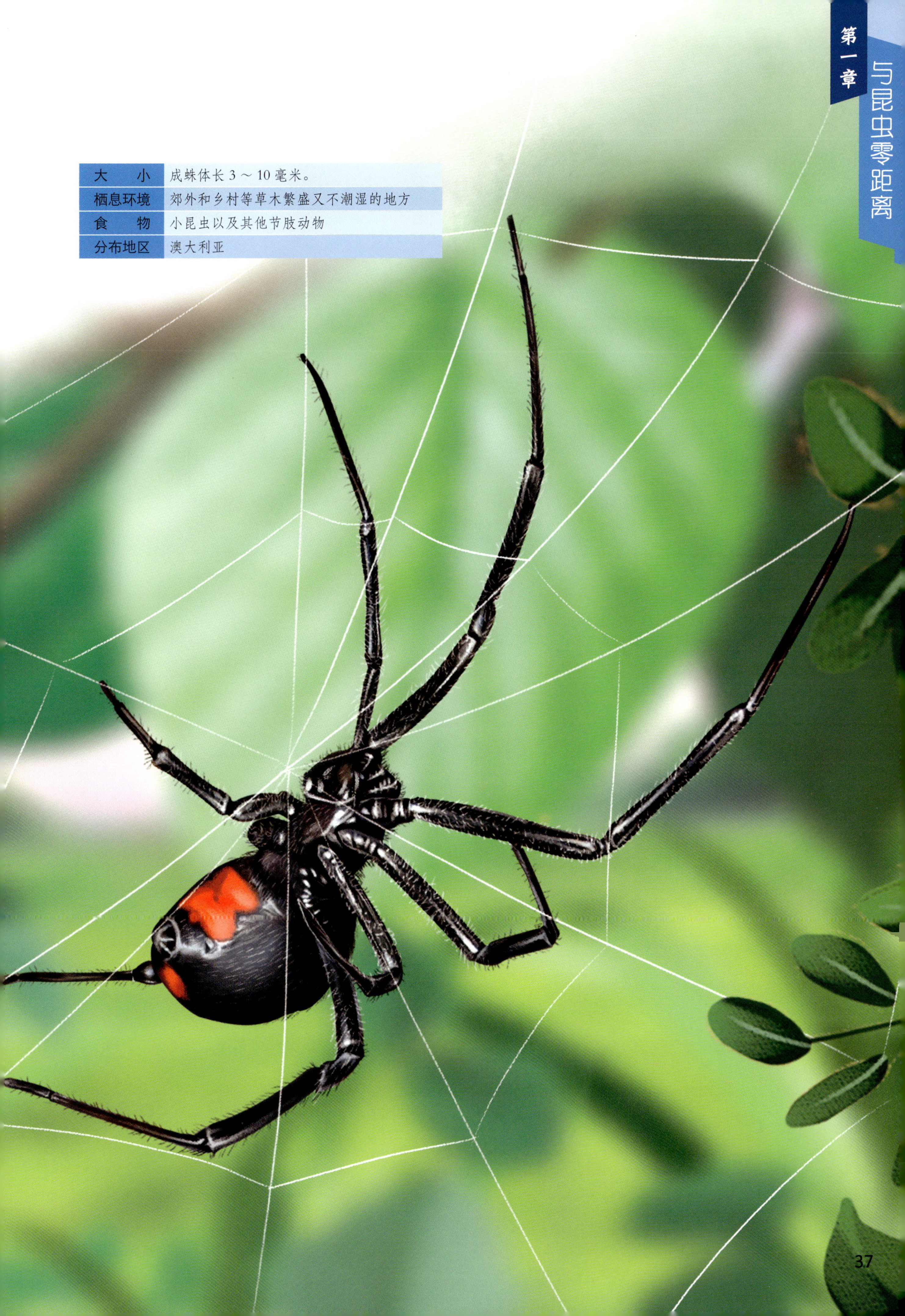

大　小	成蛛体长 3～10 毫米。
栖息环境	郊外和乡村等草木繁盛又不潮湿的地方
食　物	小昆虫以及其他节肢动物
分布地区	澳大利亚

亚马孙巨人食鸟蛛 *Theraphosa blondi*

从名字就能看出来，这是一种大型蜘蛛。亚马孙巨人食鸟蛛又叫“歌利亚巨人食鸟蛛”，是目前公认的世界上体形最大的蜘蛛，还被载入《吉尼斯世界纪录》。

大　　小	成蛛体长 28 ～ 35 厘米。
栖息环境	雨林
食　　物	小型昆虫、鸟类以及其他小型动物
分布地区	南美洲北部

强大的“猎人”

亚马孙巨人食鸟蛛体形巨大，可以轻易制服绝大多数昆虫、节肢动物，就连一些小型脊椎动物（鸟类、老鼠）也不是它们的对手。亚马孙巨人食鸟蛛打算捕猎时，会微微抬起身体前端，举起自己的附肢，然后猛地扑向猎物，将自己将近 4 厘米长的大螯“敲”入猎物体内，狠狠钳制住猎物。在猎物无法动弹以后，亚马孙巨人食鸟蛛就会把毒液注入猎物身体里，待其慢慢消化、分解猎物。最后，它们就可以吸食猎物，痛痛快快地饱餐一顿。

应敌手段

亚马孙巨人食鸟蛛在遇到无法解决的强敌或者受到刺激时，就会用足快速地摩擦腹部的刚毛，使它们簌簌落下并飘浮在空中。这些刚毛十分细小，而且都带有微小的倒钩，一旦这些倒钩粘到敌人身上，敌人就会又疼又痒，从而放弃攻击。如果人们不小心让飘浮的刚毛进入眼睛里，那是一件非常麻烦的事情，必须赶快到医院寻求专业医师的帮助，否则很难将这些带有倒钩的刚毛除去。

歌利亚是传说中腓力士的猛将。他拥有无尽的勇力，领兵将以色列人打得节节败退，使扫罗王和其他以色列士兵望而生畏。最后，由于太过大意，歌利亚被以色列牧童大卫用投石击败并杀死。

辨识要诀　亚马孙巨人食鸟蛛 >>>

亚马孙巨人食鸟蛛体色灰黄，体表长有许多刚毛。它们虽然生有 8 只眼，却是超级大近视。不过，它们嘴边长着一对强健有力的螯，连接着毒腺，能自如转动，必要的时候可以像一把钳子一样钳制住敌人或猎物，并将毒液注入。

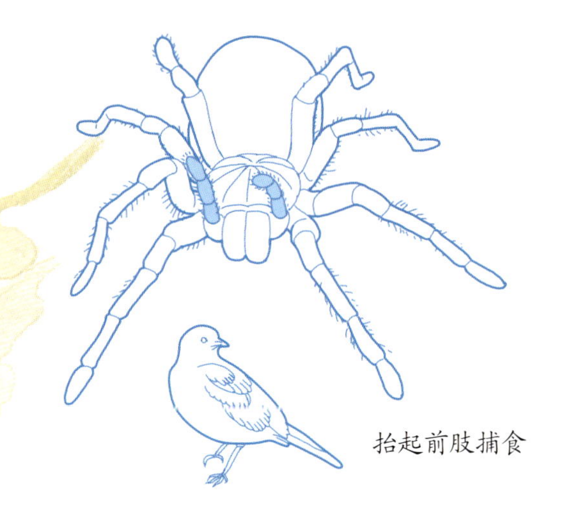

抬起前肢捕食

悉尼漏斗网蛛 *Atrax Robustus*

悉尼漏斗网蛛是一种毒性不亚于红背蜘蛛（黑寡妇）的毒蜘蛛。它们是世界上最致命的蜘蛛之一。同时，悉尼漏斗网蛛性格凶猛，每年都会发生它们蜇咬人类的事件。

大　　小	成蛛体长 10 ～ 50 毫米。
栖息环境	潮湿的地洞
食　　物	昆虫和其他小动物
分布地区	澳大利亚悉尼

脉脉温情

悉尼漏斗网蛛虽然性格凶暴，经常攻击招惹它们的人类，但面对子女却很温柔。蜘蛛宝宝刚孵化时，就会摸索着爬到雌蛛的身上，乖乖地挤在一起，看上去就像为雌蛛的身体裹了一块树皮一样。雌蛛不管到哪里，都会背着宝宝们一起行动，直到它们长大。

辨识要诀 悉尼漏斗网蛛的网>>>

悉尼漏斗网蛛的躯干为暗红色或褐色，8只暗红色的足表面生有黑色条段纹路。它们编织的漏斗状的网是其名字的由来。

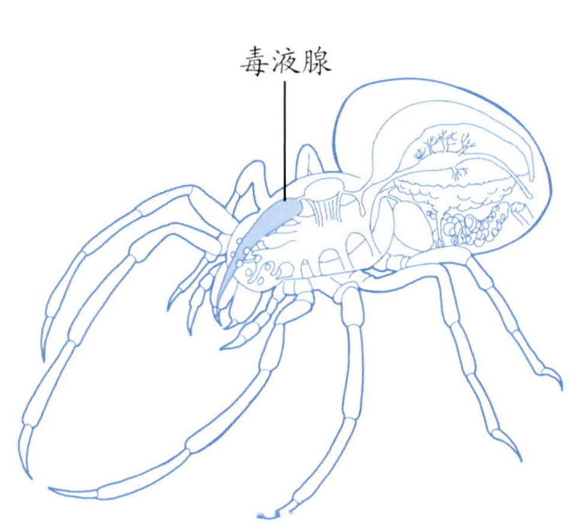

悉尼漏斗网蛛曾经造成无数人伤残甚至死亡，但由于医学水平不发达，人们始终没有太好的办法来解决这个问题。直到20世纪80年代，科学家研制出了专门的抗毒剂，才挽救了许多人的生命。

小心剧毒

悉尼漏斗网蛛的毒性十分猛烈。人被其蜇咬后几分钟就会毒发。伤者的肌肉会产生剧烈的痉挛，甚至引起瘫痪，最后毒素会侵袭伤者的中枢系统，使伤者陷入昏迷，直至死亡。

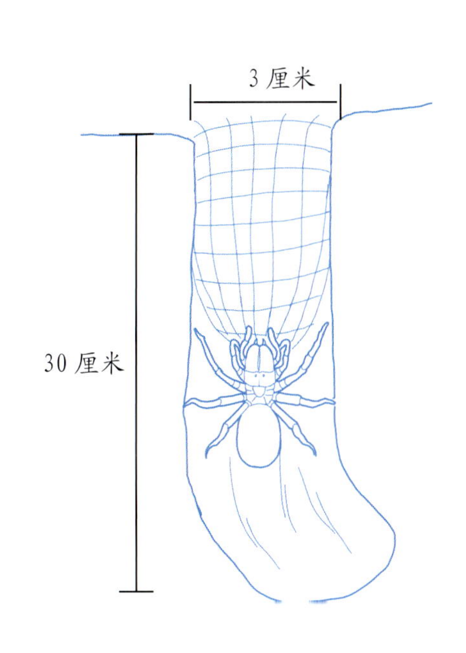

深居简出

悉尼漏斗网蛛喜欢在木头或岩石下用自己的毒牙挖掘地洞。它们挖掘的地洞大约有3厘米宽、30厘米深，进出地洞的路线是笔直的，后来才渐渐转弯。地洞挖好后，它们会在洞口周围织一张大大的网。最后，悉尼漏斗网蛛会爬进自己的巢穴中，大门不出二门不迈，直到有猎物“上门”，才肯慢吞吞地爬出来。

大　　小	成蛛体长14～20毫米。
栖息环境	沙漠
食　　物	飞蛾等小昆虫
分布地区	非洲摩洛哥

辨识要诀　翻滚的摩洛哥后翻蜘蛛 >>>

摩洛哥后翻蜘蛛生活在沙漠中。它们为了更好地生存下去，体色已经变得和黄沙差不多了。它们的体形很小，还不及一个成人的巴掌大。它们最大的特点就是在面对危险时会侧翻。

摩洛哥后翻蜘蛛 *Cebrennus rechenbergi*

在非洲摩洛哥东南地带的沙漠中，德国仿生学家因戈·雷兴伯格意外地发现了一种奇怪的蜘蛛——它们居然会翻跟头！因此，这种奇怪的蜘蛛被称为“摩洛哥后翻蜘蛛”。

奇特的巢穴

如果你在摩洛哥东南部的沙漠里发现一根直立的细长“管子”，那也许是摩洛哥后翻蜘蛛建造的巢穴。为了躲避烈日的暴晒以及捕食者的威胁，这些蜘蛛在沙丘上用沙子修筑管状的住所，然后用蛛丝固定，不活动的时候就待在里面。

摩洛哥后翻蜘蛛的巢穴

翻滚吧，小蜘蛛！

摩洛哥后翻蜘蛛最特别的地方就是它们遇到危险时会主动侧翻。与其他会滚动的生物不同，它们不是被动地依靠风力或重力来滚动的，而是直接运用 8 条大长腿将自己推向半空，然后翻滚着落地。这样翻滚的速度不慢，大约是其正常步行速度的 2 倍。

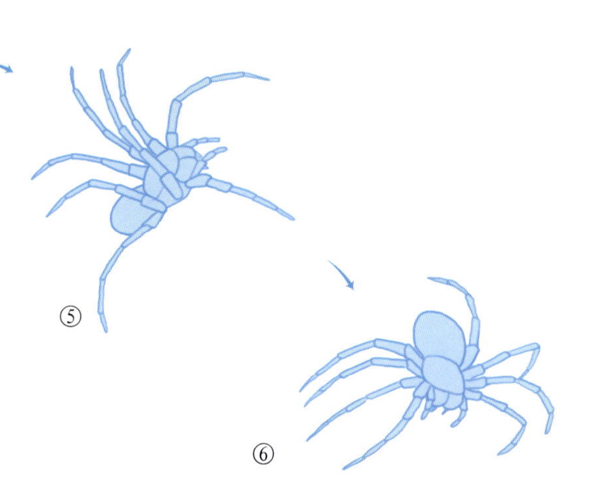

撒手锏

摩洛哥后翻蜘蛛的“翻滚”行为非常耗费体力，无法长时间地进行。因此，它们在遇敌时常常会先摆出一副威胁的姿态恐吓对手，实在吓不住对方才会翻滚逃跑。

辨识要诀 爬出洞口的穴居狼蛛 >>>

穴居狼蛛是一种大型毒蜘蛛。它们的头部和胸部呈梨形，腹部的形状接近椭圆，体色为灰黑或者灰褐色，体表长有很多绒毛。

穴居狼蛛 *Lycosa singoriensis*

一直以来，人们在为蜘蛛命名时，常常会选择在名字上凸显该种蜘蛛的特点。比如："黑寡妇"这个名字就表现了它们猛烈的毒性与吃掉配偶的狠辣。通过"穴居狼蛛"这个中文学名，我们可以知道它们是一种居住在洞穴里的狼蛛。

大　小	成蛛体长 24 ～ 40 毫米。
栖息环境	草原、森林、荒漠、农田、果园、山坡
食　物	小昆虫
分布地区	中国、波兰、捷克、奥地利、匈牙利、保加利亚、罗马尼亚

合格的猎手

虽然穴居狼蛛体形较大，能捕食的猎物有很多，但它们却偏爱昆虫的味道。每当傍晚或者夜间，穴居狼蛛就会在洞口附近游荡，一旦碰到猎物，就会主动出击，迅速擒下对方。

对于小型昆虫和大型昆虫，穴居狼蛛的捕猎方式是不一样的。面对前者，穴居狼蛛会直接用螯钳住；对于后者，它们会猛地跳起来，搞突然袭击。

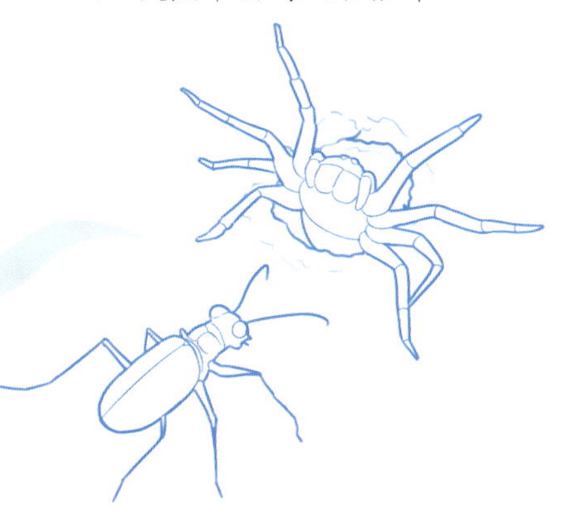

从洞口突然窜出的穴居狼蛛

穴居狼蛛捕食

穴居狼蛛对峙

穴居狼蛛修筑的洞穴深度有 30 多厘米。

自相残杀

动物学家发现：在穴居狼蛛的族群中，上至成年狼蛛，下至刚脱离母体的幼蛛，存在普遍的相互残杀现象。两只成年雌蛛在初遇时，就会对对方表现出浓厚的敌意。双方往往会高举前足，摆动螯肢，互相推搡、威胁，然后相互撕咬、拼杀。不过，假如有一方退缩了，另一方并不会紧追不舍。

穴居真相

穴居狼蛛并不会织网，取而代之的是在隐蔽的地方筑穴而居。它们所修筑的洞穴洞口通常呈圆形或椭圆形，深度足有 30 多厘米。白天，讨厌光亮的穴居狼蛛基本待在洞穴中蛰伏；直到太阳偏西，日光渐隐，它们才会爬出来捕猎。另外，只有雌性穴居狼蛛才会筑穴，雄性穴居狼蛛则过着游猎的生活。

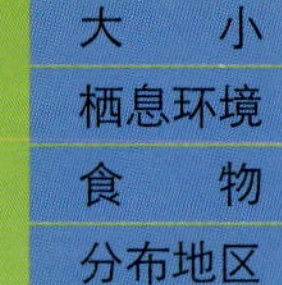

大　小	成蛛体长 17 ～ 25 毫米。
栖息环境	禾田、山林、山谷、水流、树木
食　物	小昆虫
分布地区	中国、日本、朝鲜、印度

棒络新妇 *Nephila clavata*

日本江户时代的浮世绘画家鸟山石燕创作的《画图百鬼夜行》中有这样一种鬼怪：它们在白天是美女，夜间却是蜘蛛妖怪，因此被称为“女郎蜘蛛”，即络新妇。在现实生活中，络新妇是节肢动物蛛形纲的一员，是日常生活中很常见的一类蜘蛛，棒络新妇是它们的代表成员之一。

弹网求爱

棒络新妇进入成熟期后，会开始交配，繁衍后代。在这个时期，雄蛛往往十分主动。它们会在蛛网上进行一系列前期准备，然后用自己的大长腿弹动起蛛网，向雌蛛传递“想要交配”的信息。雌蛛如果接受了雄蛛的“爱意”，就会弹起蛛丝回应对方，反之则置之不理。交配后，雄蛛会立即离开雌蛛，否则就会有被雌蛛捕食的危险。

辨识要诀 织网的棒络新妇 >>>

棒络新妇的外表和其他蜘蛛差别不大，躯干表面黄色、黑色以及红色相互交织，色彩艳丽。8 条大长腿黑黄相间，看上去夺人眼球。它们的体表长有细密的绒毛。因为其蛛丝颜色金黄，所以它们又叫“金丝蛛”。

变化的蛛网

棒络新妇是常见的结网蜘蛛。它们一般会在宽敞空旷的位置结下金色大网，等待猎物“自投罗网”。不过，棒络新妇在幼年和成年时期结下的网是不同的：幼蛛在结网时会常驻网中央，主网的形态是正常的圆网，然后以螺旋方向继续结网；成蛛织出来的蛛网是垂直大马蹄形圆网与不规则的多重结构，其常驻位置则偏离中央，接近上部边缘，姿势变成了头部朝下的垂直姿态。

螺旋方向结网。

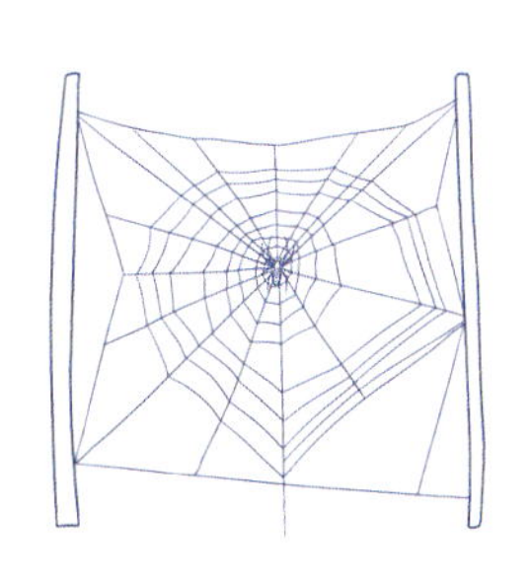

幼蛛结圆网常驻中央。

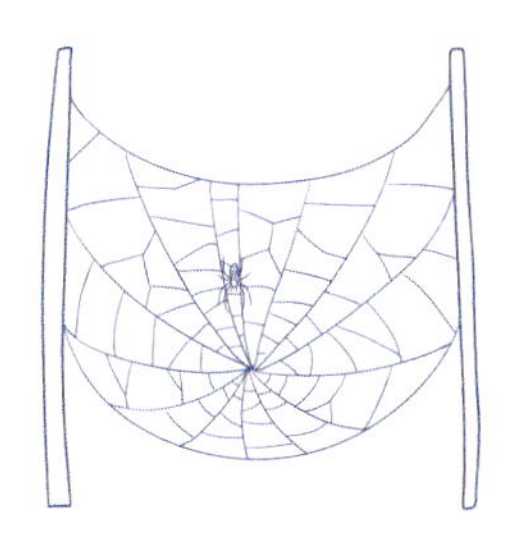

成年蛛结垂直大马蹄形与不规则结构网。

《画图百鬼夜行》里络新妇的形象

褐片阔沙蚕 *Platynereis dumerilii*

乍一听这名字，也许有人会觉得它们是生活在沙子里的蚕。其实，褐片阔沙蚕不是蚕，也不是昆虫，而是居住在海滨泥沙中的一种环节动物，同样属于容易被人们当成“虫子”的动物。

大　小	成年褐片阔沙蚕体长 20 ~ 40 毫米。
栖息环境	海滨
食　物	其他蠕虫和海产小动物
分布地区	中国、日本、韩国以及太平洋、大西洋、印度洋海域

辨识要诀 褐片阔沙蚕 >>>

褐片阔沙蚕的身体呈稍扁一些的长椭圆柱形，两侧对称，头部发达，尾部尖细，整体外观和蠕虫很像。它们的躯干长有很多刚节，各节两侧都有1对向外伸出的肉质扁平疣足，足上有刚毛。

奇特的现象

褐片阔沙蚕的雌、雄个体与大多数水生无脊椎动物一样，会在成熟以后选定一个特定的时间，集体离开栖息地来到水面排卵。动物学家们为这种现象起了一个生动形象的名字——“群浮”。然而，这种生殖现象其实很容易受到外界环境的影响。

婚之舞

动物学家在深入研究褐片阔沙蚕时，发现它们在“群浮”的过程中总会做出许多特别的动作。比如：雌性与雄性在一起相伴做旋转运动，或者雄性围着雌性长时间打转，刺激得雌性也渐渐活跃起来，一边快速游动，一边向外排卵。学者们将褐片阔沙蚕的这些行为称为“婚舞”。

复杂的生长过程

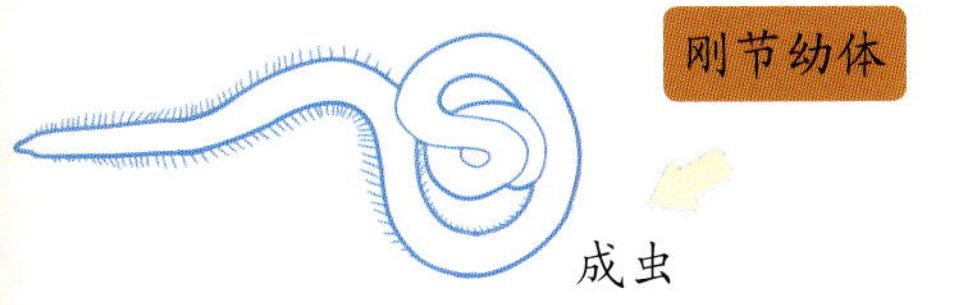

因为沙蚕体内含有丰富的蛋白质和其他营养物质，所以它们不仅是人类餐桌上美味的海鲜食品，还成为市面上许多海洋保健食品以及抗癌、免疫、防辐射的海洋生物药品的主要原料。

养殖沙蚕

沙蚕干鱼饵

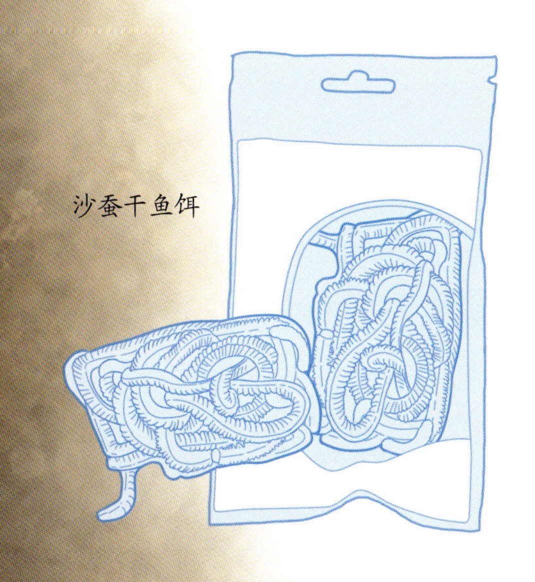

万能钓饵

褐片阔沙蚕是构成海洋生物链的主要成分之一，是鱼类、虾类乃至蟹类都喜欢吃的食物，被热爱垂钓的人视为“万能钓饵”。如今，人们对褐片阔沙蚕需求量的增加间接刺激了其人工养殖业的发展。

南方链尾蝎 *Liocheles australasiae*

南方链尾蝎又叫“八重山蝎”，是一种体形娇小的蝎子，成年后体长也不会超过 5 厘米。南方链尾蝎性格温和，基本没什么威胁，因此有人将它们当宠物来饲养。

大　小	成蝎体长 30 ～ 40 毫米。
栖息环境	森林潮湿的环境里
食　物	蟋蟀、甲虫幼虫等昆虫与部分节肢动物
分布地区	东亚、东南亚

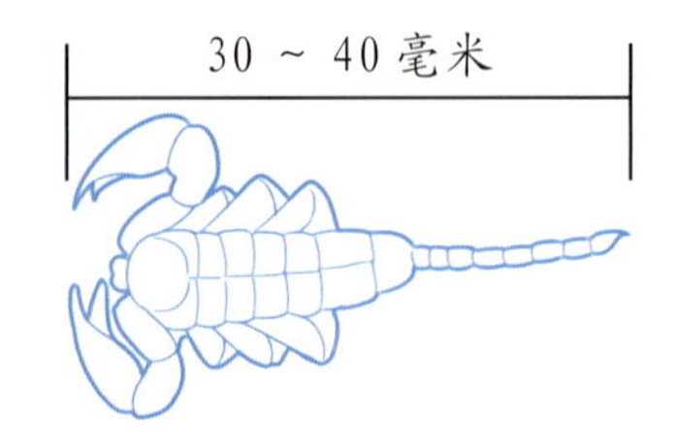

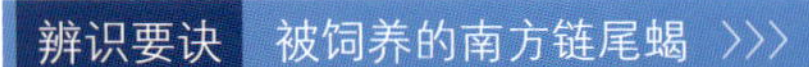

娇小的南方链尾蝎长着与体形不相称的一对大螯钳，尾螯退化到一定程度，基本丧失了攻击能力。

进攻方式

动物学家通过长期的观察发现：南方链尾蝎的尾螯退化严重，在日常生活中基本用不到。即便是打架，它们也只会用大钳子互相攻击。

用钳子打架的南方链尾蝎

怕光的胆小鬼

喜欢潮湿环境的南方链尾蝎在野外生活时，一般会选择在朽木的内部或者腐朽的树皮中居住。它们对于强光很畏惧，因此基本不会在大白天出来活动。另外，南方链尾蝎胆子很小，而且很容易紧张，经常翻身装死，让人哭笑不得。

在朽木里休息的南方链尾蝎

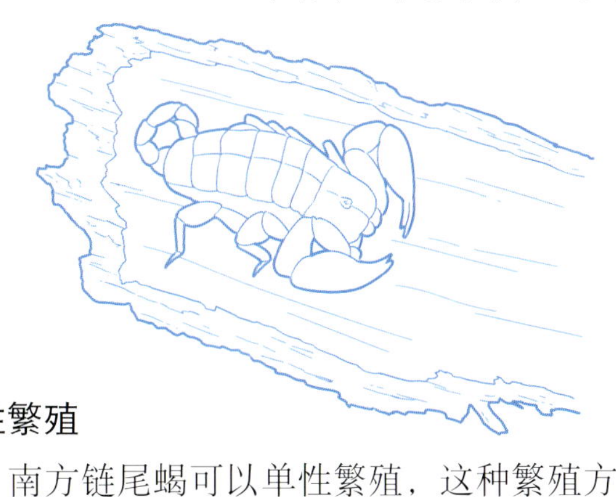

单性繁殖

南方链尾蝎可以单性繁殖，这种繁殖方式在动物界十分少见。单性繁殖的能力使南方链尾蝎摆脱了性别的桎梏，可以凭一己之力繁殖出成百上千的后代。

▼ 南方链尾蝎和其他同类一样，从生殖孔中排出后代，并把它们背在自己的背上悉心照料。蝎子宝宝成长到一定阶段时，才会从成蝎的背上下来独立生活。

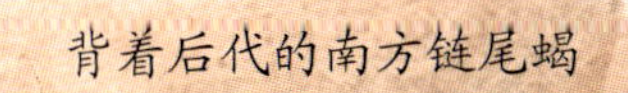

背着后代的南方链尾蝎

黄肥尾蝎 *Androctonus australis*

黄肥尾蝎的名字来源于其淡黄的体色、强壮的体魄以及肥大的尾螯。它们生活在非洲北部广阔的沙漠地带，经常在有关沙漠动物或者非洲动物的电视节目中露面。

大　小	成蝎体长 70 ～ 120 毫米。
栖息环境	沙漠
食　物	蟋蟀、蜘蛛、面包虫等动物
分布地区	北非

辨识要诀　挺着尾巴的黄肥尾蝎 >>>

黄肥尾蝎是沙漠蝎里比较常见的品种，其中包括不少亚种，比如埃及种、利比亚种等。图片中的黄肥尾蝎是普通的埃及种：躯干和一对螯钳呈黄色或者淡橙色，尾螯则呈黑色。

日常生活

黄肥尾蝎是典型的夜行性动物。白天的沙漠酷热难当、光照强烈，不适合出来活动。等到了晚上，天气变得凉快，黄肥尾蝎就会出来游荡。黄肥尾蝎在移动时会把尾部卷曲上翘，休息时则放在地面上。这是为了维持体内的水分。

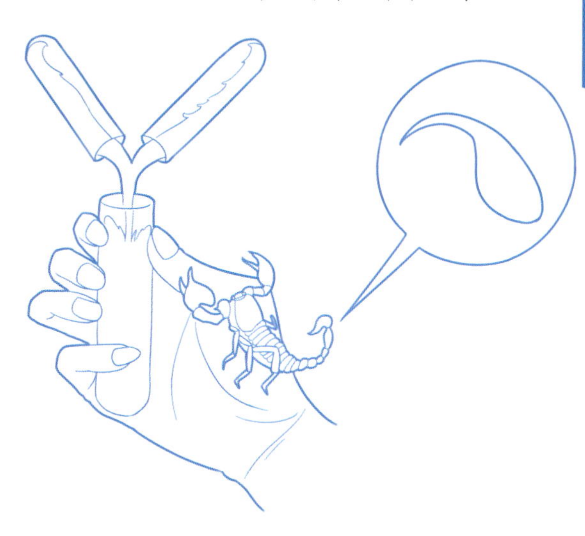

黄肥尾蝎的剧毒可跻身世界第五毒。

杀人蝎

黄肥尾蝎是蝎子家族里排名靠前的“毒士”。即便放眼整个“毒物界”，它们所蕴含的毒性以及注射量的排名也是很靠前的。在黄肥尾蝎的原产地，人们几乎总能听到有人因它们而死亡的消息。它们堪称北非地区的“沙漠蝎毒王”。

▼ 黄肥尾蝎虽然携带剧毒，但外观优雅，捕杀猎物的姿态十分威武。

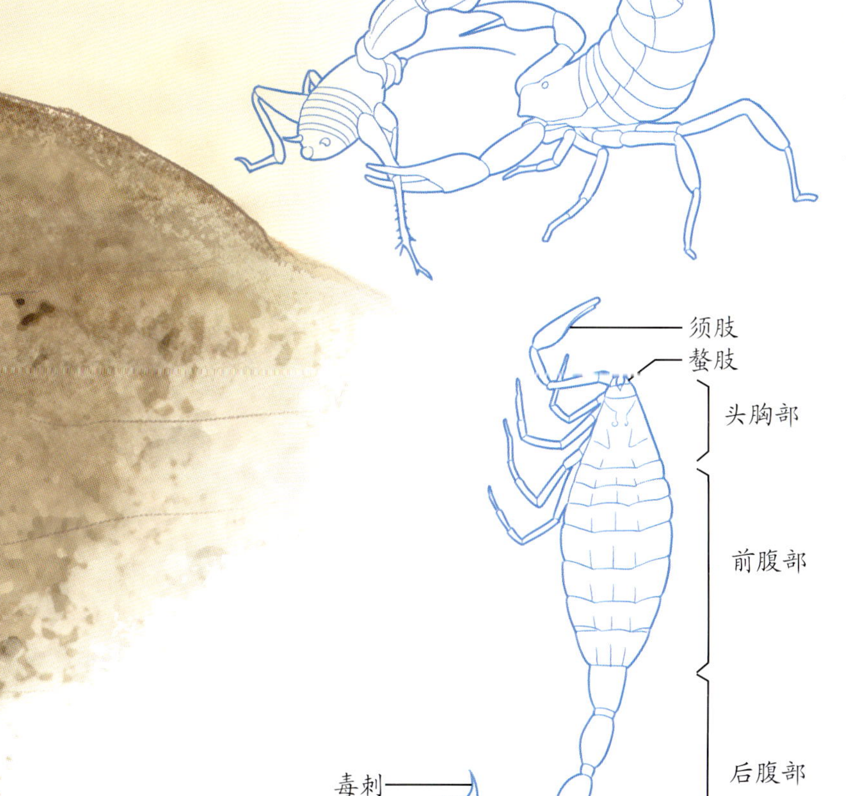

捕食凶猛

黄肥尾蝎捕猎时，一定会十分谨慎地试探对方。这样做不仅是为了自身的安全着想，更是为了麻痹猎物。经过多次试探，已经胸有成竹的黄肥尾蝎会突然对猎物发动攻击，通常都是一击致命，完全不给对方任何反击的机会。

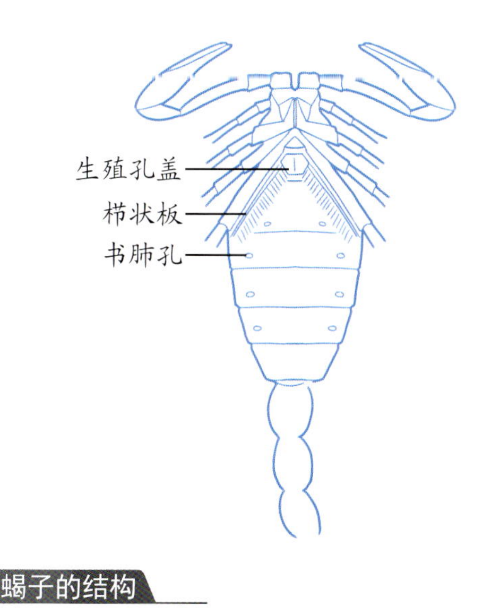

蝎子的结构

与昆虫一起做实验

昆虫家族种群庞大、成员众多，一直是许多科学家理想的实验对象。因此，不管是作恶多端的害虫，还是对人类有益的益虫，都被科学家利用起来做了许多奇怪的实验。

这本《野性的刺痛》（*The Sting of the Wild*）是美国昆虫学家贾斯汀·施密特于2016年出版的书籍，里面的内容是他一直持续的研究——把昆虫叮咬的疼痛进行分级。

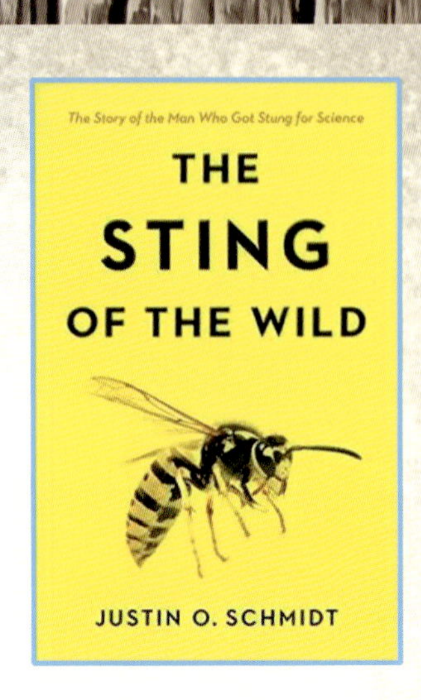

这件事听起来很疯狂，但施密特本人却并不这么觉得。在他看来，这一切只不过是自己在做本职工作。用施密特自己的话来形容："挨几次咬不过是我事业追求过程中的一部分罢了。"

施密特与昆虫

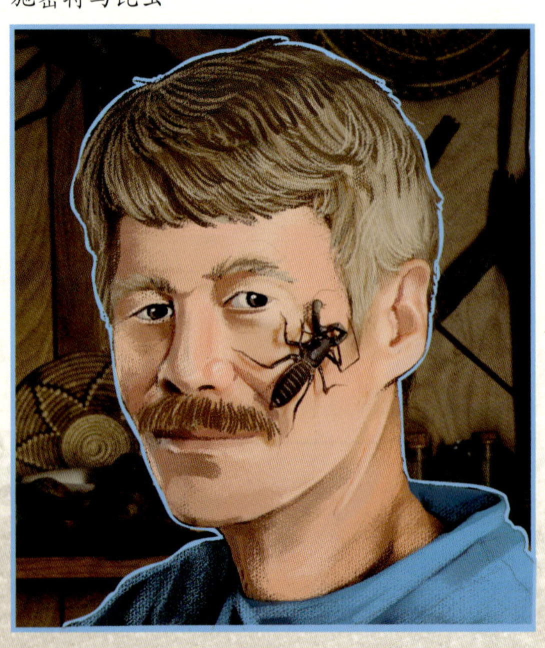

一、昆虫叮咬疼痛的分级

在《野性的刺痛》这本书里，施密特用通俗的语言和奇妙的比喻描述了被83种昆虫叮咬的疼痛，给它们排了先后名次，并划分了1～4级的疼痛级别。施密特把这些戏称为"施密特叮咬疼痛量表"。

"施密特叮咬疼痛量表"上面标注了疼
等级与持续时间。其中黄色最轻，暗红色最重

施密特正在阅读。

施密特还列举了1～4级疼痛的代表昆虫，并将自己的亲身体验写进了书里。

1级疼痛代表昆虫：小花蜂

理由：痛感较轻，持续时间短，如果硬要形容的话，大概就像手臂上的一根汗毛闪起小小的火花。

2级疼痛代表昆虫：大黄蜂

理由：十分粗鲁的痛感，有些火辣辣的，感觉就像有人用燃烧的雪茄戳你的舌头一样。

3级疼痛代表昆虫：收获蚁

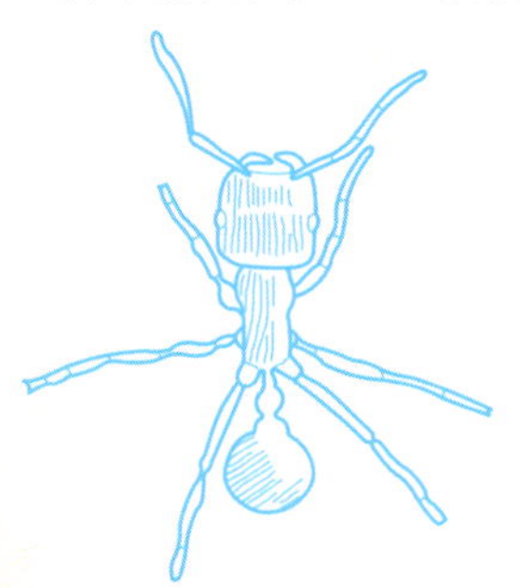

理由：痛感猛烈，持续时间较长，就好像有人拿起发动的电钻连续不断地钻你内陷入肉的脚指甲。

4级疼痛代表昆虫：沙漠蛛蜂

理由：虽然谈不上痛感的极限，但感觉很糟糕，就像遭受电击一样。刚被叮咬时就会觉得眼前一黑，仿佛被雷电击中，又好像你在浴缸洗澡时不小心让通电的吹风机掉了进来……

除了以上4种痛级，施密特还在一次采访中披露：他曾感受过4级以上的痛感，是被子弹蚁叮咬造成的，那痛苦的感觉就像“有人把一根生锈的铁钉钉入我的脚跟，然后我再赤足走过一盆烧得通红的火炭”。

很多人表示不理解施密特的研究，认为他是“怪家伙”，但施密特依旧我行我素，甚至为了方便观察和研究昆虫，将自己的实验室安在亚利桑那州干燥炎热的沙漠环境中。

施密特的实验室

施密特的宝贝昆虫们

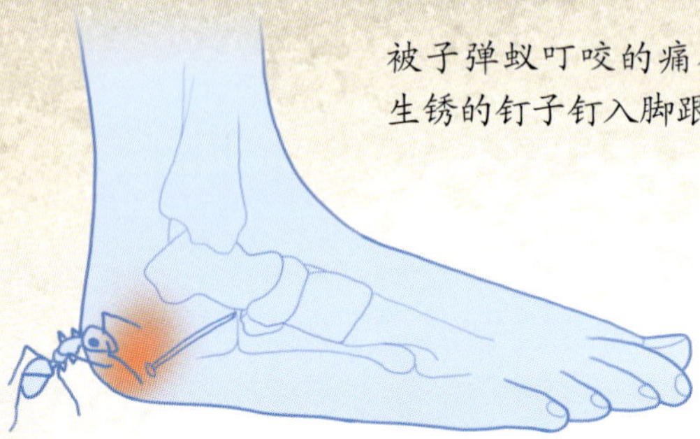

被子弹蚁叮咬的痛感像生锈的钉子钉入脚跟。

子弹蚁

“施密特昆虫叮咬疼痛量表”无疑是施密特从事昆虫研究几十年来的心血之作。为了完成它，施密特 30 多年来走遍世界各地，在 6 个大洲被超过 150 种昆虫叮咬过上千次。

2015 年 9 月 17 日，第 25 届“搞笑诺贝尔奖”颁奖仪式在美国马萨诸塞州的哈佛大学举行。没错，是搞笑诺贝尔奖，而不是诺贝尔奖。施密特因为他的研究——“施密特昆虫叮咬疼痛量表”获得了生理学和昆虫学奖以及 10 万亿元津巴布韦币（价值十分感人，只相当于人民币 24.5 元）。

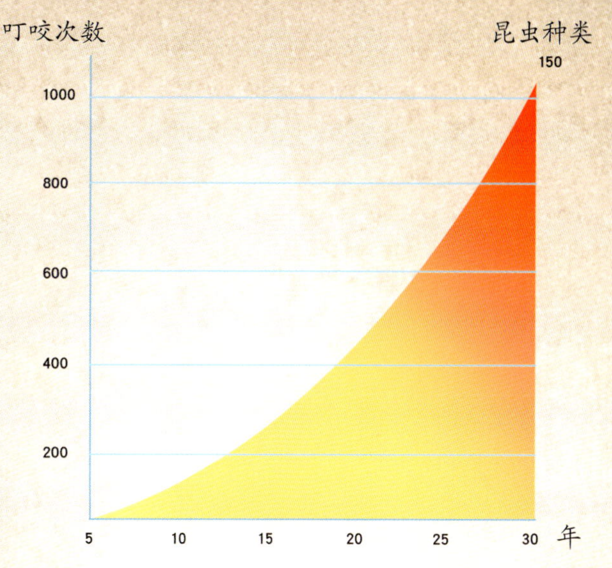

2007 年搞笑诺贝尔奖奖杯

打扮成蜜蜂模样的施密特发表获奖感言。

你知道吗？

“搞笑诺贝尔奖”是一个模仿诺贝尔奖的奖项，该奖项的很多评委是真正的诺贝尔奖得主。这个奖项每年都会颁发给一些“乍看之下令人发笑，其实意义深远”的科学研究，目的是激发大众对科学的兴趣。

摩尔根的果蝇实验

在19世纪以前，没有人能对“孩子为什么像父母”这个问题做出一个明确、科学的解释。到了19世纪中叶，奥匈帝国（1918年解体）的修士孟德尔在对豌豆进行杂交实验后认为：孩子之所以会像父母，是因为继承了父母体内某种单位化的粒子状物质。到了今天，已经得知遗传因子存在的我们可以确定，孟德尔是正确的。

现代遗传学之父——孟德尔

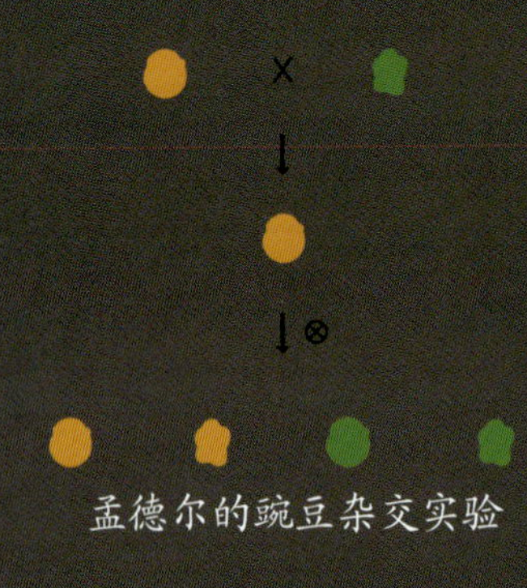

孟德尔的豌豆杂交实验

你知道吗？

孟德尔的实验先后持续了8年时间。他先是从22种豌豆株系中挑选出7个特殊的性状（每一个性状都出现明显的显性与隐性形式，且没有中间等级），进行了7组具有单个变化因子的一系列杂交实验，并因此提出了著名的3∶1比例。

然而，在20世纪初，孟德尔的学说并不是不可动摇的权威。美国科学家托马斯·亨特·摩尔根就对孟德尔的理论表示了怀疑。为此，他开始用果蝇做诱发突变的实验，试图验证孟德尔学说的真伪。

美国著名生物学家与遗传学家——托马斯·亨特·摩尔根

当时，摩尔根四处搜集牛奶瓶，在里面蓄养了大量果蝇，然后把这些装满果蝇的瓶子摆在房间的各个角落，并时刻观察它们的状态。因此，朋友们将摩尔根的房间戏称为“蝇室”。

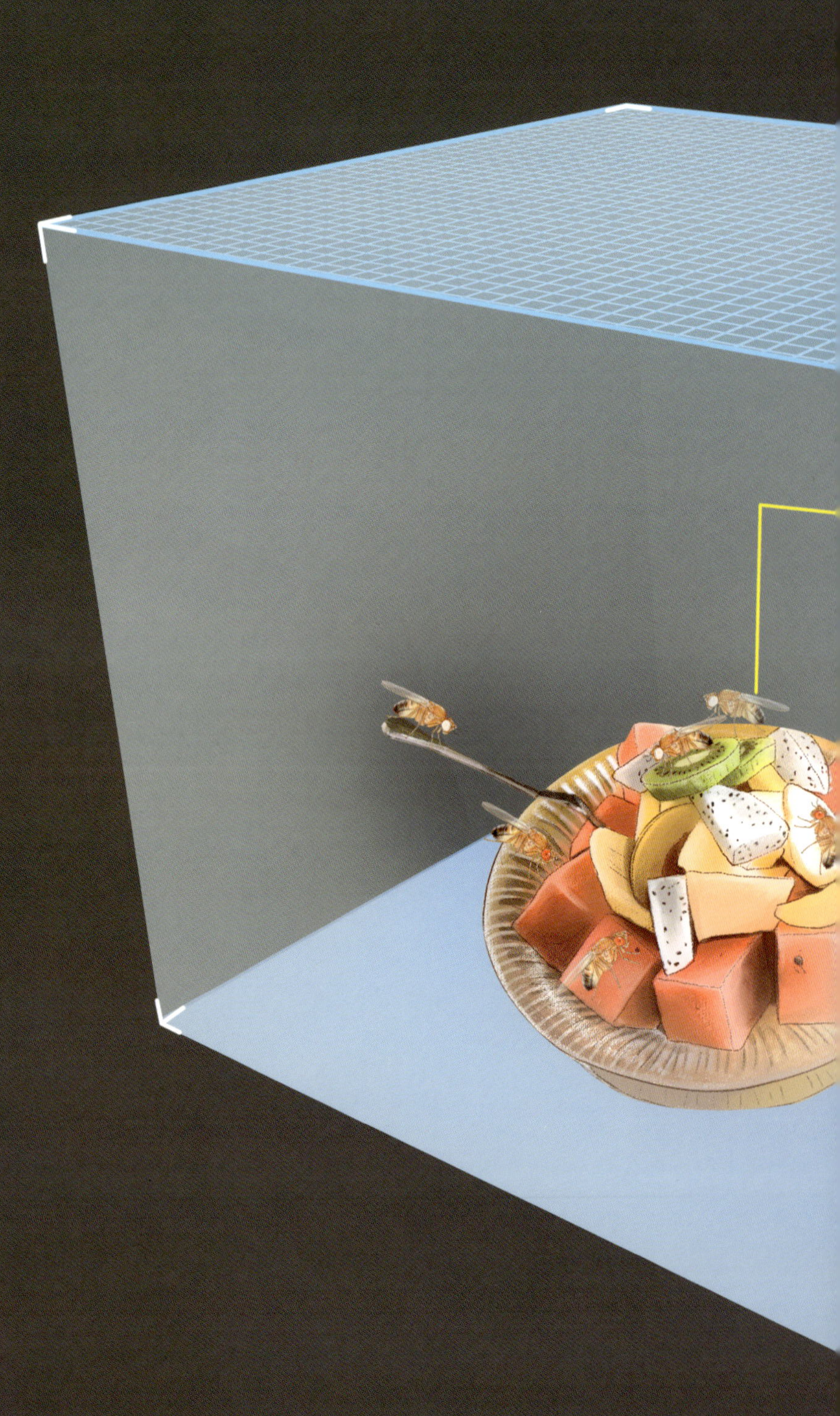

用摩尔根的话来说，他当年主要做了3类实验：1. 愚蠢的实验；2. 蠢得要命的实验；3. 比2还要蠢的实验。

事实上，摩尔根的说法并不全是玩笑。在实验的最初阶段，他的确走了不少弯路，经历了许多失败。摩尔根为了诱发果蝇突变，甚至对可怜的它们进行了各种“体罚”：用X光照射、改变温度、加糖、加盐、加酸、加碱，甚至不让果蝇睡觉……也许在当时，世界上再也没有哪种动物比这些果蝇更可怜吧。

功夫不负有心人。1910年，摩尔根的“蝇室”里终于出现了一只不同于红眼果蝇的白眼果蝇。这让摩尔根欣喜若狂，他悉心照料着这只变异的果蝇，成功地让它在与其他果蝇交配后再死亡，将突变的基因传给了下一代。一段时间过后，第一代杂交果蝇长大了，全都是红眼。按照孟德尔的理论，白眼相对于红眼来说属于隐性基因。因此，摩尔根没有在意，用杂交果蝇开始了下一次交配。很快，第二代杂交果蝇出生了，其中红眼果蝇和白眼果蝇的比例大约为3:1。这次实验证实了孟德尔学说的正确。

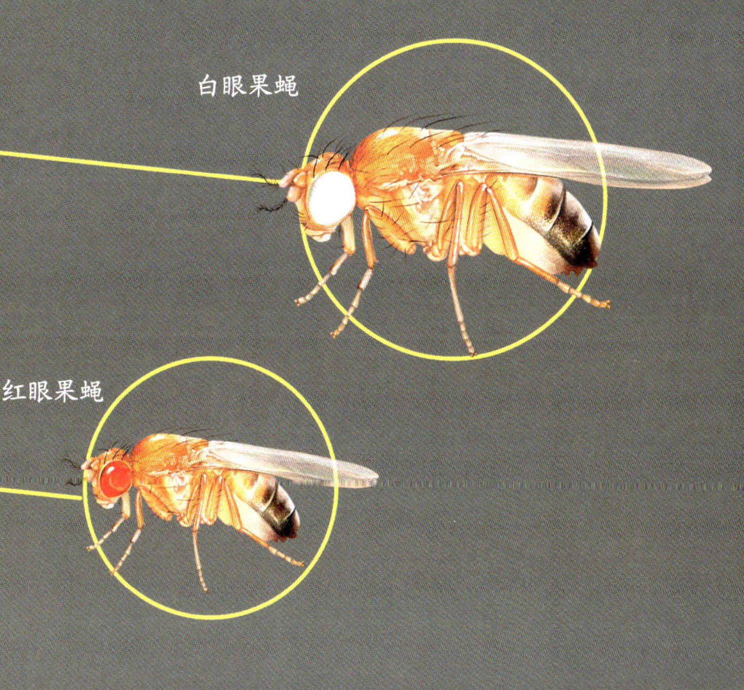

除了证实孟德尔理论的正确，摩尔根还在此基础上发现了其他有趣的现象：原本同一果蝇样本具备的特征，在之后的遗传过程中会呈现出联系在一起的遗传倾向。摩尔根将新发现的遗传现象称为“连锁遗传”，即“连锁与互换遗传定律”。摩尔根的发现与之前孟德尔的分离定律和自由组合定律一起组成了“遗传学三大基本定律”，摩尔根也因此在1933年成为诺贝尔奖的获得者。

栩栩如生的标本

制作昆虫标本的意义

1. **科学研究**。传统的昆虫分类基本是依赖人为观察形态结构而进行的。因此，制作昆虫标本，保留其形态特征上的完整是十分有必要的。

2. **观赏展示**。昆虫是美丽而多变的生物，具有很高的观赏价值。因此，制作昆虫标本不仅能让观众赏心悦目，也能让大众对昆虫更加了解，起到科普的作用。

一、针插昆虫标本

大部分情况下，人们是用针插法来制作昆虫标本的。那么，制作方法是什么呢？往下看就会明白了。

（一）采集昆虫

采集昆虫需要的装备：

1. **捕虫网：** 这是采集昆虫的必要工具，根据用途和结构，大致可以分为空网（对付善飞昆虫）、刮网（应对树皮上的昆虫）、扫网（捕捉隐蔽环境中的昆虫）和水网（捕捉水生昆虫专用）。如果没决定好采集哪种昆虫，可以多准备几种。

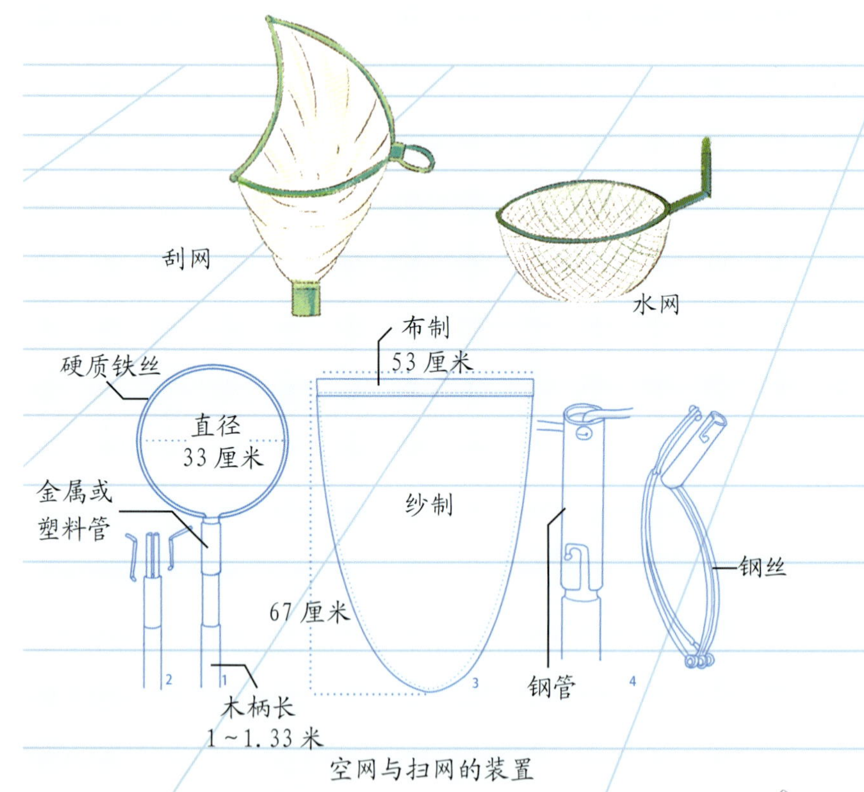

空网与扫网的装置

我们在参观博物馆或者生物实验室时，经常能看到多种多样的昆虫标本。从广义上讲，们将昆虫实体以特殊手段保存下来并制成的样品都可以叫作“昆虫标本”。落实到具体处，以根据情况的不同将昆虫标本的形制主要分成针插与液浸两种。

2. **毒瓶：**用来毒杀捕捉的昆虫，防止昆虫由于挣扎损坏身体。

3. **三角纸袋：**将坚韧的白色光面纸或者硫酸纸裁成大小不同的长方形纸片，比例为3:2，用来包装临时保存的标本。

4. **其他需要的用具：**平底指形管、放大镜、毒虫铗、小毛笔、铁铲、采集刀、采集箱等。

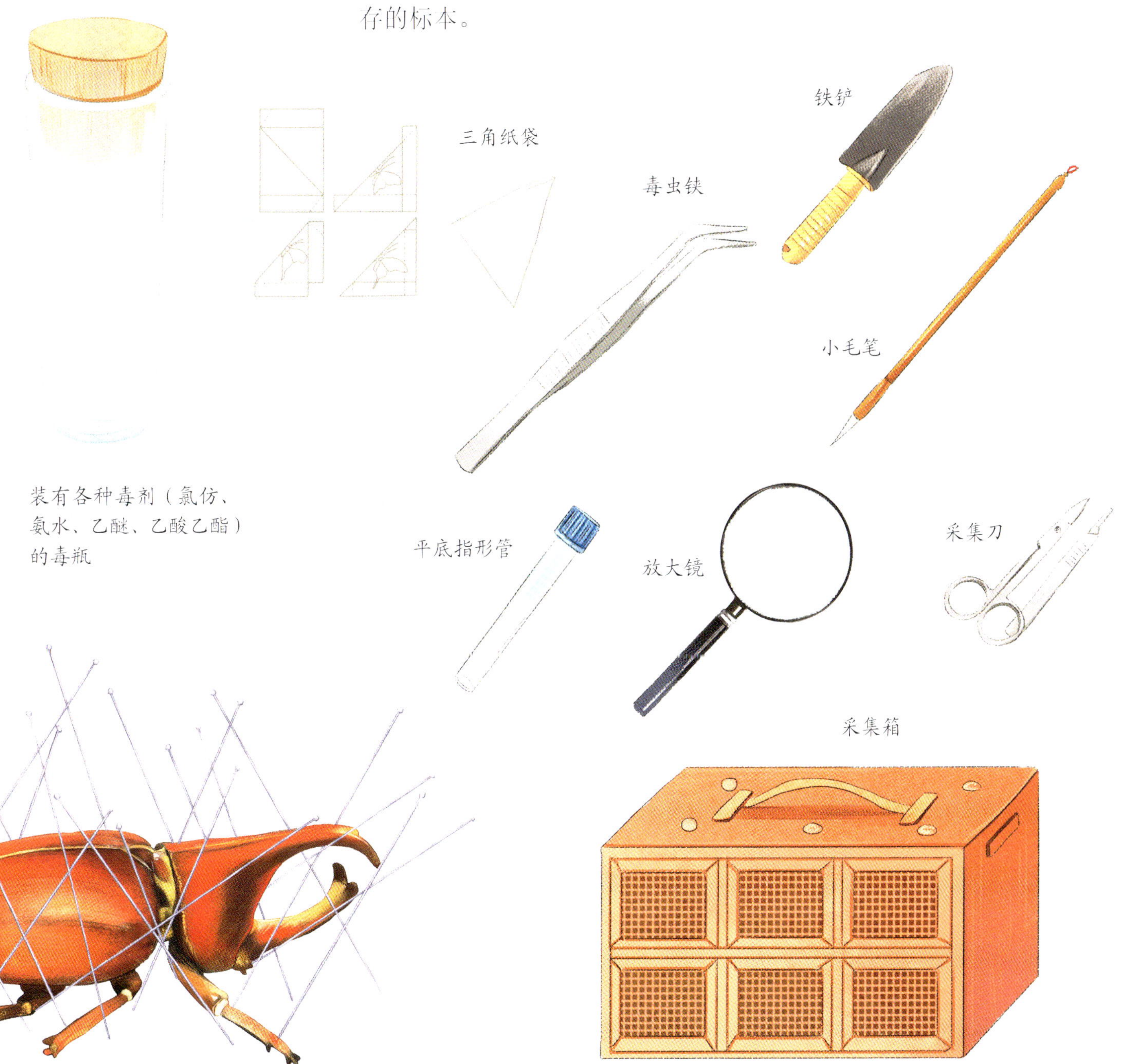

（二）准备工作

在成功采集到心仪的昆虫后，就可以返回室内制作标本啦！不过，在一切开始之前，我们还要准备一些小东西。

1. 昆虫针：制作针插昆虫标本的必需品，一般为不锈钢材质，根据昆虫大小的差别存在不同的型号。

2. 三级台：也叫“平均台”，由3块厚度相等、长短不同的优质木板或有机玻璃制成。每级中央具有小孔，制作标本时将昆虫针插入其中，可以使所有制作的标本及其标签高度统一。

3. 展翅板：由软而轻的木料或者硬泡沫塑料（KT板）制成，是专门将昆虫翅膀展开的工具。

4. 还原器：也叫“还软器”，是一种玻璃器皿，能将干硬发脆的昆虫还软，便于制作标本。

5. 整姿台：由松软木材或者硬泡沫塑料板制成，用来整理针插后昆虫的姿势。

6. 标本标签：普通的纸质标签，用来标注一些重点事项。

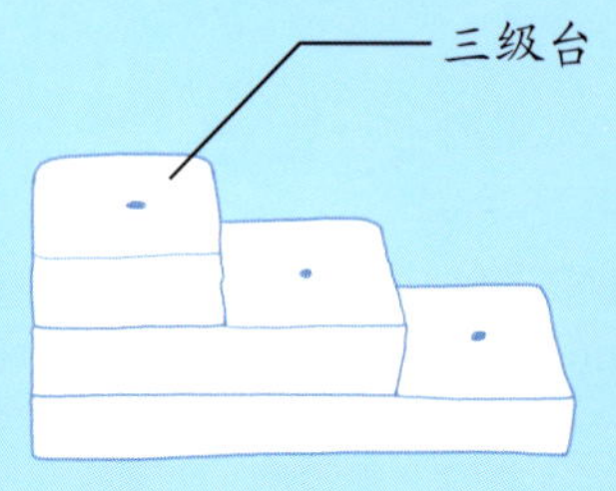

（三）制作标本

一切准备就绪，我们终于可以制作标本啦！以长鼻蜡蝉为例，我们开始吧！

1. 将采集到的长鼻蜡蝉杀死。由于它们身上会分泌白色的蜡质，是不能沾水的，因此我们可以直接从腹面中胸处注射酒精将其杀死。

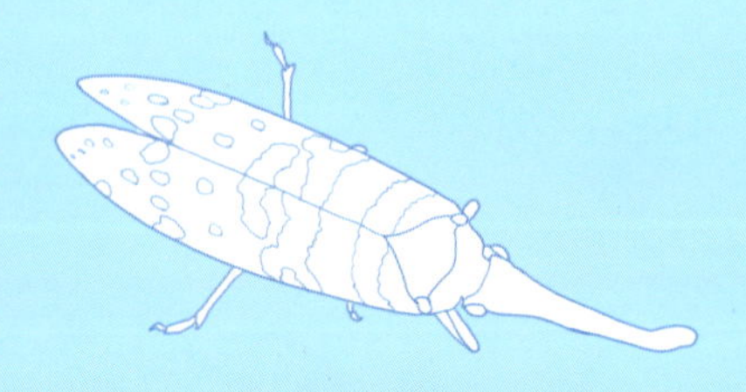

被杀死的长鼻蜡蝉

2. 把已经处理好的长鼻蜡蝉准备好，然后将昆虫针垂直插入其中胸背板中间靠右的位置。

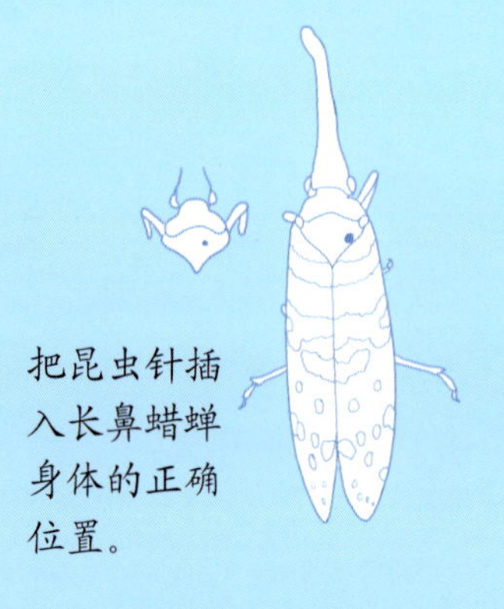

把昆虫针插入长鼻蜡蝉身体的正确位置。

3. 准备好三级台，最高一级用来确定昆虫位置；次一级用来确定采集标签的位置；最低一级用来确定鉴定标签的位置。

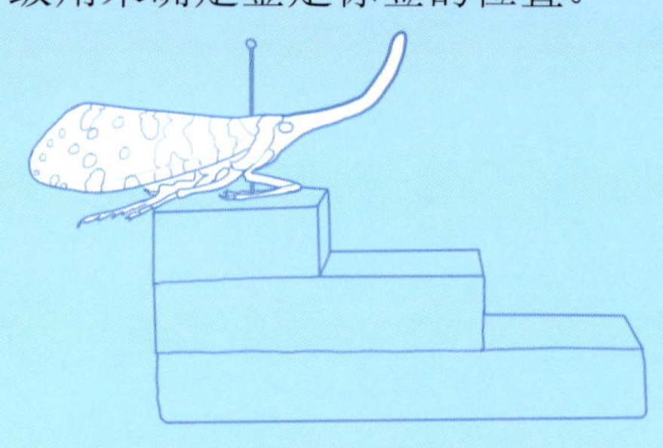

把长鼻蜡蝉插在三级台最高点。

4. 调整好昆虫针的位置后，把长鼻蜡蝉插在与三级台等高的展翅台上。

长鼻蜡蝉被插在展翅台上。

5. 用昆虫针把长鼻蜡蝉的两对翅膀向上拨，然后插下去固定。

用昆虫针拨开长鼻蜡蝉的翅膀。

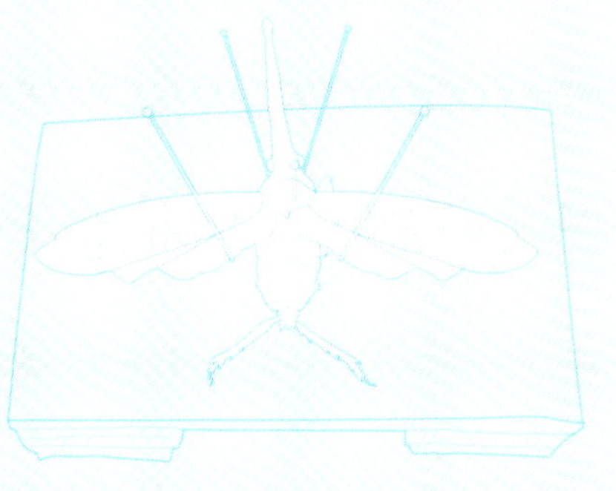
固定长鼻蜡蝉的位置。

6. 用昆虫针从长鼻蜡蝉头和胸的位置交错而过，固定它的身体。

7. 将与翅膀同高的KT垫板放在适当位置，并用昆虫针固定。

准备为长鼻蜡蝉展翅。

8. 正式开始为长鼻蜡蝉展翅。把它一侧的翅膀提到适当的位置，同时用透明的塑料片压上（方便观察），再用昆虫针固定住。翅膀展开的弧度可以依照自己的喜好来，但是要注意力度，尽量别造成损坏。

为长鼻蜡蝉展翅（一侧）。

9. 按照同样的办法，将长鼻蜡蝉另一侧的翅膀也展开。如果认为有必要的话，可以多加几根针。

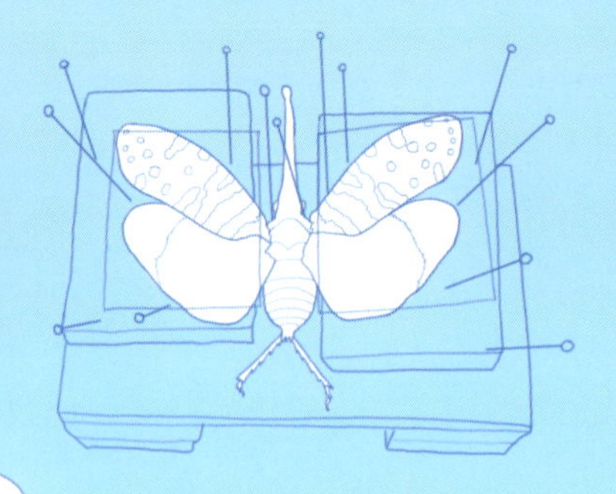

10. 在长鼻蜡蝉一对后足的股节和胫节连接部位用两根昆虫针交错插入，成功固定其后足。如果觉得不满意，可以稍微调整姿势，注意力度。

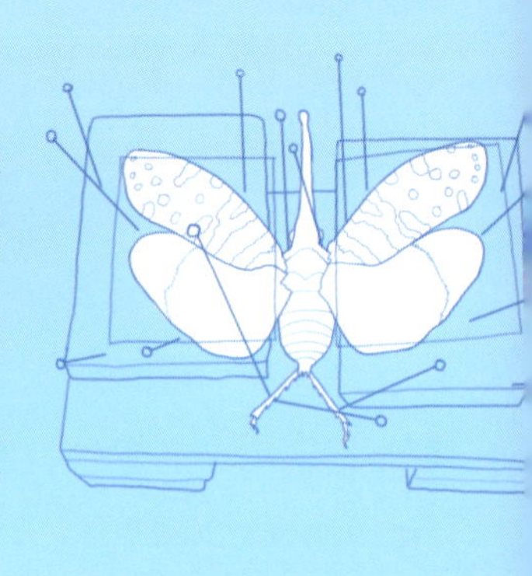

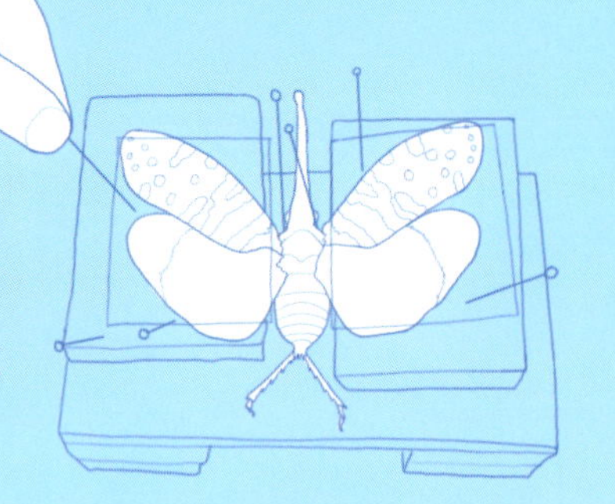

13. 标本干燥以后，开始撤去昆虫针。注意力道，千万不要损坏标本。

14. 将采集标签插在长鼻蜡蝉旁边。

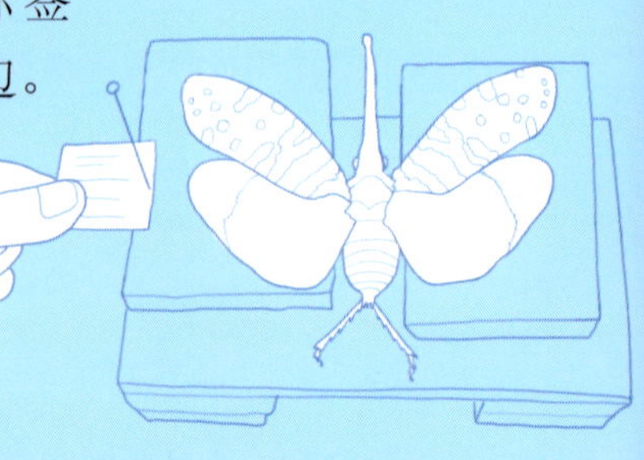

你知道吗？

一直以来，如何将颜色多样的昆虫用液浸法制成标本都是很难的问题，因为人们发现传统的保存液并不能很好地保存昆虫丰富的色彩。后来，人们经过千万次的尝试，终于发明了针对不同颜色昆虫的保存液，可以长久保色。

二、液浸昆虫标本

通常只有在保存无翅亚纲昆虫和完全变态昆虫的卵、幼虫、蛹以及不完全变态的若虫时，人们才会用液浸法来制作标本，然后将其装到玻璃试管或者广口瓶中并贴上标签。

被液浸法泡制的幼虫标本

11. 将准备好的采集标签插在长鼻蜡蝉旁边，避免其和其他标本混淆。等昆虫干透以后再把标签插到昆虫标本下方。

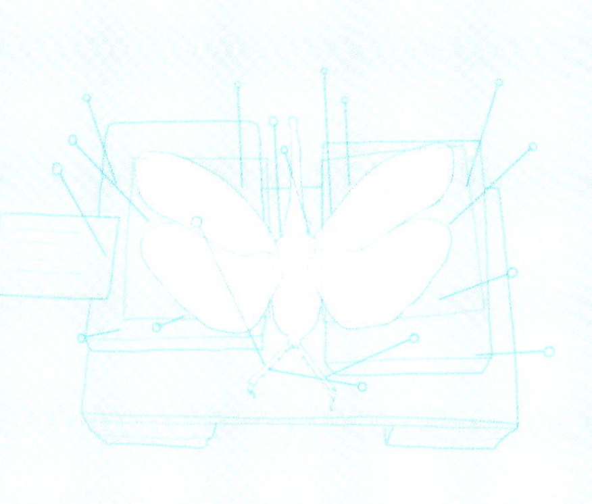

12. 等待标本自然风干，或者利用灯泡加温来进行干燥。

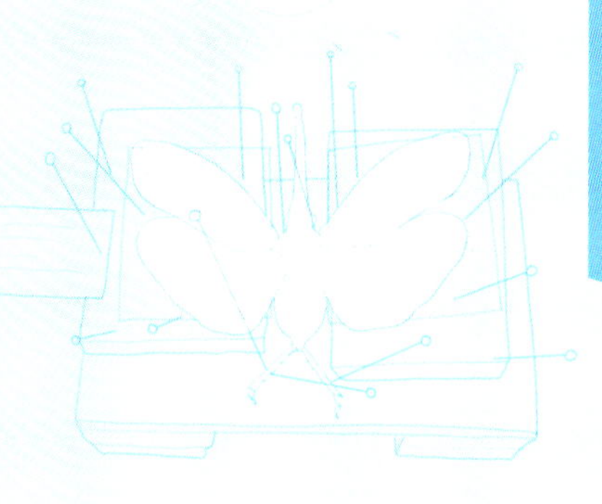

15. 把昆虫标本放入准备好的展示箱中就大功告成啦！

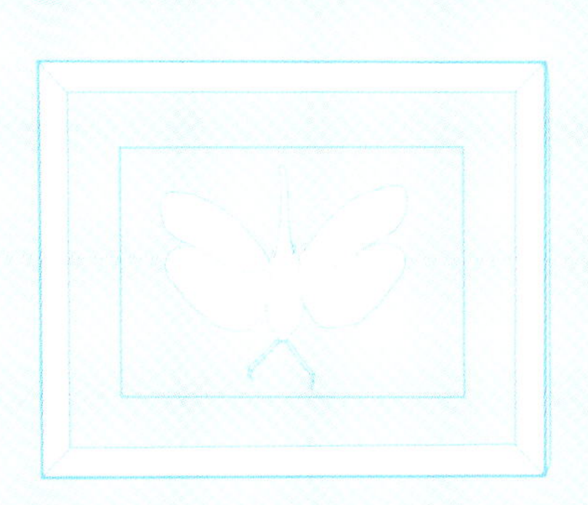

提问：如果在制作过程中标本产生破损，该怎么办？

回答：当然是要尽量设法修补啊！一般来讲，昆虫标本最容易损坏的部位是触角与足。这时，我们应该用小镊子夹起或者用小毛笔托住损坏部位，将粘黏效果强力的虫胶或者阿拉伯胶涂抹在损坏的一端，按照原来的部位和形状对接。在虫胶或阿拉伯胶中掺入少许白糖会使粘黏效果更加出色哟！另外，如果标本是体形较大的昆虫，那么粘黏的部位很容易下垂。想要避免这种情况，只需用昆虫针插上小纸片托住下方就可以了。

用来制作液浸昆虫标本的液体是特制的保存液，具有对昆虫致死、固定和防腐的作用。一般保存液是由几种化学药剂混合制成的。这是为了在制作标本的过程中让昆虫更好地保持原本的形状和色泽。

目前人们常用的保存液配方主要有右面几种：

1. 酒精浸泡保存液；
2. 福尔马林浸泡保存液；
3. 醋酸、福尔马林、酒精浸泡保存液；
4. 醋酸、福尔马林、白糖浸泡保存液。

第二章

昆虫的小秘密

繁殖与发育

繁殖和发育是绝大多数动物的头等大事，对昆虫来说也一样。昆虫之所以能成为地球上种类最多、数量最大的动物群体，很重要的原因在于它们惊人的繁殖力。大部分昆虫为卵生，许多昆虫从幼年期到成年期模样变化很大，可以说是“虫大十八变”。

多样的求偶方式

在昆虫世界，求偶行为非常奇妙，方式多种多样。很多昆虫生命短暂，因此需要尽快找到配偶，完成繁衍后代的任务。

舞蹈求偶

有些昆虫会用翩翩起舞的方式争取异性的青睐，比如蝴蝶。

当雌雄蝴蝶相遇时，雄蝶必须来一场“求爱舞蹈”，争取与雌蝶交配的机会。雄蝶的舞蹈各不相同。雌蝶如果对雄蝶有好感，就会跟随其翩然起舞；雌蝶如果无意，就会展开翅膀、高翘腹部，表示拒绝。

性信息素求偶

有些昆虫会在求偶期释放一种微量化学物质，这种物质会通过空气或其他媒介传递到异性的感受器。这种信息素一般由雌虫释放，吸引雄虫。

雌蛾可以通过分泌信息素“召唤”雄蛾。雄蛾具有发达的触角，可以接收到雌蛾的“信息”。雌性舞毒蛾分泌的信息素可以把远在400米以外的雄蛾吸引到自己身边来。

求偶方式多样的蝴蝶

雄蛾发达的触角

无性繁殖的双尾虫

你知道吗？

虽然大多数昆虫的生殖方式为两性生殖，但是神奇的昆虫世界还有一些非常特殊的成员，它们的生殖方式为无性生殖。比如：弹尾虫、双尾虫等原始的六足纲动物不需要通过雌雄交配就可以完成生殖过程。

鸣叫求偶

利用鸣叫来求偶的昆虫很多。鸣叫是许多雄性昆虫（如蟋蟀、螽斯等）必备的本领。鸣叫可以帮助昆虫准确地确定异性的位置，并迅速找到异性。

蟋蟀是鸣虫，但只有雄蟋蟀才能发出声音，雌蟋蟀是不能发声的。雄蟋蟀利用翅膀发声，其右边的翅膀上有一个像锉的短刺，左边的翅膀上有一个像刀一样的硬棘，左右翅膀相互摩擦、振动就可以发出声音。每到繁殖期，雄蟋蟀会更加卖力地振动翅膀，发出声音，吸引异性。

发光求偶

有的昆虫求偶时会发出特殊的光，萤火虫就是典型的代表。

雌萤火虫和雄萤火虫都可以发光，而且会用不同频率的闪光来传递信息。草丛中，雌萤火虫通过闪光发出信号，雄萤火虫发现后，也会用闪光来回应。这时，雌虫就会通过闪光的变化来反映雄虫的求偶是否成功。

求偶的蟋蟀

求偶的萤火虫

神奇的变化

昆虫的交尾完成后，受精卵会在雌虫体内结合而成，随后雌虫会在合适的地方产卵。

雌蝗虫会搜索周围的土壤，寻找合适的产卵地点。它们先把产卵器伸到土壤中，这个产卵器可以延伸得很长，大约是雌虫体长的2倍。

雌蜻蜓在水面上飞翔，把尾尖贴在水面上，一下一下地用尾尖点水，把卵产在水里。

雌蝉会用产卵器把树皮挑破，将卵产在嫩树枝里。当嫩树枝因为水分不足枯萎折断时，蝉的幼虫就钻进土里，大约4年之后，才会从土里钻出来。

姬蜂是寄生者。雌姬蜂产卵时会寻找合适的树干，用触角搜寻树干里的虫子，然后用长长的产卵器刺进树干，把卵产在虫子体内。

卵产下后，让人称奇的昆虫发育变化由此开始。根据昆虫从幼虫到成虫发育过程中的变形次数，通常可以将昆虫的发育方式分为不完全变态发育和完全变态发育。

不完全变态发育：幼虫与成虫在外形上有些类似，只是幼虫体形较小，生殖器官和翅膀还没有发育完全。

不完全变态发育是昆虫世界较为普遍的发育方式之一，发育过程主要分为卵、若虫、成虫3个阶段。蝗虫等昆虫就是通过不完全变态发育的过程完成发育的。

它们的幼虫孵化出来时外形就与成虫相似，只是幼虫的某些器官如翅膀等还没有完成发育，这一时期的幼虫称为“若虫”。在发育过程中，若虫会经过几次蜕皮，每完成一次蜕皮，若虫的体形就会急剧增大，翅膀也会逐渐变长。几次蜕皮之后，若虫就正式长大为成虫。

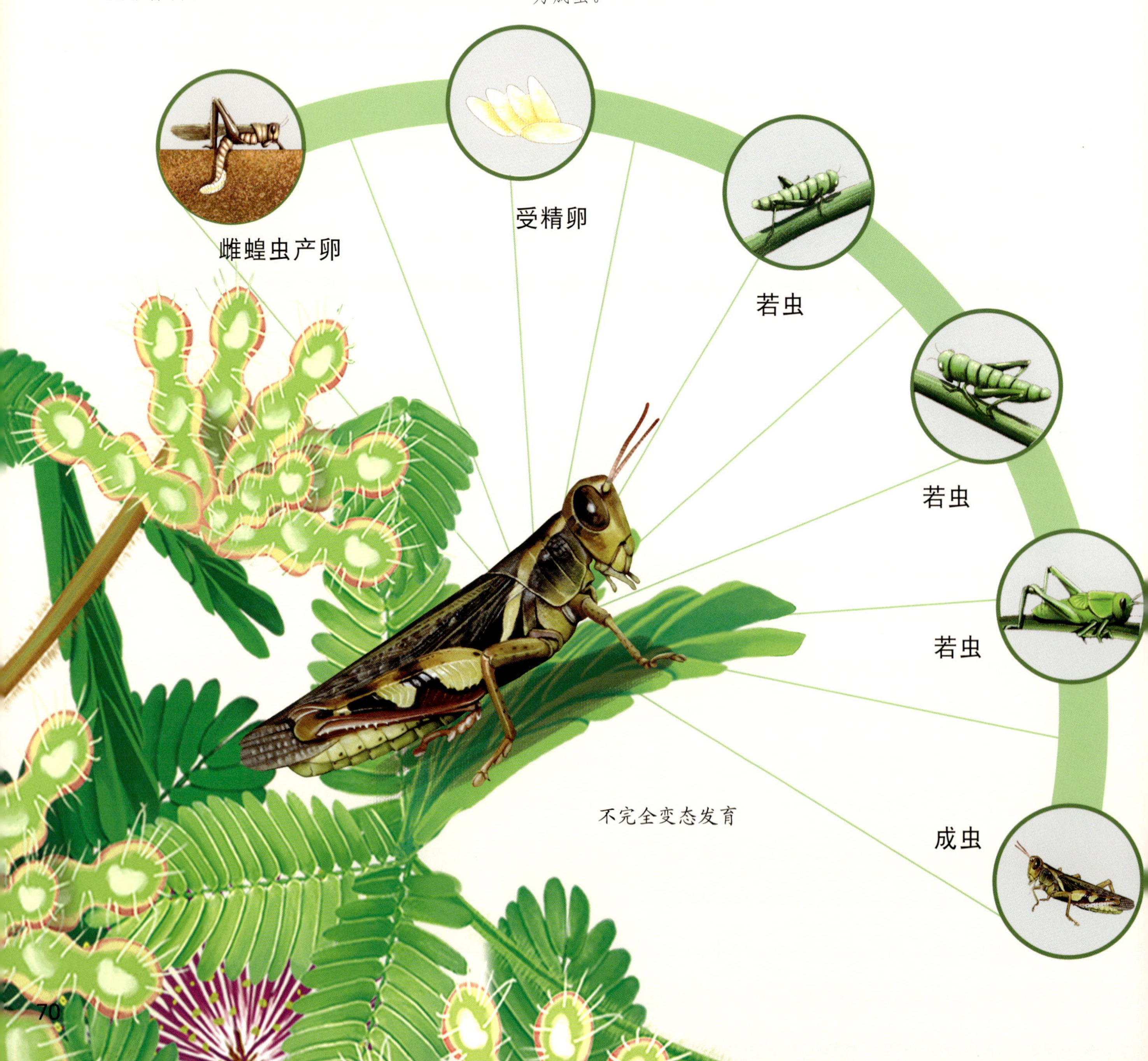

不完全变态发育

完全变态发育：幼虫与成体在外形上存在较大差别。幼虫发育为成虫之前会经过蛹的阶段。

与不完全变态发育相比，完全变态发育的过程更加复杂、完备，分为卵、幼虫、蛹、成虫4个阶段。完全变态发育的昆虫种类多样，如蝴蝶、蜂、蚊、蝇等昆虫都属于完全变态发育昆虫。

蝴蝶受精卵孵化后，成为肉虫或毛毛虫。幼虫不停地进食，经过几次蜕皮，体形不断变大。成熟后，幼虫就会用细丝将自己固定住，变成蛹。经过一段时间，蛹开始羽化，一只美丽的蝴蝶发育完成，从蛹里钻出，等到翅膀干燥变硬后，就可以翩翩起舞了。

你知道吗？

完全变态发育的昆虫，根据种类不同，在幼虫阶段的蜕皮次数也有所不同。比如：苍蝇的幼虫蜕皮两次，蚊子的幼虫蜕皮3次。每次蜕皮需要的时间因昆虫的种类、环境气温的不同而存在差异。

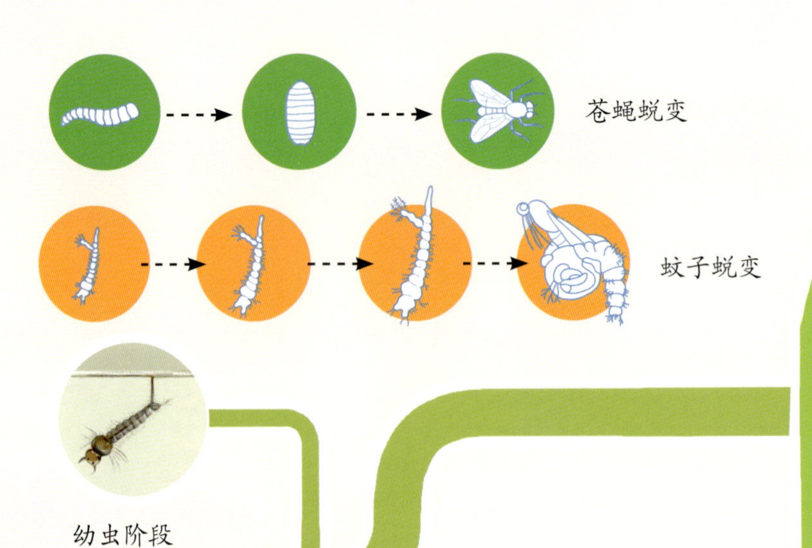

幼虫阶段

雌虫

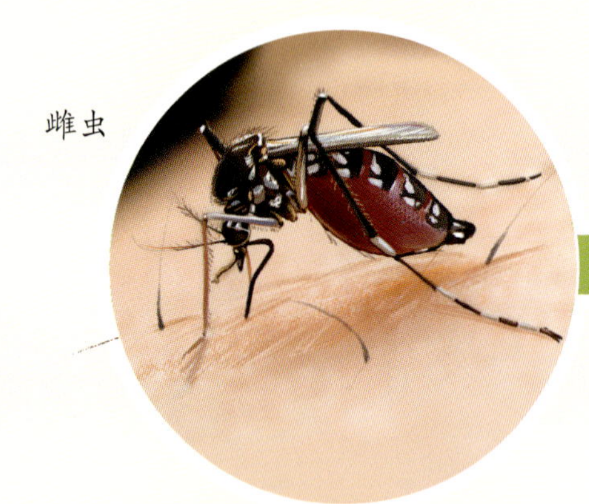

雄虫

蝴蝶幼虫生活在植物的枝叶上，以植物枝叶为食，发育为蝴蝶后，以花蜜为食。

蝗虫成虫

也有很多昆虫的若虫和成虫之间的生活习性差别不大。比如：蝗虫的若虫虽然不能像成虫那样飞翔，但和成虫都生活在草丛里，以植物为食。

蚊子幼虫生活在水里，以水里的浮游生物和细菌为食；发育为成虫后，它们离开水，雌虫以动物的血液为食，雄虫以植物的汁液为食。

完全变态发育的昆虫，其幼虫和成虫之间不仅外形不同，生活方式、生活环境也有所区别。

采蜜的蝴蝶

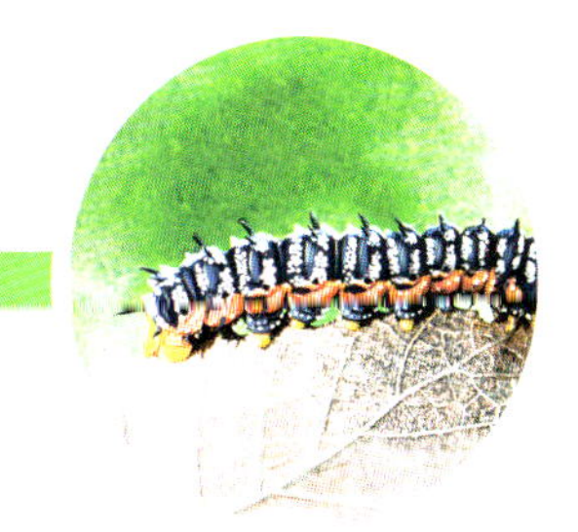

蝴蝶幼虫

蝗虫若虫

奇形怪状的口器

昆虫通过口器取食。为了更方便地取食，昆虫口器的外形和构造发生了变化，从而形成了不同的口器类型——咀嚼式、虹吸式等等。这些口器千奇百怪，各有其能。

昆虫的不同口器

咀嚼式口器

刺吸式口器

昆虫吃什么？

昆虫的食物五花八门，包括动物、植物、木材、腐败物等。根据其摄取的食物种类，可以将昆虫划分为植食性、肉食性、腐食性、吸血性等几大类。

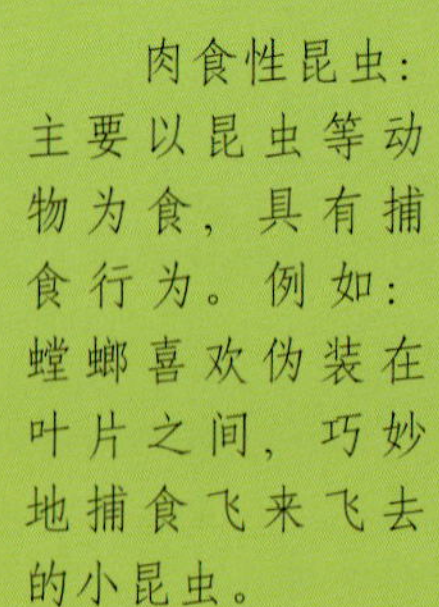

肉食性昆虫：主要以昆虫等动物为食，具有捕食行为。例如：螳螂喜欢伪装在叶片之间，巧妙地捕食飞来飞去的小昆虫。

腐食性昆虫：主要以腐败的动植物、粪便等为食，如蝇类的幼虫等。

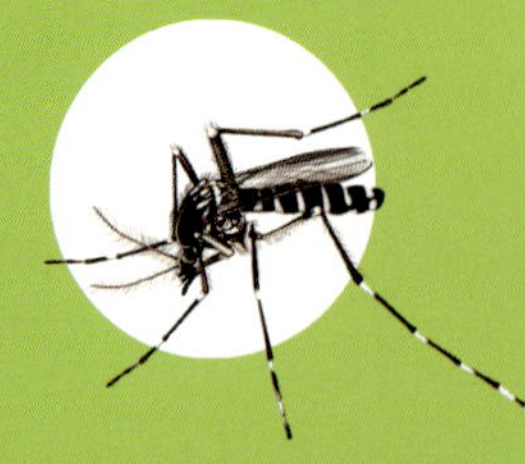

吸血性昆虫：以吸食动物血液为生，如蚊虫等。

植食性昆虫虽然都以植物为食，但它们的取食部位有所不同。金龟子、金针虫等昆虫喜欢吃植物的根部或幼苗；菜粉蝶幼虫喜欢植物的嫩叶；果蝇喜欢香甜的水果；飞蝗胃口较好，无论是植物茎秆还是叶片，都可以成为它们的美味佳肴。还有些昆虫不取食植物的根、茎、叶，却喜欢喝“果汁”。例如：蚜虫喜欢吸食叶片里的液汁，小麦吸浆虫喜欢吸食麦子里的营养物质。

菜粉蝶幼虫　金针虫　小麦吸浆虫　金龟

昆虫口器的组成和变化

昆虫的口器位于昆虫头部的下方或前端，最原始的口器由上唇、下唇、舌、上颚、下颚组成。咀嚼式口器仍保留着原始的口器形态。在进化过程中，一些昆虫的口器部分结构发生特化，形成了各种奇形怪状的吸收式口器，如刺吸式、虹吸式、锉吸式、嚼吸式等。

虹吸式口器

嚼吸式口器

舐吸式口器

咀嚼式口器： 由上唇、下唇、舌、上颚、下颚组成。生有咀嚼式口器的昆虫（如蝈蝈、蝗虫等）喜欢吃固体食物。其上颚像一对坚硬、锋利的大牙，可以左右活动，负责将食物切断、磨碎。上颚的后面是一对像触手一样的下颚，可以握持、撕碎和推进食物。上颚前方的上唇以及下颚后方的下唇就像两个挡板，可以关住切碎的食物，并且协助其他部分将食物推进口内。它们的舌位于口腔中央，不仅可以帮助吞咽食物，还可以品尝食物的味道。

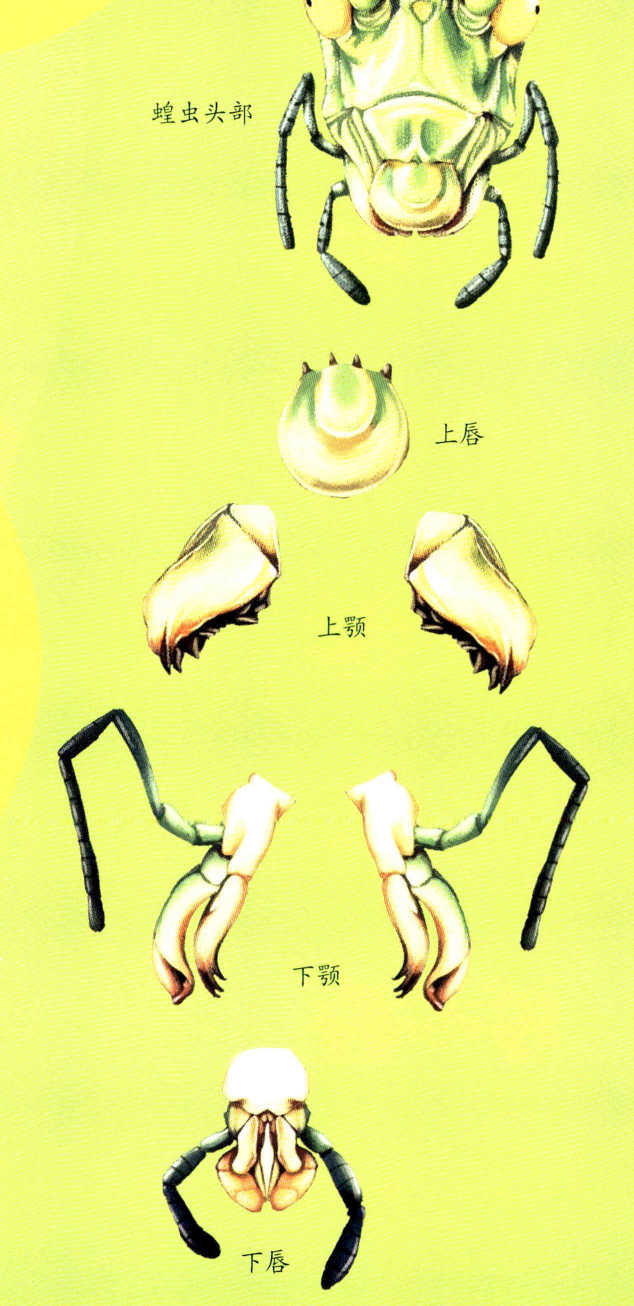

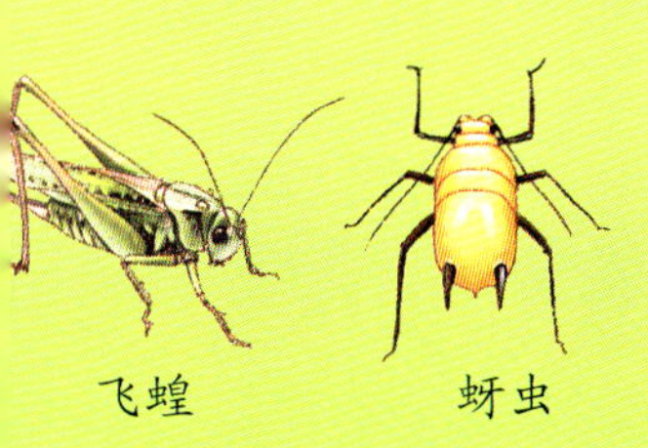
飞蝗

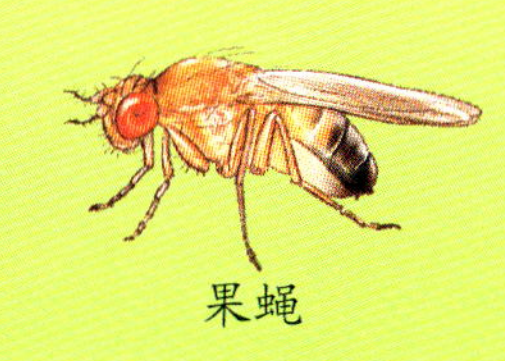
蚜虫

果蝇

刺吸式口器： 这种口器进化得非常巧妙，下唇延长形成一条管状、分节的喙，上、下颚特化为两对坚硬的口针，包藏在喙内部，下唇和舌已退化或消失。生有刺吸式口器的昆虫（如蝽象、蚜虫等）将口器刺进动物、植物表皮，就可以吸收营养物质了。

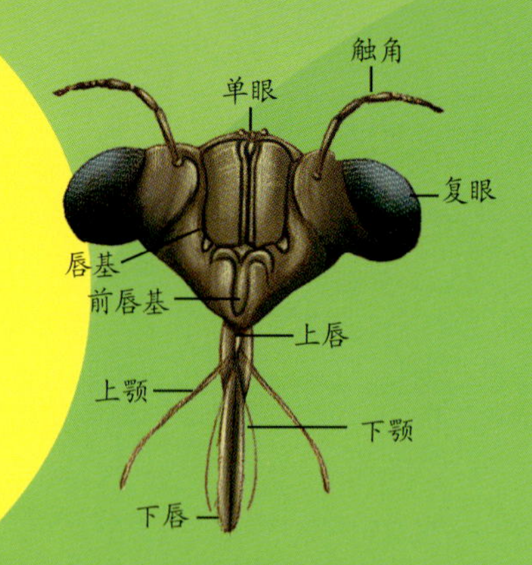

刺吸式口器的结构

刺吸式口器的代表

虹吸式口器的结构

虹吸式口器： 下颚的一部分延长形成管状的喙，其他结构退化或消失。虹吸式口器像钟表的发条一样，可以自由伸缩，吃东西时可以伸直放到食物表面，像吸管一样，进食完成后可以卷缩起来。虹吸式口器是蝴蝶、蛾类特有的口器，可以让它们轻松吸食到花管底部的花蜜。

虹吸式口器的代表

你知道吗？

虽然蝶类都生有虹吸式口器，但不同品种的蝴蝶食性不一定相同。例如：菜粉蝶喜欢吸食花蜜，紫闪蛱蝶却把墙壁上的砖和沙砾当作美味佳肴，中华谷弄蝶则喜欢在鸟类粪便里吸收营养物质。

菜粉蝶

紫闪蛱蝶

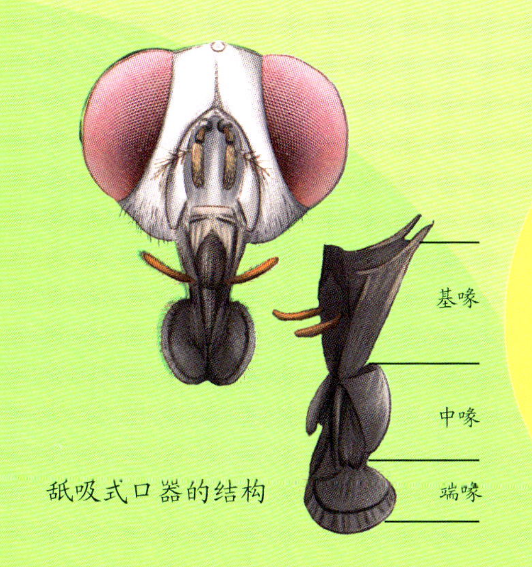

舐吸式口器的结构

舐吸式口器：上颚和下颚退化；下唇非常发达，看起来像蘑菇，下唇端部有两片圆形的唇瓣。蝇类的口器就是舐吸式口器。取食的时候，蝇类的唇瓣会展开贴在食物上，又舐又吸，将食物吸入口内吃掉。

舐吸式口器的代表

嚼吸式口器的结构

嚼吸式口器：上颚发达，像一对大牙齿，可以咀嚼固体食物；其他部分延长，形成一条可以吮吸液体的吸管。蜂类就是生有嚼吸式口器的昆虫。吃东西的时候，它们不但可以将固体食物咬碎咀嚼，而且可以吮吸汁液。

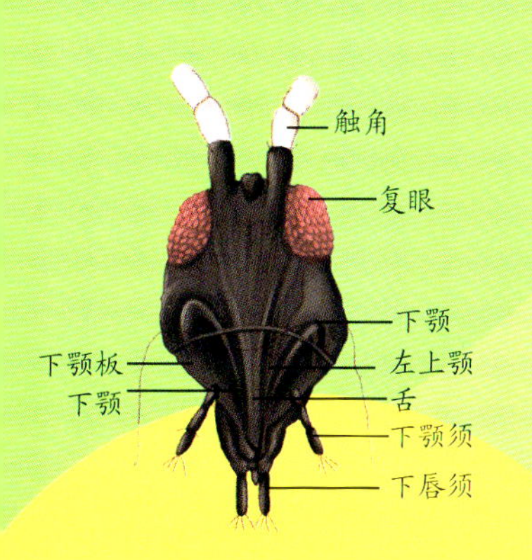

锉吸式口器的结构

嚼吸式口器的代表

锉吸式口器：上唇和下唇组成喙，呈鞘状，喙内是舌和左上颚及一对下颚形成的3根口针。上颚口针粗大且尖利，可以刺穿植物表皮，另外两条口针则组成食物道，可以通过抽吸作用吸取汁液。锉吸式口器是蓟马类昆虫特有的口器，通过锉吸式口器，蓟马类昆虫就可以吸食植物的汁液了。

锉吸式口器的代表

温度会影响昆虫吗？

昆虫受温度变化的影响

温度在昆虫的生长发育过程中扮演着非常重要的角色，对昆虫的影响是多方面的。在不同的温度范围内，昆虫的生长发育、生存状况和行为活动都会有所差别。合适的温度可以促进昆虫世界的繁荣，而超出一定范围的温度变化则会限制昆虫的发展。在全球气候变化的影响下，昆虫世界也发生了巨大的变化。

温度影响大

昆虫属于变温动物，又称“冷血动物”。它们体内没有调节体温的机制，需要靠自身行为调节体热的散发，同时需要从外界环境中吸收热量提高体温。当外界环境的温度升高时，昆虫的新陈代谢活动非常活跃，体温升高；当外界环境温度降低时，昆虫的代谢活动减弱，体温逐渐下降。由此可见，温度在昆虫的生长发育过程中具有重要的意义。

温度与昆虫滞育

昆虫生长发育到一定阶段后，在一些外界刺激的诱导下，可以暂时性停止发育，以适应不良的外界环境，这种机制叫作昆虫的“滞育”。在滞育期，昆虫的生长发育会短暂停顿，呼吸率会降低，抗寒性和抗药性会提高，昆虫可以更加适应外界的环境。

温度是诱导昆虫滞育的主要因素之一，可以通过与光照等因素相互作用影响昆虫的滞育。大部分昆虫的滞育是在低温环境下发生的，如烟蚜茧蜂在0℃以下的低温环境里滞育期可以达到5个月左右。

温度与昆虫的迁飞

一些昆虫在发育的特定阶段会成群结队而有规律地转移到远距离外的新栖息地。这类昆虫被称为“迁飞昆虫”。温度会对迁飞昆虫的飞行能力产生重要影响。例如：马铃薯甲虫越冬后，需要外界气温达到23℃左右才具备飞行能力。同时，温度不同，昆虫的飞行能力也不同。例如：在18℃～33℃范围内，美洲斑潜蝇的飞行能力会随着温度的升高而变强；而温度高于这个范围后，它们的飞行能力又开始变弱。因此，迁飞昆虫通常会选择适宜的温度起飞。

温度与昆虫的传粉

温度对昆虫的传粉行为也有非常重要的影响。例如：晴天温度低于22℃时，苍蝇几乎不会访花传粉；随着温度的升高，苍蝇的访花次数增多；温度过高时，苍蝇的访花次数又开始减少。其他传粉昆虫的访花行为也有相似的规律。

温度胁迫

昆虫的生长发育需要适宜的温度范围。当环境温度超出其适宜的温度范围时，昆虫的生长发育就会受到重大影响。这种现象称为“温度胁迫”。根据温度的高低，温度胁迫可以分为高温胁迫和低温胁迫。

在高温作用下，烟芽夜蛾等昆虫会出现滞育现象，而耐热性较弱的昆虫甚至不能发育到成虫。另外，高温环境会影响昆虫的发育，导致出现畸形个体。例如：化蛹期的黑腹果蝇受高温环境的影响，成虫会产生球形、卷曲等畸形的翅膀。低温环境同样会限制昆虫的生长发育，极端低温甚至可以直接杀死昆虫。

全球气候变化对昆虫的影响

随着全球温室气体浓度升高，全球气候变暖成为不可小觑的环境问题。气候变暖使昆虫的生存环境发生了巨大的变化，同时给昆虫的行为、发育、分布带来了相当大的影响。

随着气候变暖，冬季气温升高，春季提前到来。温暖的环境让昆虫生长和发育的进程提前，昆虫的生活周期延长，可以更加自由地进行繁殖。同时，气候变暖拓展了昆虫的生存空间。一些受低温限制的昆虫开始向高海拔、高纬度地区转移。在欧洲，一些种类的蝴蝶已经将原来的栖息区域向北扩展了数百千米。对于生存在高纬度、高海拔地区的昆虫，气候变暖迫使它们向更高海拔的地区转移，缩小了它们的生存范围，严重限制了物种的发展。在气候变暖的影响下，分布于新疆天山西部的阿波罗绢蝶的种群数量大幅减少，大部分种群将生存环境转移到更高海拔地区。

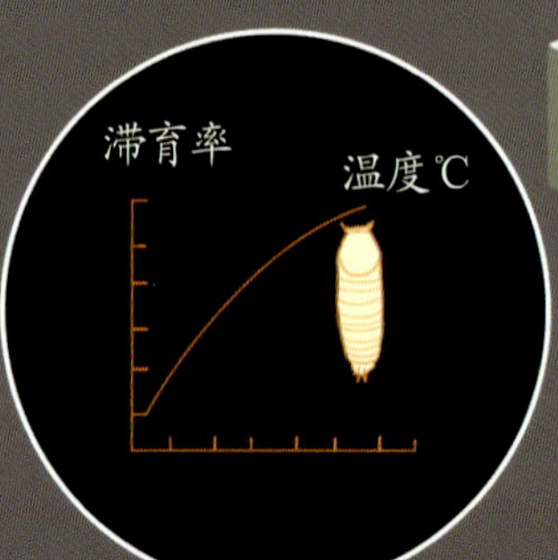

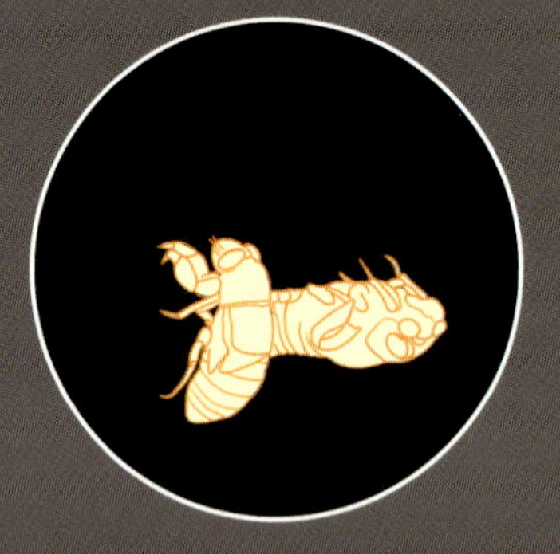

温暖的环境让昆虫生长和发育的进程提前。

低温导致死亡。

生存环境转移。

温度胁迫

昆虫的社会

在昆虫世界里，一些昆虫集群生活，而且具有显著的协调性和内部分工。这类昆虫称为“社会性昆虫”。蚂蚁、蜜蜂等昆虫是典型的社会性昆虫。不同于其他昆虫的独来独往、单打独斗，它们分工明确，协调有序。

美国著名的昆虫学家爱德华·威尔逊认为，真正的社会性昆虫应该具备以下特征：

1. 同一种群的个体会相互合作，一起照顾、抚育幼虫。

2. 依据繁殖能力的有无进行分工。有繁殖能力的个体不参与劳动，一切工作由无繁殖能力的个体完成。

3. 种群内至少生活着两个或两个以上的世代，一起参与群体劳动。其中子代会在一段时间里协助亲代劳动。

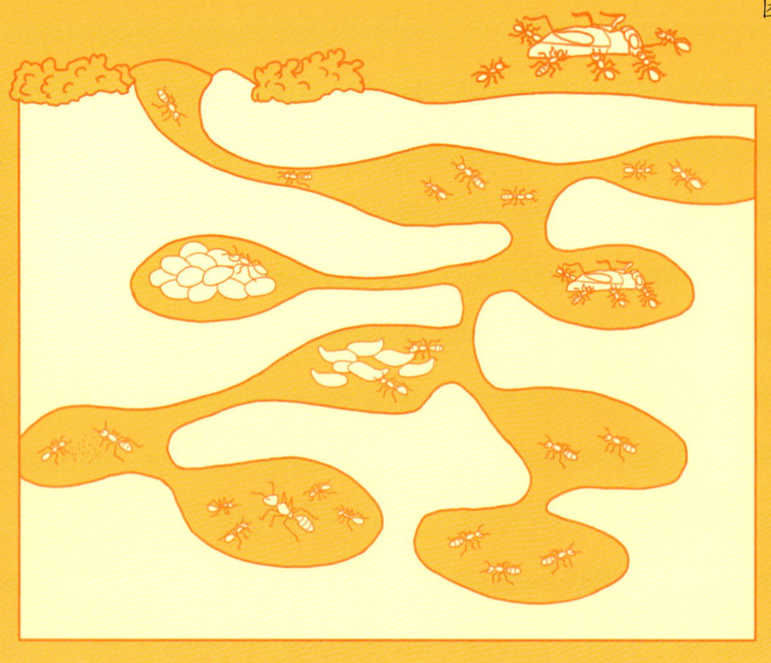

团结的昆虫

正如威尔逊所说，通常只有具备以上 3 种特征的昆虫才会被昆虫学家认可为真正的社会性昆虫，或者“完全社会性昆虫”。某类昆虫族群如果只具备以上 3 种特征的任意两种或者一种，则被称为“非完全社会性昆虫”。

通俗一些来理解，所谓的社会性昆虫，无非就是具有森严的社会等级、详细的职能分工、可以相互协作的昆虫。

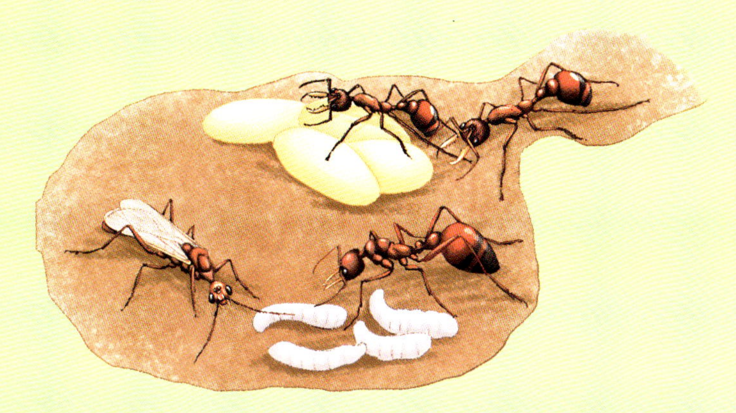

完全社会性昆虫

社会等级与各自的职能

社会性昆虫都具有明确的等级与职责划分。例如：蜜蜂是群体生活的昆虫，一个蜂巢中往往生活着成千上万的成员。这些小家伙共同构成了一个蜜蜂家庭或者说社会。这样一个成员众多的“蜜蜂社会”里实际上只有 3 类蜜蜂，即蜂王、雄蜂与工蜂。

蜂王

雄蜂

工蜂

以上 3 类蜜蜂不仅构成了蜂巢里森严的社会等级，还有着非常明确的分工。

位于金字塔顶端的蜂王是具有生殖能力的雌蜂，通常只有 1 只（在极特殊的条件下会出现两只蜂王，比如分蜂热），统治着蜜蜂大家族，主要任务是产卵。

雄蜂的职责是与蜂王繁衍后代。与蜂王交配后，雄蜂就会死亡。

工蜂可以算是蜂巢里“金字塔社会”的最底层，是蜂群里数量最多的成员，主要负责一切劳动工作。

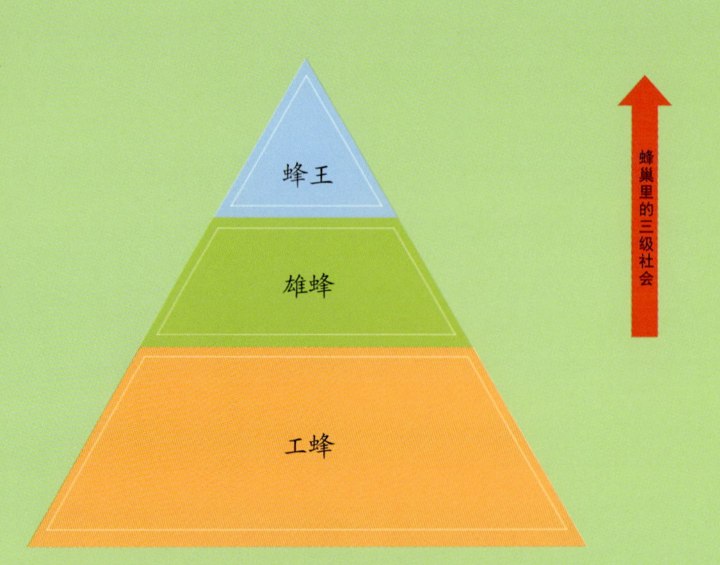

分蜂

你知道吗？

有时蜂巢内会因为激素的变化促使新蜂王诞生，而老蜂王则被迫带领一部分蜜蜂离开蜂巢。这种现象就叫作“分蜂”。在分蜂时，老蜂王一般只带走少数蜜蜂，将多数蜜蜂留给新蜂王。

这么一看，是不是觉得工蜂很可怜？基本上什么工作都要由它们去做。事实上，工蜂在不同的发育阶段负责的工作不太一样。

工蜂

幼年：幼年工蜂蜡腺发育不完善，主要负责保温孵卵、照顾以及饲养幼虫。

青年：青年工蜂蜡腺发育完善，因此像营建和扩大蜂巢、清理蜂巢卫生以及守卫蜂巢这些繁重的工作都需要它们来完成。

壮年：进入壮年的工蜂，蜡腺逐渐退化，正式成为专职的“采集类工蜂”，主要负责采集花粉、花蜜、水等。

老年：老年工蜂承担不了太过繁重的工作，于是退居二线，主要从事搜寻蜜源、采水等相对轻便的工作。

从巢穴看昆虫的社会

基本所有的社会性昆虫（如蜜蜂、蚂蚁、白蚁等）都会为自己的族群营建结构复杂的巢穴。

以昆虫界著名的工程师蚂蚁为例，它们为了满足集体生活的需求，在地下营建了一座庞大的“宫殿”。如果将其等比例放大，那么想必蚁穴的规模将媲美那些古代的帝王陵寝。

此外，蚁穴内部还有很多功能不同的“房间”，全都是为了种群服务建造的：它们有的用来供蚁后居住，有的用来给幼虫居住，还有的用来储备食物。这些“房间”相互连通，道路四通八达，可以让蚂蚁在巢穴内畅通无阻地行动。

蚂蚁的“地下宫殿”

你知道吗？

美国一名昆虫学家为了探明蚁穴的奥秘，决定将熔化的高温铝液倾倒入蚁穴内，等到其冷却凝固后，再小心翼翼地把“成品”从地下挖掘出来。这样的做法虽然让人们很直观地见识到蚁穴宏大的规模，得到了稀奇的艺术品，却因为伤害了蚂蚁的利益而饱受人们争议。

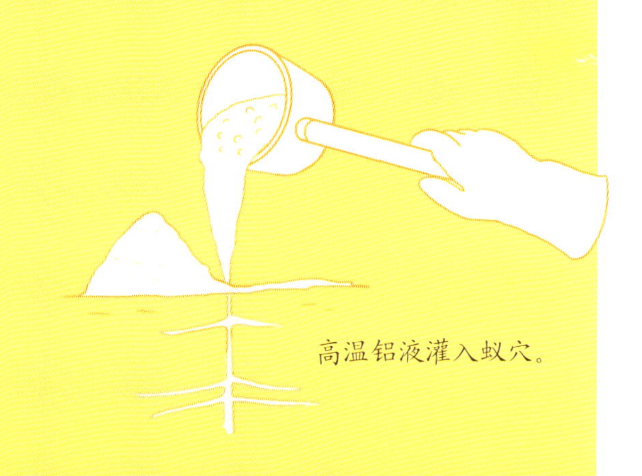

高温铝液灌入蚁穴。

昆虫的“对话”

语言是人们交流和传递信息的重要方式。那么，昆虫是如何交流的呢？其实，昆虫也有自己的语言，也会“对话”。昆虫具有十分灵敏的嗅觉、听觉和视觉，可以捕捉到周围的环境信息，从而躲避天敌、寻找食物。

丰富多样的昆虫语言

昆虫为了适应自然环境、满足自身生存发展的需要，会通过通信系统与同伴或者其他种类的昆虫以及周围的环境相互交流。昆虫交流信息的“语言”多种多样，包括气味语言、声音语言、光语言、舞蹈语言等形式。

一、气味语言

信息素有很多类型：

1. 性信息素：成虫释放的，用来吸引异性交配。比如：飞蛾凭借性信息素吸引异性，传宗接代。

2. 聚集信息素：招引同伴一起取食、繁殖。比如：像白蚁这种集群生活的昆虫发现食物后，就会分泌信息素呼朋唤友、集合同伴。

3. 告警信息素：通知同伴逃避、警戒、攻击。比如：受到攻击的蚂蚁依靠分泌出的信息素向伙伴报警，通知伙伴及时转移。

气味语言是昆虫最常见的交流语言之一。昆虫一般会通过这种语言与种内、种间的昆虫进行交流。通俗点来讲，气味语言其实就是昆虫释放的一种化学物质。这种物质可以引起同伴产生特定行为或生理反应，被人们称为“信息素”。

以蚂蚁为例：两只蚂蚁相遇时会产生一种特殊的化学物质，并将这种化学物质进行交换，从而完成交流。在野外觅食时，蚂蚁一面爬行，一面用颚接触地表，标记气味痕迹。通过这种信息，蚂蚁就知道哪里可以找到食物了。

4. 示踪信息素：指引同伴，表明自己活动的踪迹。比如：果蝇通过分泌示踪信息素告知同伴自己的下落。

5. 标记信息素：在产卵地或其他场所留下的有提示作用的信息素。比如：赤眼蜂就能用分泌信息素的办法来区分被寄生卵与未寄生卵。

昆虫释放的信息素虽然少到人类根本无法察觉，但对于昆虫来说，却是同类之间必不可少的交流语言。

6. 蜂王信息素：蜂王分泌的能够维持蜂群秩序的信息素。

你知道吗？

蜂王信息素对工蜂有很强的吸引力，不仅可以抑制工蜂培育新蜂王，还能引导蜂巢分蜂、抑制工蜂的卵巢发育……如果蜂王信息素消失，工蜂就会产生失王情绪，变得躁动不安、采集力下降，最终整个蜂群甚至会灭亡。

二、声音语言

声音是昆虫之间交流的语言之一，对昆虫召唤同伴、交配、攻击等行为起着重要的作用。蝉、蟋蟀、蝈蝈、蝗虫等昆虫都是昆虫世界里著名的歌唱能手，它们美妙的“歌声”则是其特有的语言。

蝉的发声器位于腹部，可以发出嘹亮的声音。每到夏季，雄蝉就会在森林里欢快地唱起歌。那是它们和异性交流的信号。雌蝉听到歌声，就会跟随歌声的指引找到雄蝉。

蟋蟀和蝈蝈通过翅膀的摩擦发出声音。它们的“歌声”可以传递多种不同的信息，既可以吸引异性，又可以震慑敌人，还可以向同伴发出警报。

在昆虫世界，虽然一些昆虫没有像蝉、蟋蟀等昆虫所具备的发声器，但它们会通过敲击其他物体发声，与同伴进行交流。例如：天牛幼虫在木材里靠啃食木料渐渐长大，经常会叩击自己钻出来的虫道，向其他同类传递信息，互相交流。

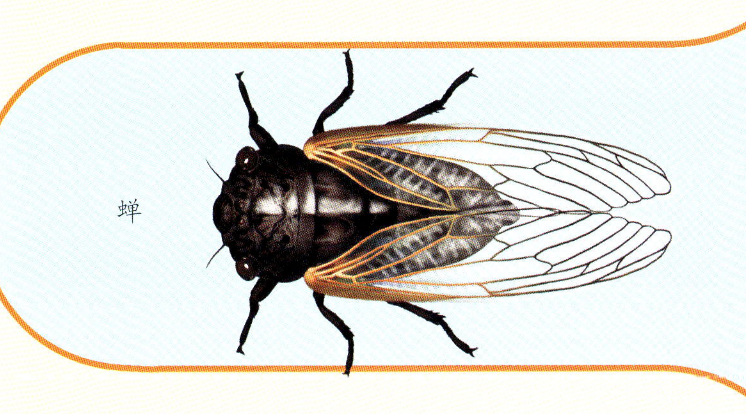
蝉

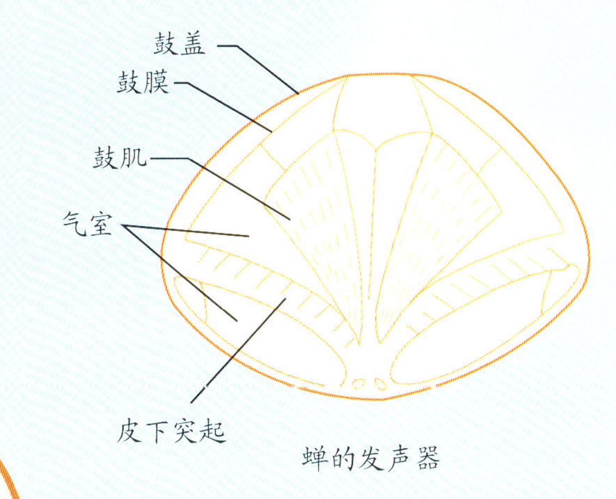

蝉的发声器

蟋蟀

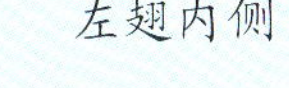
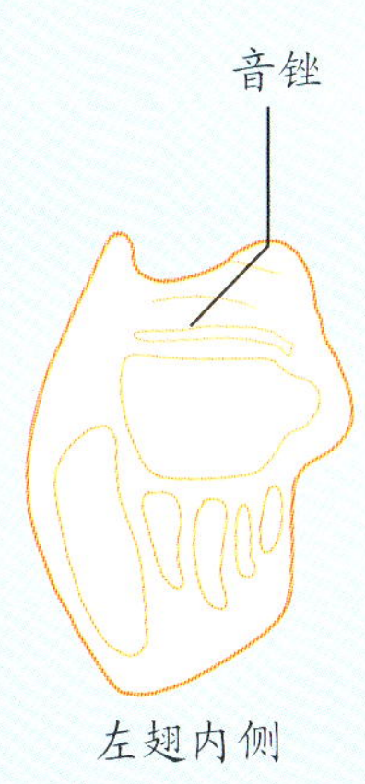

左翅内侧

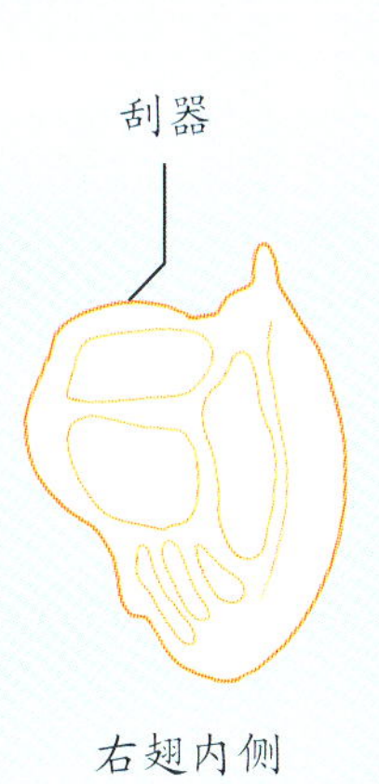

右翅内侧

天牛幼虫

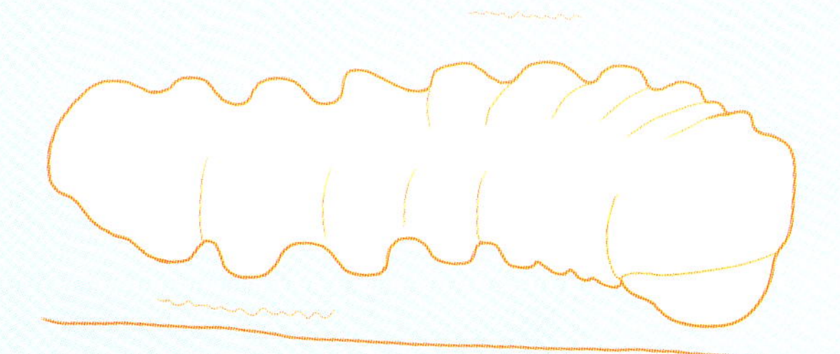
虫体震动

三、舞蹈语言

除了“歌声”，多才多艺的昆虫还会通过跳舞的方式与同类进行沟通。

在蜂群里，负责侦察蜜源的蜜蜂每天都会不辞辛劳地在野外寻找蜜源。

幸运的侦察蜂找到蜜源时，就会飞回蜂巢，把这个好消息告诉留在蜂巢的小伙伴们。不会说话的侦察蜂为了能将消息传递给伙伴，会在蜂巢周围跳起信息量颇大的舞蹈：

1. 侦察蜂在距离蜂巢不远的位置（大概不超过 50 米）发现丰富的蜜源，就会兴奋地绕着圆圈，跳起圆圈舞。

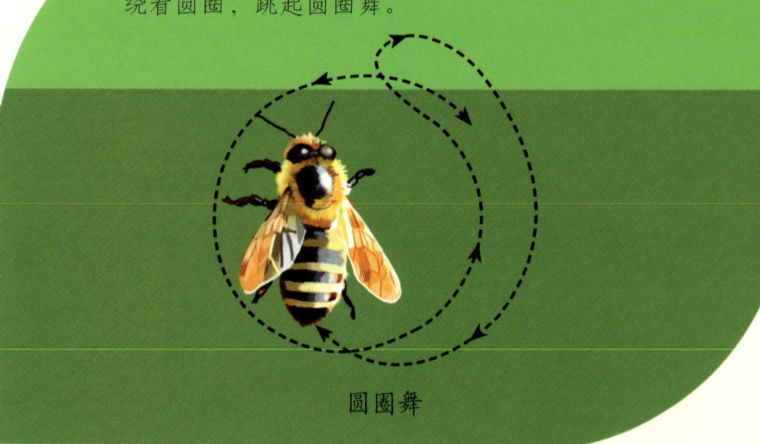

圆圈舞

2. 侦察蜂在较远的方位（距离蜂巢几千米外的地方）发现蜜源，就会突然直直地飞行，然后兜着圈子飞舞，跳起复杂的摇摆舞。

摇摆舞（“8”字舞）

3. 侦察蜂跳舞的时候头部朝上，就是在告诉同伴，只要向着太阳的方向飞行，就可以找到蜜源。

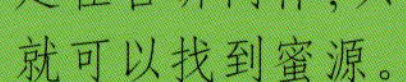

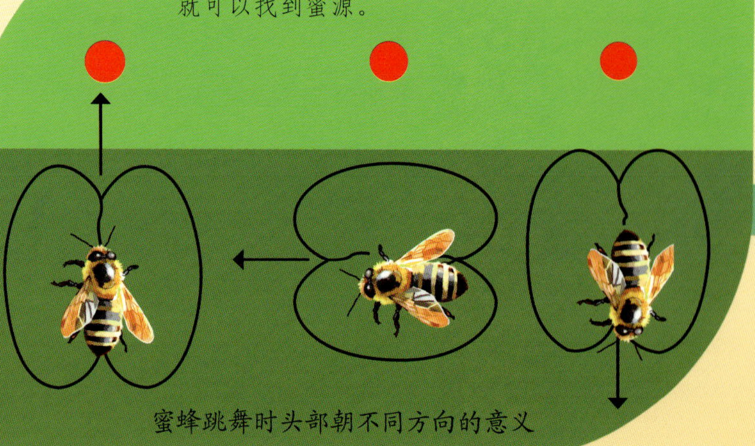

蜜蜂跳舞时头部朝不同方向的意义

留在蜂巢里的工蜂只要见到侦察蜂的舞蹈，就可以知道蜜源的位置与方向，然后召集伙伴们集体出动，浩浩荡荡地朝侦察蜂说明的方向飞去，进行采集工作。

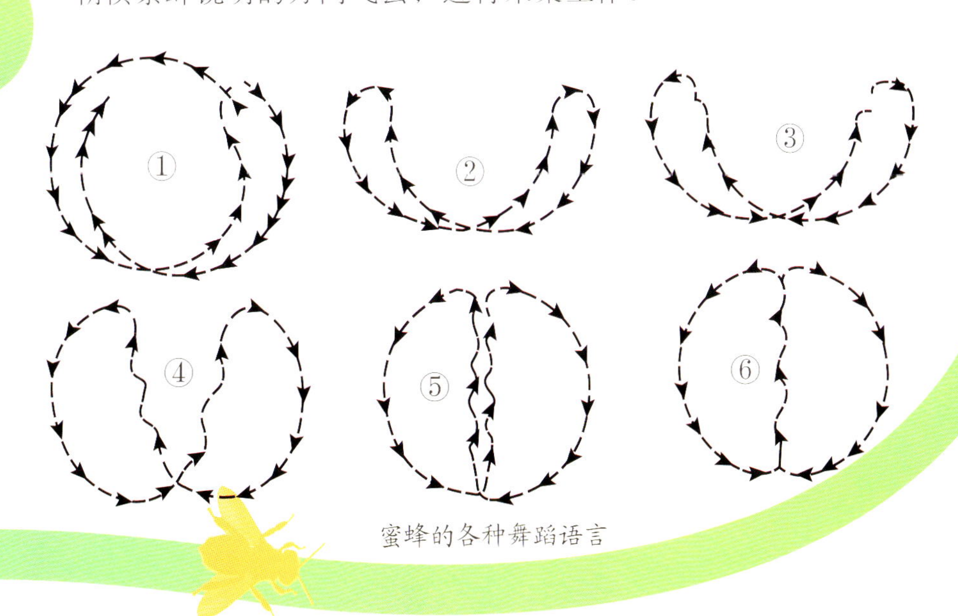

蜜蜂的各种舞蹈语言

除了蜜蜂，蝴蝶也可以通过舞蹈进行交流。在晴朗的天气里，我们经常可以看到一对对雌性与雄性蝴蝶在旷野和花丛中追逐嬉戏，翩翩起舞，相互交流感情。

四、光语言

夏季的夜晚，萤火虫经常会在河边草丛或田野间飞来飞去，尾部的发光器发出明亮的光。这是昆虫的另一种语言——光语言。在夜里，萤火虫发出一闪一闪的光亮吸引异性的注意，异性看到后就会根据光亮的指引找到心仪的追求者。遇到危险时，有些萤火虫也会突然发出光亮，向同伴发出警报。

你知道吗？

萤火虫的发光器有一种含磷的发光物质和一种催化酵素。当外界的空气从发光器上的气孔进入后，发光物质就会在催化酵素的氧化作用下发生特殊的化学反应，发出光亮。

飞行的动力

大部分昆虫生有翅膀。昆虫的种类不同，其翅膀的造型也有所不同。有翅昆虫通常具备非常高超的飞行本领。这对昆虫快速寻找食物、躲避敌害、求偶繁殖等活动都具有重大意义。

翅膀的结构

昆虫生有两对翅膀，位于中胸的一对称为“前翅”，位于后胸的一对称为“后翅”。翅膀通常呈三角形，由膜质表皮组成，翅面上分布着一条条翅脉。翅脉就像一根根支棍，可以加固翅膀的强度，从而提高昆虫的飞行能力。

蜻蜓

蝗虫

昆虫的种类不同，其前后翅的发达程度也有区别。例如：蜻蜓等昆虫的前翅和后翅都非常发达，翅膀的大小和形状没有明显的区别；蝗虫、甲虫等昆虫飞行时主要依靠后翅提供动力，所以其后翅比前翅发达；蜂类、蝉等昆虫的前翅比后翅更为发达；蝇类具有一对发达的前翅，后翅则退化为平衡棒。

蝉

苍蝇

类型多样的翅膀

昆虫的翅膀类型多样，主要可以分为缨翅、膜翅、鳞翅、毛翅、鞘翅、半鞘翅、覆翅、平衡棒等类型。

缨翅：翅的质地为膜质，但翅脉退化，翅的边缘长有很多缨毛。

膜翅：翅的质地为膜质，不仅薄，而且很透明，翅脉非常清楚。

鳞翅：翅的质地为膜质，表面覆盖了一层颜色不同的鳞片。

毛翅：翅的质地为膜质，表面长有疏密不同的短小细毛。

高超的飞翔本领

昆虫具有强大的飞行能力，可以飞越沙漠和海洋，迁飞到环境适宜的栖息地。例如：在南方越冬孵化的黏虫可以飞越茫茫大海，到几千千米外的北方寻找食物；蜜蜂也是昆虫世界的飞行高手，可以连续飞行 20 千米左右。

壮观的集体飞行

昆虫为了寻找新的栖息环境，通常会群体迁飞。迁飞时，成千上万的昆虫集成一群，错落有致，按照一定的规律共同向前飞行，偶尔上下起伏，甚至会在空中翻转。非洲的沙漠蝗虫群飞时，飞行面积可以覆盖数百公顷，让人惊叹不已。

鞘翅：翅的质地为角质，非常坚硬，翅脉较大。鞘翅一般仅用来保护背部与后翅。

半鞘翅：翅的基部质地呈革质，端部为膜质且生有翅脉。

覆翅：翅的质地较厚，呈半透明状，十分坚韧。覆翅平时完全覆盖住昆虫的体背侧面与后翅，不仅可以飞行，还能起到保护昆虫的作用。

平衡棒：是翅膀退化的结果，呈棍棒状，在飞行时能帮助昆虫平衡身体。

本能与智能

昆虫种类多样，在不同的环境中，它们表现出来的行为非常复杂。一般来说，昆虫的行为包括本能行为和智能行为。

本能行为是昆虫在进化过程中，在自然选择的条件下积累下来的遗传行为。智能行为是昆虫在应对新的外界刺激时表现出来的特定行为。昆虫的本能行为和智能行为不是相互独立的，而是经常共同作用，让人难以区分。

各种各样的本能行为

法国著名的昆虫学家法布尔曾经提过一个很有意思的观点：在正常或者非正常的条件下，昆虫的一切表现都是出于其本能，不管它们的表现是杰出还是无知，都是它们的天赋。这就是法布尔的“本能论”。

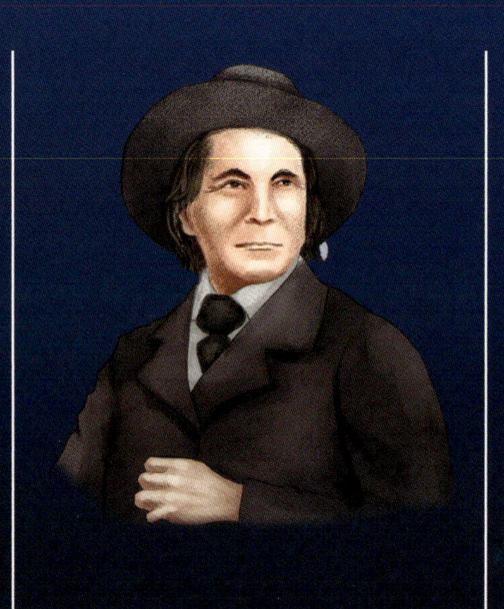

著名的昆虫学家——法布尔

法布尔在当时通过多次实验，认为昆虫没有应对超出常规事件的智力和经验，不会像人类一样随机应变，一切行为都出于本能。比如：我们在夏日的夜晚会看到飞蛾不停地绕着灯光来回飞行，这是因为飞蛾有着利用光源定位导航的本能。因此，人们会利用飞蛾的这种本能对其进行诱捕。

光源吸引蛾类

蜂类高超的筑巢技术同样是一种本能行为。蜜蜂发育成熟后，并不需要其他蜜蜂的指导，就可以自行搭建蜂巢，而且建造出来的蜂巢和原来的蜂巢一样精巧。

切叶蚁在建筑巢穴时会相互协作，一起把树叶边缘拉向一处，然后进行缝合。值得一提的是：即便切叶蚁处于不同的栖息环境中，其构建巢穴的方式依旧如此，并不会随着环境的改变而变化。这样的行为虽然看上去很复杂，但仍然属于本能行为的范畴。

有趣的智能行为

虽然人们曾经认为昆虫只具有本能行为，所做的一切都是受本能的驱使，是进化的产物，压根不存在智能行为，但后来的诸多事实以及实验证明：在面对新的外界刺激时，大部分昆虫会做出独特的智能行为。

如果将蜜蜂的蜂巢放到一个新环境中，蜜蜂就会在新蜂巢的周围短距离飞行几次，侦察新环境的地形，记住回巢的标志物。这就属于一种智能行为。

在蜣螂滚粪球的过程中，假如用一根小木棍将粪球挡住，蜣螂就会在粪球边绕来绕去，找到挡住粪球的小木棍，然后滚着粪球绕过小木棍继续前进。这也是明显的智能行为。

合作的切叶蚁

绕巢飞行的蜜蜂

蜜蜂筑巢

第三章

昆虫“特工”

高明的“杀手”

在竞争异常残酷的自然界，昆虫们要想生存下去绝非易事。为了赢得生存机会，繁育出更多后代，它们会竭尽全力寻找可以补给养分的食物。庞大的昆虫家族中有这样一群高明的“杀手”：它们或以出色的速度制敌，或以独有的秘密武器取胜，或以意想不到的攻击策略称雄……生存之道千奇百怪，令人叹为观止。

1.“快刀客”螳螂：螳螂是肉食性昆虫。捕猎时，它们会把那大而锋利的前腿弯曲在前面，看上去就像祈祷一样。一旦有猎物进入其狩猎范围，螳螂就会以闪电般的速度展开攻击，用小刀般的前腿刺穿猎物的身体，然后用有力的颚将猎物的肉撕下来。

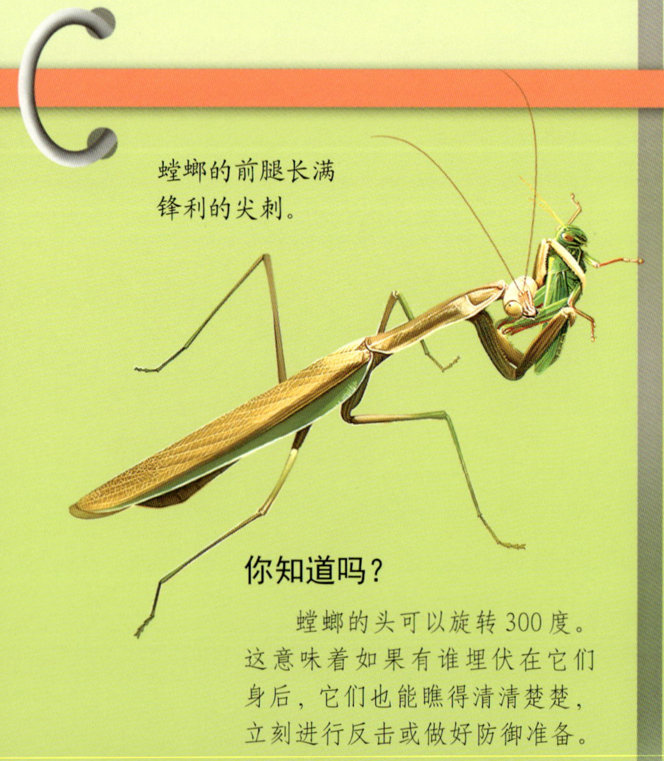

螳螂的前腿长满锋利的尖刺。

你知道吗？

螳螂的头可以旋转300度。这意味着如果有谁埋伏在它们身后，它们也能瞧得清清楚楚，立刻进行反击或做好防御准备。

2. 幼虫“麻醉师”：与萤火虫幼虫相比，蜗牛似乎在体形上更占优势，何况它们还背着“安全屋”。令人惊讶的是：萤火虫幼虫有一项神奇的本领，足以制服蜗牛。萤火虫幼虫在发动进攻之前，会先用针头一样的嘴巴在蜗牛软绵绵的身体上敲打几下。实际上，它们是在往蜗牛体内注射一种“麻醉剂”，让蜗牛失去反抗能力。等蜗牛任它们宰割时，它们就能不费吹灰之力地美餐一顿。

萤火虫幼虫袭击蜗牛。

一、捕食秘密武器

在漫长的进化过程中，昆虫们逐渐拥有了各自的特色武器——能麻醉猎物的毒液、将猎物置于死地的“大刀”以及出奇制胜的毒针……这些武器虽不起眼，却是它们捕食、攻击猎物的撒手锏。

3. 蜻蜓的“千里眼”： 生物学家最新的一项研究表明，蜻蜓捕猎的成功率超过95%，是大白鲨的两倍。当蚊子、苍蝇、蚂蚁或蜜蜂等小型昆虫出现时，蜻蜓会及时锁定目标，不断调整飞行路线，让目标猎物时刻处于其视线范围之内。一旦时机成熟，它们就会用长满硬刺和鬃毛的细腿组成小网，把猎物紧紧罩住，然后美美地吃上一顿。

一只狩猎成功的蜻蜓正在享受美食。

4. 食虫虻的“化骨水”： 除了良好的视力和高超的飞行技巧，食虫虻还有一种捕食秘密武器——它们的消化液就像“化骨水”一样厉害，可以把猎物变成液体。被食虫虻捕到的猎物很难有逃生机会。所以，食虫虻被称为“昆虫王国里的魔鬼”。

食虫虻要对猎物痛下杀手。

二、捕食"三十六计"

很多昆虫既没有足以威慑猎物的体形，也没有一招制敌的法宝，却有着超越其他昆虫的"头脑"，能够从实践中总结经验，进而掌握独门捕食绝技。

1. 布置陷阱：生活在干燥地表下的蚁狮幼虫会利用陷阱捕食猎物。它们会先在土壤或沙地上挖一个小坑，然后静静地潜伏在坑底等待猎物上钩。当蚂蚁或其他小昆虫经过陷阱不幸跌落时，早已准备好的蚁狮幼虫就会果断出击，将猎物一举拿下。绿虎甲幼虫也在用这个方法捕食。

2. 群体战术：蚂蚁喜欢聚集在一起捕猎。它们当中的"先行军"会用触须在地面叩击，留下气味信息，这样后续的蚂蚁部队就会循味而至。倘若蚂蚁群发现了猎物，那么大家就会一拥而上，将整个猎物团团围住，然后你一口我一口地将猎物生生咬死。之后，它们还会合力将美餐运回"营地"。

几只蚂蚁在围攻猎物。

3. 为后代备食：

与很多要自己觅食的昆虫幼虫相比，姬蜂幼虫显然要幸福得多，因为在出生之前，姬蜂妈妈就已经为后代准备好了充足的食物。雌性姬蜂可以通过气味和颤动判断猎物藏在哪里，然后将长长的产卵管刺入猎物的身体，把卵产在里面。其幼虫孵化出来以后，不用费力就能吃到食物。

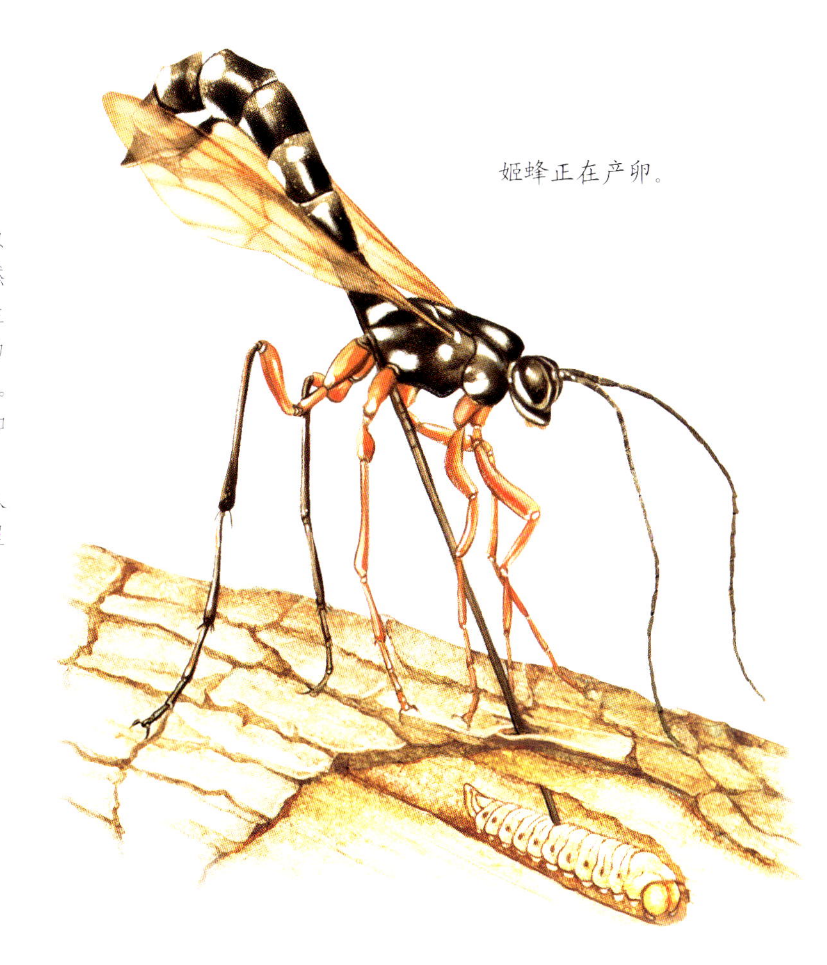

姬蜂正在产卵。

姬蜂幼虫寄食宿主。

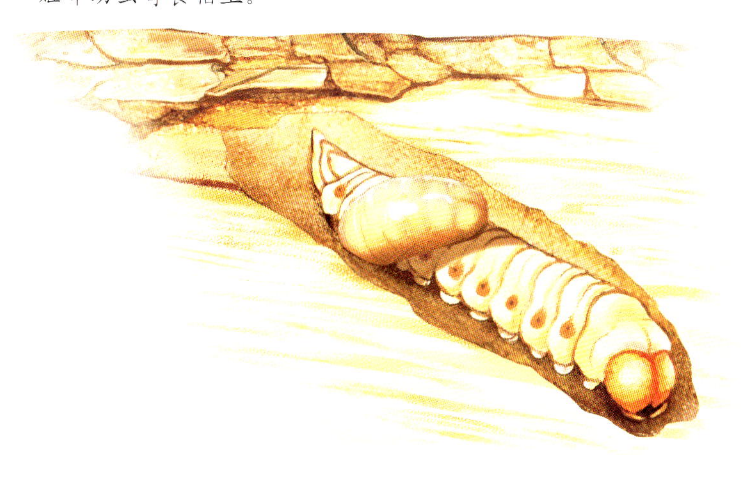

姬蜂幼虫成长为蛹。

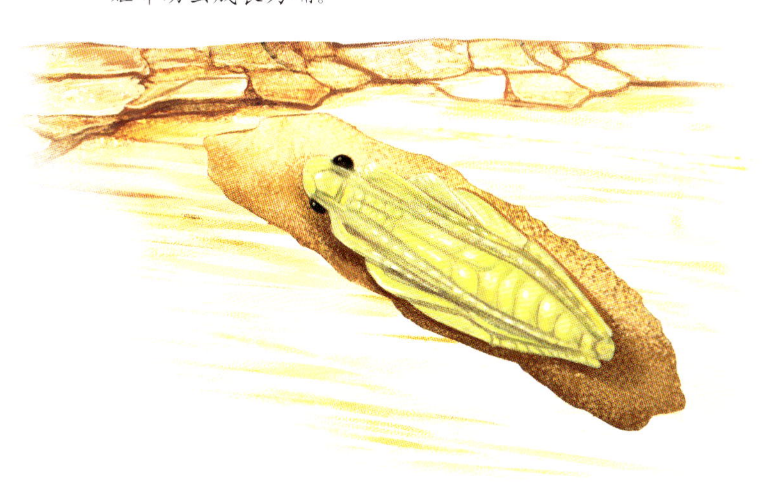

用伪装进行防御

对于有些昆虫来说，惹人注目显然是不行的，因为这意味着危险近在咫尺，那些潜藏在四周的敌人随时可能发起攻击。相比较而言，运用各种技巧与周围环境融合在一起或假死的伪装方法显然更明智。

一、模样“以假乱真”

昆虫界的伪装大师数不胜数，尤其是善于拟态的昆虫特别多。它们不但能模仿其他生物的外形结构，就连色泽、斑纹也模仿得惟妙惟肖，令人叹为观止。

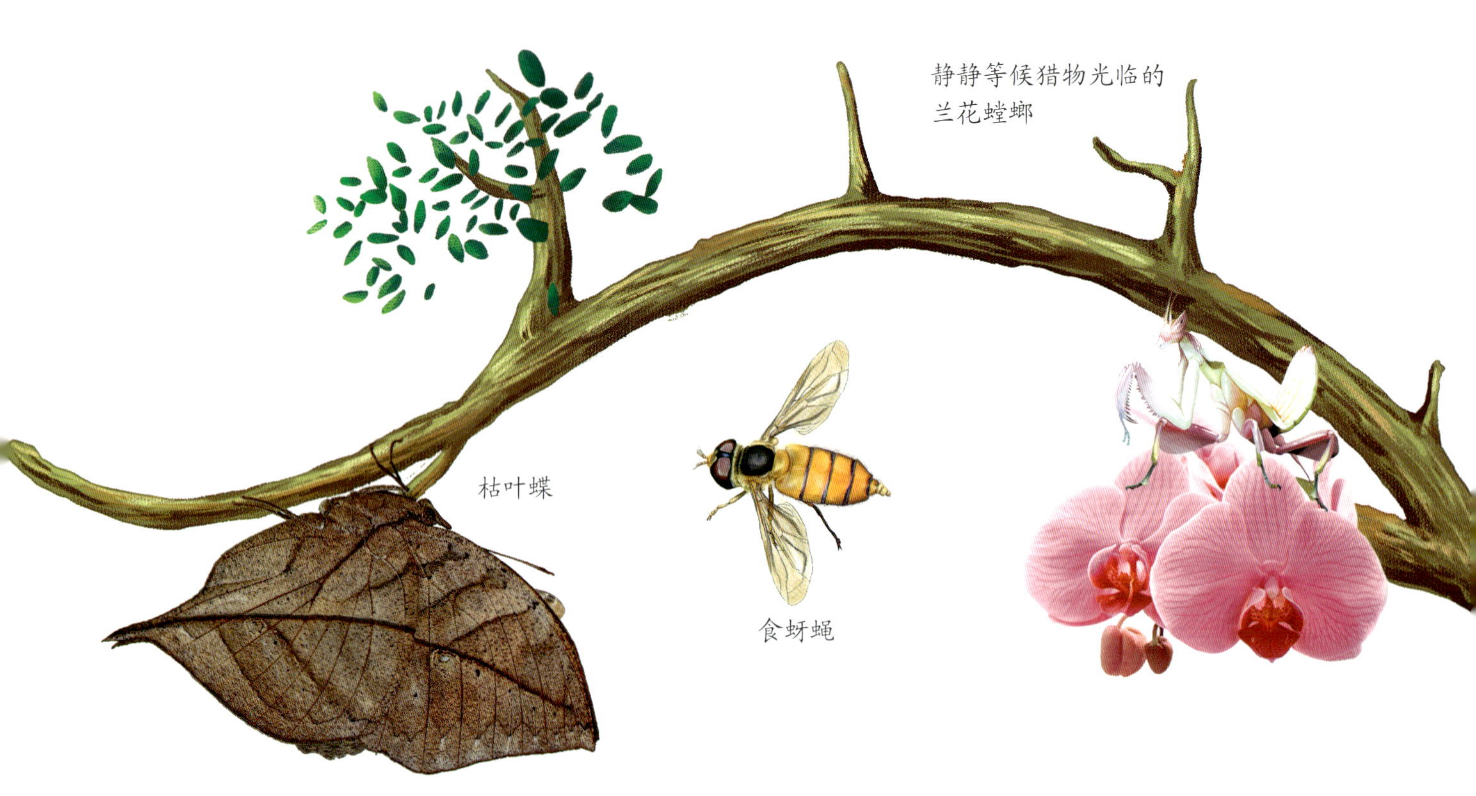

1. 移动的“树叶”： 枯叶蝶是模仿界的翘楚。它们静止不动、合拢两对翅膀时，完全就像一片片脉络清晰的枯叶。有意思的是：它们偶尔还会在“叶片”上加上点缀，勾勒出一些类似霉菌的斑点。因此，即使枯叶蝶就在我们眼前，我们也很难发现它们。

2. 伪装者食蚜蝇： 食蚜蝇与蜜蜂的亲缘关系十分疏远，但它们的体形、体色还有生活习性都与蜜蜂非常相似。不过，食蚜蝇并没有螫针。它们长成酷似蜜蜂的模样，只是为了假借其形象让捕食者远离自己。

3. 螳螂中的“花仙子”： 兰花螳螂是有名的模仿高手，能使自己看起来就像娇艳的花。如果有小昆虫因一时眼拙前来光顾，那么兰花螳螂就会挥舞着“大刀”，抓住时机将对方变成美味的盘中餐。

4. 竹节虫的绝技：竹节虫多栖息在热带和亚热带的密林、高山等复杂的环境中。为了不被敌人发现，它们掌握了一套伪装绝技——模仿树枝。它们的身材细长，身上还有竹节似的分节，加上可以随模仿对象而改变体色，使它们几乎和树枝一模一样！

5. 惟妙惟肖的尺蠖幼虫：尺蠖幼虫同样是出色的"模仿家"。休息时，它们的身体能像树枝一样斜伸着，逼真程度完全可以骗过眼光锐利的小鸟。

6. 橘凤蝶幼虫：比起模仿树枝，或许橘凤蝶幼虫认为模仿鸟粪更安全。它们趴在绿绿的叶子上时，简直与一小坨鸟粪没什么区别。很多捕食者即使识破了它们的伪装术，估计也会觉得倒胃口吧。

二、绝处逢生的奥秘

遭遇敌害时，一些昆虫无法及时逃离，便会拿出自己的看家本领，展示出异常的姿态和色泽，用障眼法威吓敌人。这种狐假虎威的做法往往能在关键时刻救它们一命。

5. 猫头鹰环蝶幼虫： 猫头鹰环蝶幼虫拥有非同一般的生存技巧。为了避免在变态的过程中被捕食者吃掉，它们会把自己“打扮”成可怕的蛇类。在蛹期，逼真的蛇态外观是其唯一防线。为了使防线看起来天衣无缝，它们还会把自身悬挂在树叶下方，就连角度也非常有讲究。

猫头鹰环蝶幼虫的“蛇拟态”

进入戒备状态的舟蛾幼虫

1. 舟蛾幼虫：舟蛾幼虫不但有与周围环境相近的体色，而且有一套屡试不爽的退敌策略。当敌人来犯时，它们会立即翘起尾部的两只肉角，把头高昂起来，让面部涨得红红的，做出一副“你敢碰我就死定了”的样子。一般昆虫见到这架势，会以为自己碰到了什么毒虫，赶紧溜之大吉。

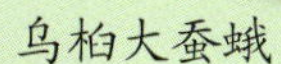

螽斯

2. 螽斯：当敌人来犯时，螽斯会立即做出一副恫吓姿态，将前肢高举，展开双翅，扩大身形，给敌人以强烈的压迫感。不过，只有那些胆小或柔弱的敌人才会被吓走。如果碰到鸟类这种强大的敌人，它们的方法就没有什么用了。

你知道吗？

有些生物学家认为，很多掠食动物喜欢攻击猎物的头部。猫头鹰环蝶的眼斑之所以位于后翅，是为了吸引敌人视线、改变敌人的攻击方位。这样即使后翅被伤，它们也能凭借前翅及时飞离危险区。

乌桕大蚕蛾

3. 乌桕大蚕蛾：乌桕大蚕蛾是世界上最大的蛾，但这改变不了许多动物将其视为盘中餐的事实。为了吓退猎食者，乌桕大蚕蛾的翅上分布着一种特殊斑纹，这种斑纹与一些剧毒眼镜蛇身上的斑纹类似。其前翅末端部分的形态非常像蛇的头部，因此它们也被称为“蛇头蛾”。

猫头鹰环蝶

4. 猫头鹰环蝶：生活在热带雨林中的猫头鹰环蝶同样有独特的警戒高招。它们身体两侧的翅膀上分别有一个类似猫头鹰眼睛的图案。一些捕食者看到如此凶神恶煞的眼睛盯着自己，自然不敢轻易进攻。

三、假死带来的生机

很多昆虫在受到某种刺激或遭遇强敌时，会蜷缩起身体静止不动，呈现出一种死亡状态。等敌人离去后，它们稍停片刻就会生龙活虎地逃离现场。这种迷惑敌人的假死行为着实高明。

3. 吉丁虫： 漂亮的吉丁虫受到惊吓时同样会假死。假死时，它们会把几只脚缩在身体下面，垂下触角，一动不动。1～2 分钟以后，这些小家伙就会"醒"过来敏捷地爬走。

"醒"来逃窜的吉丁虫

4. 瓢虫： 瓢虫装死的技术同样炉火纯青。因为具有敏锐的感官，它们能及时感知到危险气息。当危险来临时，瓢虫就会迅速将脚缩在肚子下，从高处跌落，好似被风吹掉的一样。落地以后，它们的身体不会动。直到意识到自己绝对安全，它们才会"苏醒"。

翻身装死的瓢虫

5. 象鼻虫： 受到威胁时，象鼻虫会立即将喙和触角缩放进腹部的沟槽，然后将脚紧贴在体壁上，瞬间从枝叶上滚落，其落地的身体看上去恰似刚刚排泄到地面的鸟粪，足以使天敌们失去兴趣。

聪明的象鼻虫

1. 金龟子：金龟子是十分出色的假死演员。如果周围有什么风吹草动，它们就会立即从植物上或高处滚落下来，六脚朝天一动不动地装死。

2. 黑步甲：黑步甲是天生强悍的打架高手。它们凭借出众的体形被视为昆虫里的小巨人。遇到敌人时，如果自知胜算不大，黑步甲就会装死。但是，倘若意识到有东西威胁到生命，它们则会在片刻间放弃这种骗术，马上逃跑。

诈死逃脱的黑步甲

装死的金龟子

搬家的昆虫

为了满足生存、繁殖的需要，一些昆虫会远离出生地，踏上漫漫长路，开启一段惊心动魄的迁移之旅。这种迁移有的是它们主动选择的结果，有的则是被动的……

一、被动扩散迁移

被动扩散迁移指的是昆虫在某些意外因素（风力、水流、人为携带）的影响下，被迫离开“家园”来到新环境生活。

二、主动扩散迁移

比起被动扩散迁移的行为，昆虫主动进行的迁移行为显然是利大于弊的。这种迁移现象通常出现在体形大、食源广、群居性的种群中。在这些昆虫种群里，主动扩散迁移是它们生殖活动中必不可少的迁移行为。

你知道吗？

根据权威学术期刊《科学》上的一篇文章，在英国南部的天空中，每年的昆虫迁移量多达3.5万亿次，而这些昆虫的总重量更是达到了3200吨！单纯以重量而言，这些昆虫的重量是在英格兰和非洲之间迁徙的3000万鸣鸟的总重量的7倍多。

被动扩散迁移对于昆虫而言虽然颇具意外性，但出现的频率很高。很多体形小、翅膀大且单薄的昆虫经常会在不经意间受到外力影响，"被自愿"地进行迁移，比如蚜虫、蓟马、蝴蝶、蜻蜓等昆虫。

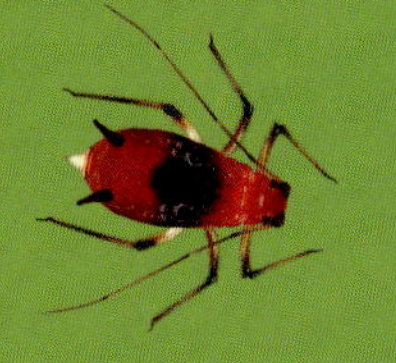

一般来讲，被动扩散迁移多发生在昆虫从无翅变为有翅的季节，或者是其飞翔觅食的过程中。也就是说，这些弱小的昆虫在遇到以下几种情况时，基本就会出现被动扩散迁移：

1. 面临强大的阵风或者气流。
2. 空气水平运动的速度超过昆虫本身的飞行速度。
3. 遭遇突如其来的强降雨。
4. 被不知情的人被动携带。

对于许多昆虫而言，自身进行的扩散与迁移行为无非是为了寻找适合生存的环境以及充足的食源。但是，被动扩散迁移往往会使昆虫因为远离适宜的生存环境而不再繁衍后代，或者因为猛烈的外力刺激（强风、水流、气流）而肢体受损乃至大量死亡。这种强制性的扩散迁移行为对很多昆虫种群的繁衍以及保护非常不利。

你知道吗？

舞毒蛾幼虫的身体两侧长有肉眼可见的长毛，使得它们在顺风迁移时增加了一定的飘浮力，支撑它们迁移得更远。

舞毒蛾幼虫：雌性舞毒蛾产下的卵一般在早晨孵化。中午时，幼虫就会顺着树枝主动爬向顶端，同时吐出丝线下垂。等因为地面高温而蒸发的气流达到一定速度时，幼虫倒垂的丝线就会缓缓晃动，直到气流的力量足够大，可以把幼虫吹离丝线时，它们就会顺风迁移到新环境中生活。

薄翅蜻蜓：最新一项研究表明，薄翅蜻蜓会飞行6400多千米到别的地方寻找伴侣进行交配。有些研究人员就曾观测到薄翅蜻蜓从亚洲飞到非洲，飞越了印度洋。

黏虫：黏虫属于迁移性昆虫。只要条件允许，它们就可以终年繁殖。黏虫成虫飞行能力很强，可以从我国长江流域迁移到黄淮、东北以及西北地区。

不论扩散迁移行为是主动还是被动的，昆虫都可以从中获得一定的利益。假如某种昆虫在迁移前一直生活在狭窄逼仄的恶劣环境中，种群就始终无法壮大。它们如果主动或者被动地迁移，来到食源丰富、种群稀疏的环境，就可能走向兴盛。

但是，利益与风险并存。某类昆虫种群如果迁移失败，很可能会遭遇重创，甚至“全军覆没”。

行军蚁·与普通蚂蚁不同，行军蚁基本不会筑巢，也不会固定生活在一个地方。它们从出生那一刻起就要随家族大军不停迁移，寻找猎物以填饱肚子。

昆虫中的“另类”

庞大的昆虫家族里有一些鲜为人知的个性成员，它们那另类的外表经常让人诧异不已、过目难忘。

距离遥远的双眼

突眼蝇因眼睛长在两根长柄上而得名。繁殖期间，雄性突眼蝇之间经常上演比眼大赛。那些眼柄宽阔的雄性突眼蝇一般会获得雌性青睐。落败的雄性突眼蝇也不会气馁，而是继续寻找挑战者，直到将对方比下去为止。

丑陋是优势

比起那些外表可爱的昆虫，瘤叶甲可能不怎么受欢迎。它们体表长有瘤突和隆脊，使其看起来就像一些幼虫的粪粒。一些猎食者看到它们会觉得倒胃口，因而远远避开。

脖子我最长

在动植物的王国——马达加斯加生活着一种怪异的雄性长颈象鼻虫。从身体结构比例来说，这些小家伙的长脖子简直能与长颈鹿的媲美。它们的长脖子同样很实用，既可以当作攻击性武器，又能变成建造“房屋”的轻便工具。

我有匕首还怕谁

角蝉背部生长着一种个性的突起，这种突起犹如匕首般锋利，能轻易刺破人的鞋子、皮肤。加上以假乱真的体色，当它们静静趴在枝条上时，我们常会误认为那是树木本身的棘刺。

美才是重要的

雄性魔花螳螂的体色五彩斑斓。它们似乎觉得自己还不够美，每到繁殖季节就会翩翩起舞，以优雅的姿态摆动身体，在心仪的异性面前全力展示自己的魅力，以获得对方的垂青。

肚子圆鼓鼓

昆虫界也有像骆驼一样将食物储存在体内的高手，蜜罐蚁就是其中的一员。蜜罐蚁平时会将蜜露储存在腹部，将肚子撑得鼓鼓的，然后躲到地下巢室里悬吊起来。当蚁群需要食物时，其他成员就会想办法刺激蜜罐蚁，让它们把蜜露吐出来。

"长剑"出卖了我

大蜂虻那毛茸茸的身体和高分贝的嗡嗡声经常让人们将它们误认为一种蜜蜂。但是，大蜂虻头部前方坚硬的"长剑"却出卖了它们，因为蜜蜂的口器不用时是卷曲的。

天生爱泡沫

昆虫界有一种会吹泡沫的小虫叫“沫蝉”。它们的若虫时常制造出很多泡沫，让自己沉溺其中。这样既可以保持身体湿润，又可以迷惑敌害的视线，一举两得。

昆虫界的“四不像”

在昆虫王国里有一种“四不像”——蜂鸟鹰蛾。它们如蝴蝶般长着膨大的触角，如蛾子般拥有橙黄色的翅膀，如蜜蜂般会发出嗡嗡的声响，如蜂鸟般整日在花间盘旋。如果不仔细研究，很多人会以为它们是鸟类。其实它们是昆虫界的特殊一员。

喜感是与生俱来的

分布于苏门答腊雨林中的东方蜡蝉有着长长的“鼻子”，最特别的是它们鼻端还有一个橘子状的“小球”，看起来颇具喜感。

昆虫“杂技团”

与动物界那些身形出众的“大个子”相比，昆虫似乎有些不起眼。但是，这些其貌不扬的小家伙拥有人类无法企及的“超能力”——它们的杂技功底毫不逊色，有些绝技甚至令专业的杂技演员都自叹不如。

我有铠甲！

整日生活在树洞里的铁定甲虫可以说练就了一副金刚不坏之身。它们的外骨骼坚硬得惊人。即使有人踩着它们在地上转几圈，这些小家伙也能毫发无损。不过，这种“铠甲战士”只生活在美洲，并不多见。

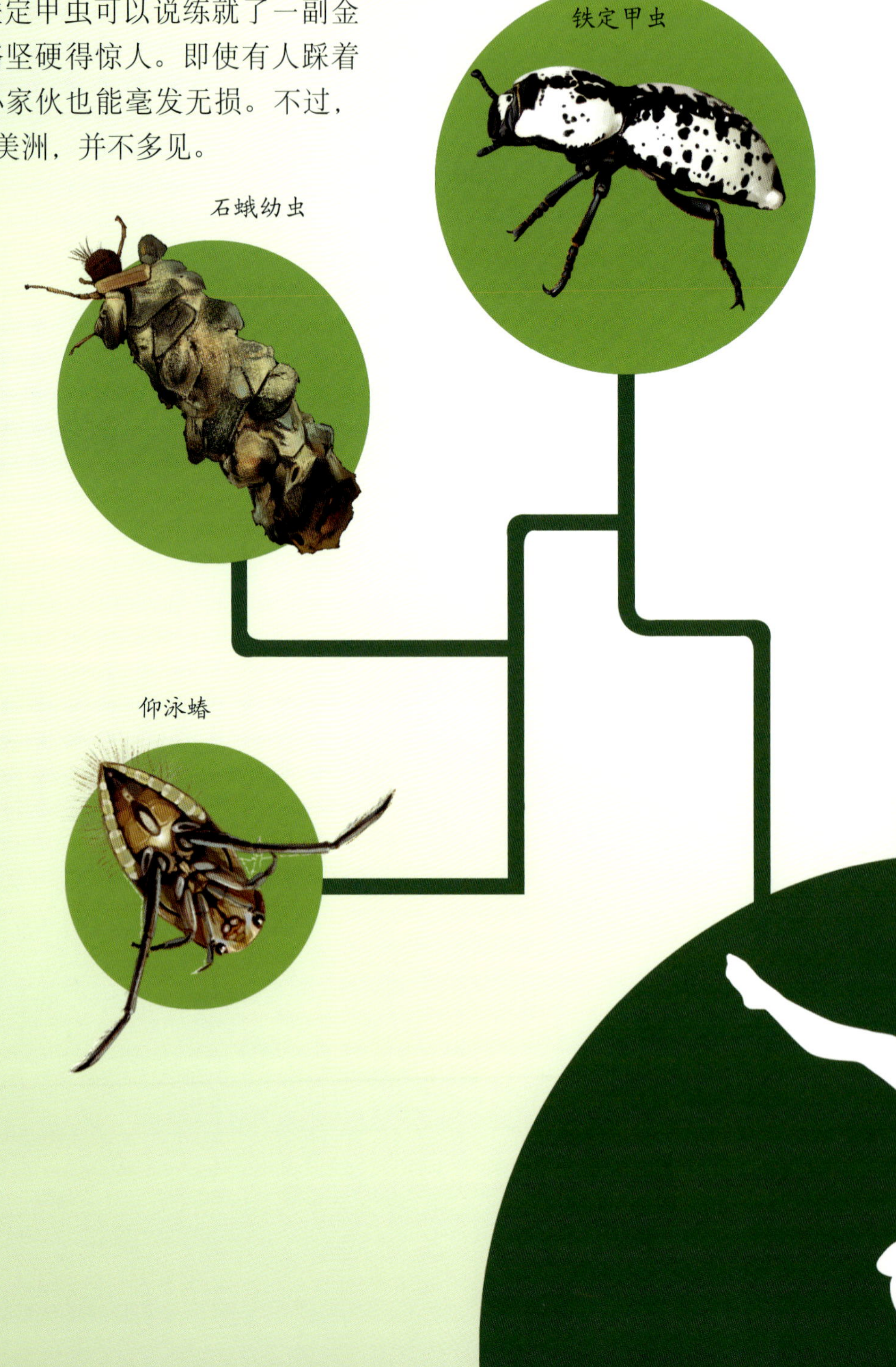

造房能力我最强！

石蛾幼虫有一项令人叹服的技艺——建造小房屋。它们的唇腺可以分泌出一种丝质物质，将周围的沙粒、贝壳和植物碎片黏合起来，变成别致的房子——“巢壳”。

仰泳蝽的“十八般武艺”

仰泳蝽的本领十分高强。这些毫不起眼的小昆虫不但会飞行，而且能下水捕食。在水中，它们下潜、上浮和划水样样精通、游刃有余，还能像人类一样仰泳。

守株待兔

吊蝎蛉是一种有绝活的捕食高手。它们通常会把前足挂在植物上，让中足、后足与身体形成一种悬挂的网。如果有粗心大意的猎物经过，它们就能饱餐一顿。

编织高手

黄猄蚁的编织技艺同样妙不可言。为了造一个袋状的巢，它们会用自己的颚充当临时夹子，合力将两片树叶的边缘固定在一起，然后一点一点地筑巢。

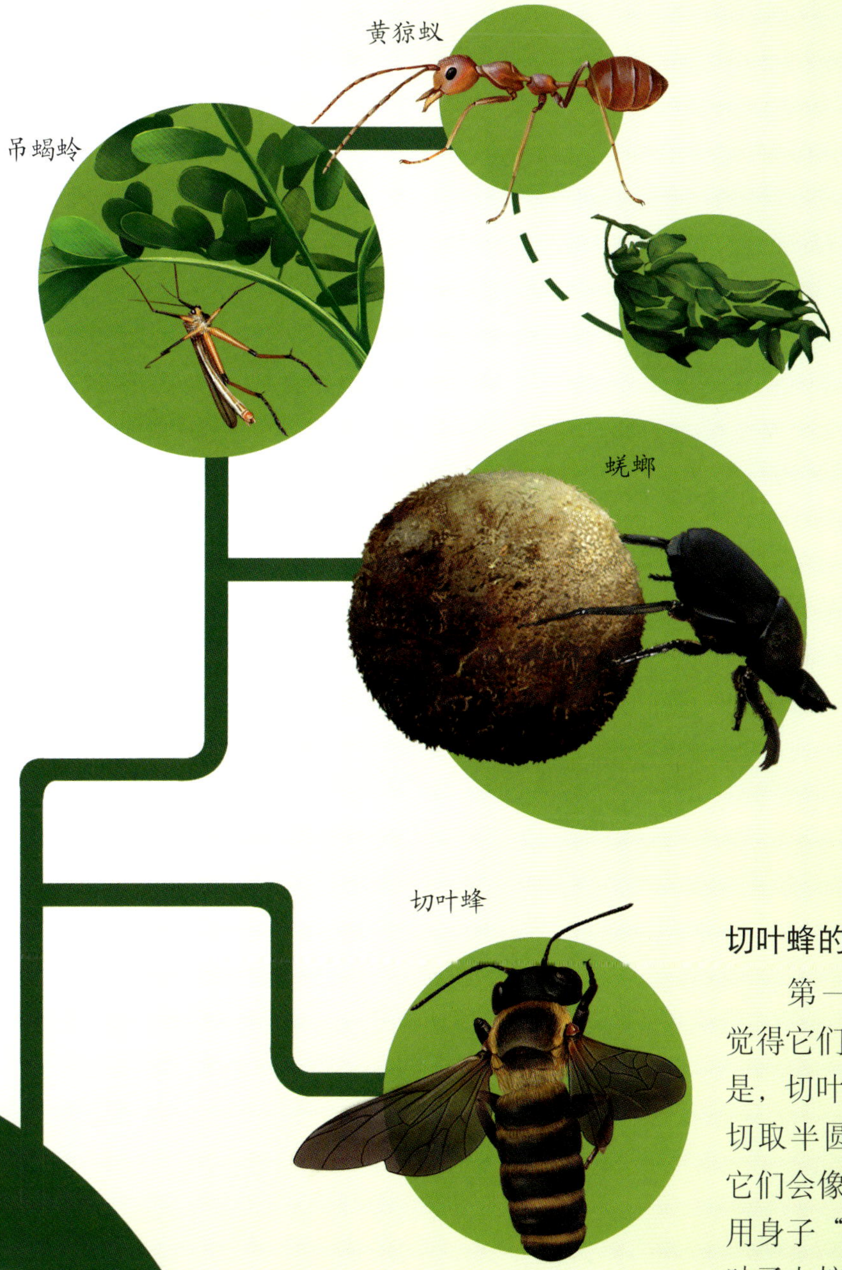

黄猄蚁

吊蝎蛉

滚球能虫

蜣螂被誉为“自然界的清道夫”。它们的滚球绝技非一般昆虫可比。滚球时，蜣螂会用两只细长的后足抱住粪球，然后用前足支撑身体倒立起来，用力推着粪球移动。

蜣螂

切叶蜂

切叶蜂的秘密

第一眼看到切叶蜂，你也许会觉得它们与普通蜜蜂没什么区别。但是，切叶蜂拥有一项独特的技艺——切取半圆形的叶子。选好叶子后，它们会像圆规一样，以后脚为中心，用身子“画圈”，同时用锋利的颚在叶子上挖出个洞。接着，它们会将切好的叶子运回巢里。

第四章

千奇百怪的虫虫王国

东亚飞蝗 *Locusta migratoria manilensis*

东亚飞蝗又叫“蚂蚱”“蝗虫”，常常“祸害”农作物，是中国蝗虫中危害较大的一种。中国历史上曾发生过800多次蝗灾，大多是它们干的“好事”。

一年两代

东亚飞蝗的受精卵会在卵囊中分裂成长。它们的卵囊长53～67毫米，每个囊中有40～80粒卵。卵粒呈长筒形，长4.5～6.5毫米，黄色。一般来说，东亚飞蝗的卵可以在自然气候下生长发育，一年两代，分别为夏蝗和秋蝗。

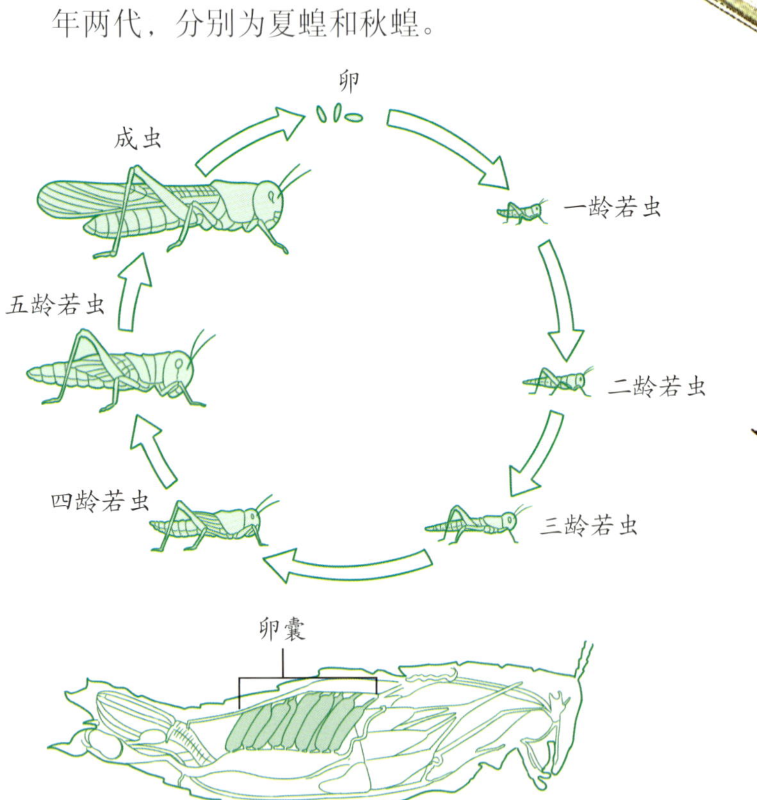

铺天盖地的蝗虫

大　小	雌蝗体长39.5～51.2毫米，雄蝗体长33～48毫米。
栖息环境	水位多变的海滩、湖滩、荒滩或荒地
食　物	小麦、玉米、高粱、棉花、大豆、蔬菜等植物
分布地区	中国河北、山西、陕西、福建、广东、海南、广西、云南、四川、甘肃南部及东部沿海各省区

辨认要诀　在树上休息的东亚飞蝗 >>>

东亚飞蝗头顶圆，颜面平直，有丝状触角，体表呈灰黄褐色、红褐色，头、胸、后足带绿色。身体分为头、胸、腹 3 部分；胸部有两对翅，前翅为角质，后翅为膜质。它们有 3 对腿，其中第三对腿最长，可跳跃。

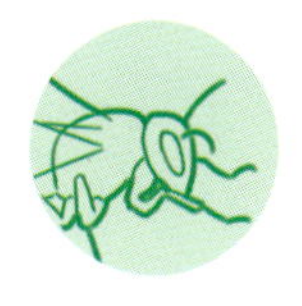

防治与天敌

每逢大旱，防治蝗虫就成了农业工作的重中之重：人们用开垦荒地、植树造林、喷洒药剂等方法减少蝗虫的繁育数量。不过，虽然东亚飞蝗看起来“蝗”多势重，但它们的天敌也不少，寄生蜂、寄生蝇、鸟类、蛙类等多喜欢捕食它们。

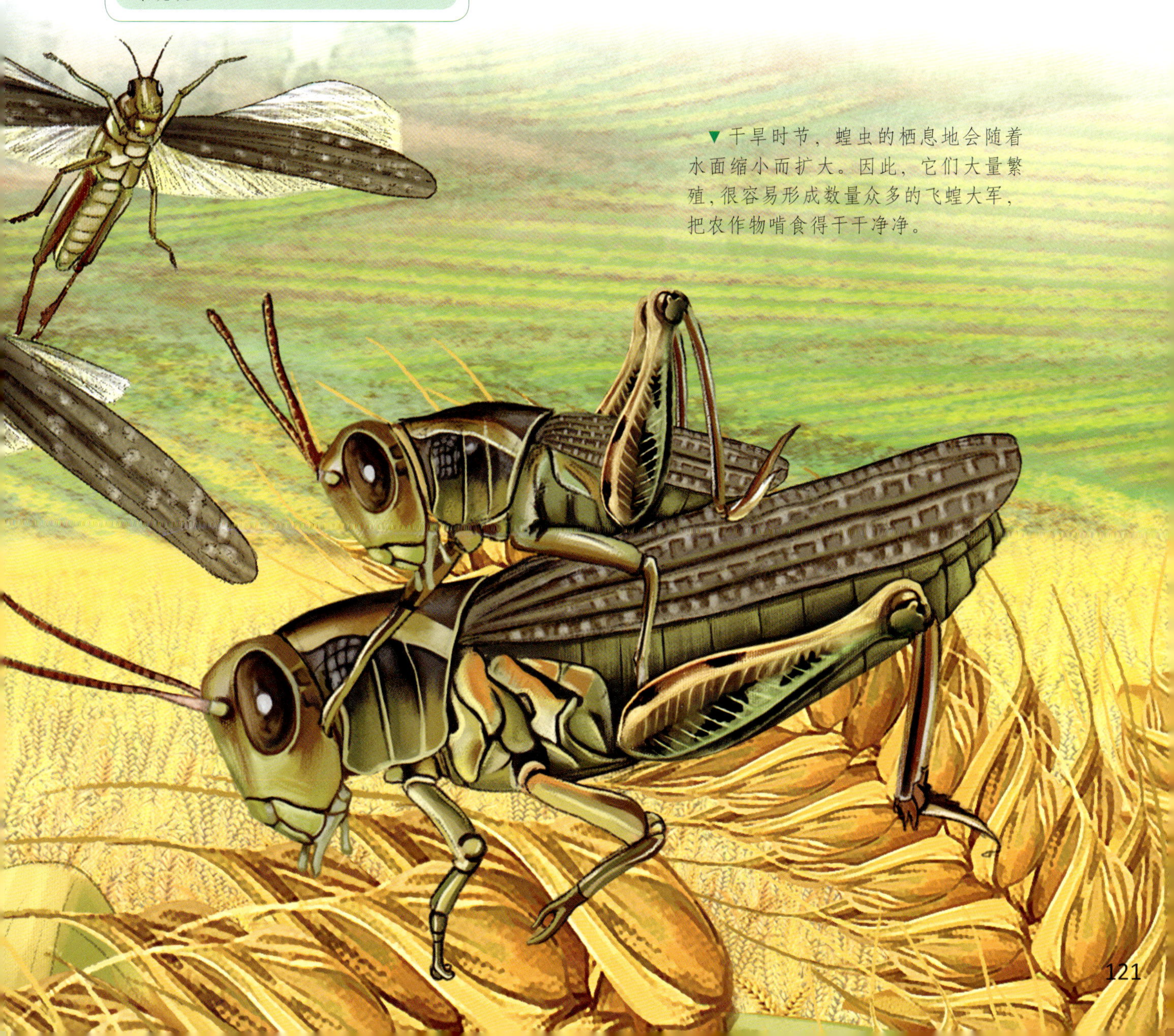

▼干旱时节，蝗虫的栖息地会随着水面缩小而扩大。因此，它们大量繁殖，很容易形成数量众多的飞蝗大军，把农作物啃食得干干净净。

长翅稻蝗 *Oxya velox*

长翅稻蝗是生活在水稻田里的蝗虫，以中稻叶片为食，是农作物害虫。

大　　小	雄虫体长 17 ～ 26 毫米，雌虫体长 22 ～ 29 毫米。
栖息环境	稻田及湿度较大的河边、水库周围
食　　物	中稻叶片、甘蔗等农作物或茶树
分布地区	中国、巴基斯坦、印度、缅甸、泰国、日本、朝鲜

辨认要诀　长翅稻蝗的身体结构 >>>

长翅稻蝗的触角呈丝状，有 22 ～ 26 节；头短，颜面稍向前倾斜；复眼呈卵形；头后及前胸背板处有条明显的褐色纵纹；前翅黄绿或绿色，后翅浅黄褐色，半透明；后足较长，善跳跃。

嚼一嚼

长翅稻蝗全天都在活动，夜里也不休息。它们生有咀嚼式口器，常常躲起来大口大口地啃食植物叶片。它们主要取食中稻叶片，偶尔也换换口味，吃点甘蔗或茶树等植物。

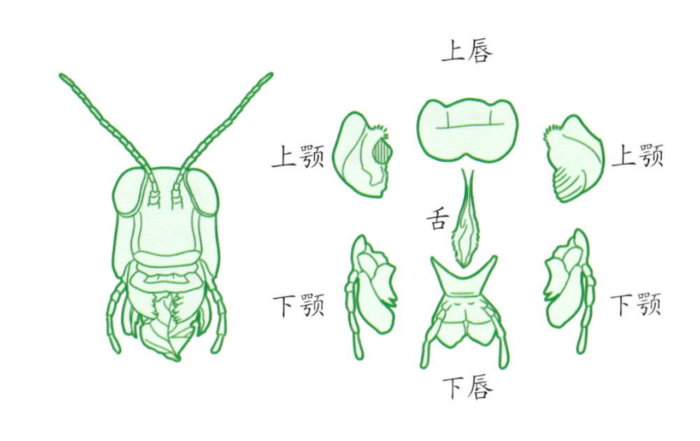

甘蔗　　茶树　　稻子

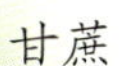

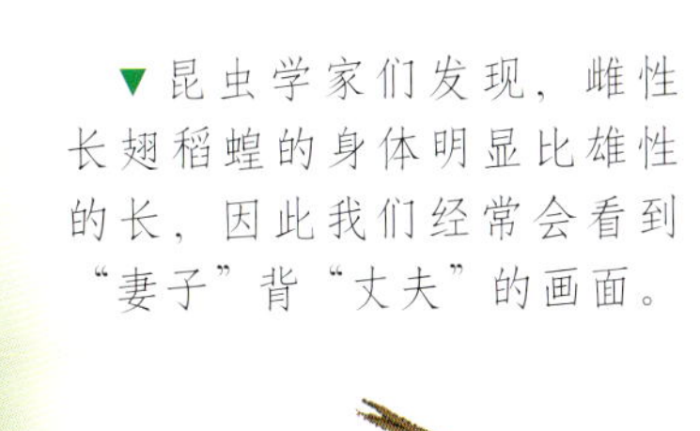

▼昆虫学家们发现，雌性长翅稻蝗的身体明显比雄性的长，因此我们经常会看到“妻子”背“丈夫”的画面。

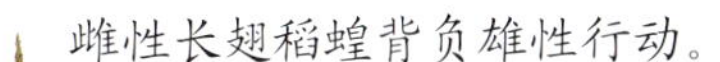

雌性长翅稻蝗背负雄性行动。

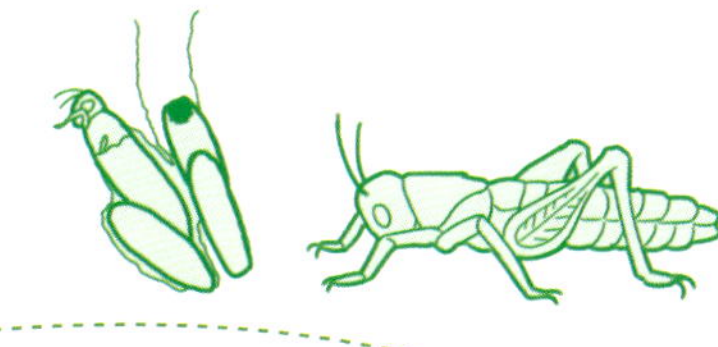

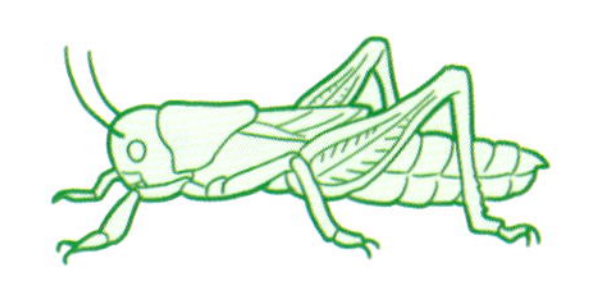

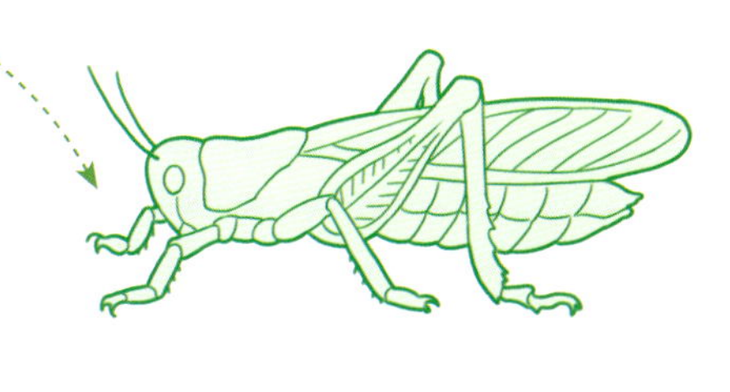

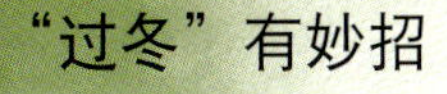

“过冬”有妙招

长翅稻蝗属于不完全变态的昆虫，即以卵—若虫（幼虫）—成虫的方式生长，每年产出1～2代。有的卵可以在卵囊中越冬，直到次年的5月孵化为若虫（幼虫）。

长额负蝗 *Atractomorpha lata*

长额负蝗是夏秋常见的“三角头”蝗虫，喜欢在稻田、草丛间跳跃、觅食。它们的卵每年 5 月末至 6 月初孵化为幼虫，且一年仅一代。

辨认要诀 长额负蝗的头部 >>>

长额负蝗最有特点的就是其不大的头部，有棱有角，像个三角形。它们的触须短而细，眼睛向外凸起。

▼长额负蝗每年冬季都会产下大量的卵，埋藏在地下度过冬天，这些卵直到第二年 5 月末至 6 月初才孵化成幼虫。

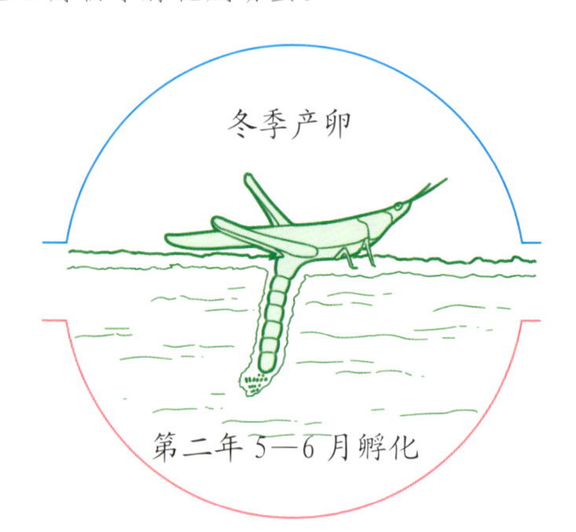

不挑食

一般来讲，蝗虫最爱以稻子、紫芒草等谷物与植物为食，但长额负蝗却不一样。它们的涉猎颇为广泛，不管是路边的草木，还是田中的蔬菜、谷物，都在它们的食谱里。

外观与体形

长额负蝗体形娇小匀称，身体表面覆盖着一层细小的颗粒。脑袋呈锥形，头顶从复眼开始向前伸出，呈现出一把长剑的模样。雌性长额负蝗的体形要比雄性的大出几号，因此雄性伏在雌性背上时，看上去很像孩子趴在家长的背上。

长额负蝗在交配。

大　　小	雌性体长约 50 毫米，雄性体长约 30 毫米。
栖息环境	草丛、田间
食　　物	竹类、杂草、稻麦
分布地区	中国、朝鲜、日本

50 毫米

30 毫米

中华剑角蝗 *Acrida cinerea*

中华剑角蝗还有两个名字，一个是中华蚱蜢，另一个是东亚蚱蜢。中华剑角蝗长得很特别，细长的身体呈流线型，尖尖的头部使其看上去很像未出鞘的宝剑。

大　　小	雌性体长 70 ～ 80 毫米，雄性体长 40 ～ 50 毫米。
栖息环境	草丛、田间
食　　物	稻草、高粱、紫芒
分布地区	国内分布广泛

辨认要诀　中华剑角蝗的头部 >>>

虽然中华剑角蝗的外表和长额负蝗很像，但经过仔细对比就会发现，中华剑角蝗尖长的头部明显要比长额负蝗的大。

▶ 雌性中华剑角蝗交配以后，会把腹部末端的产卵管放入事先挖掘好的地洞里，然后产下一堆堆在泡沫中的卵。卵熬过冬天后，在第二年的5－6月全部孵化出来。

求偶时的异响

雄性中华剑角蝗向心仪的雌性求偶时，经常会在白天到处乱飞，并时不时通过前后翅膀相互摩擦发出古怪的声音。雄性之所以这么做，是为了告诉雌性自己的位置，吸引对方赶过来。

东方蝼蛄 *Gryllotalpa orientalis* Burmeister

东方蝼蛄是一种对农业生产破坏性很大的害虫，在中国很常见。它们常年生活在地底，以生长在地下的农作物根部为食。

辨认要诀　东方蝼蛄正面照 >>>

东方蝼蛄的外形十分有特点：小小的头部呈圆锥状，一对不大不小的复眼向外突出，短粗、强壮的前肢说明它们非常擅长在地下掘洞，浑身长满密密麻麻的短毛，腹部末端长着两条略长的尾须。

大　　小	成虫体长 30 ～ 35 毫米。
栖息环境	地下
食　　物	农作物的根部和种子
分布地区	中国华中地区、长江流域及以南各省区

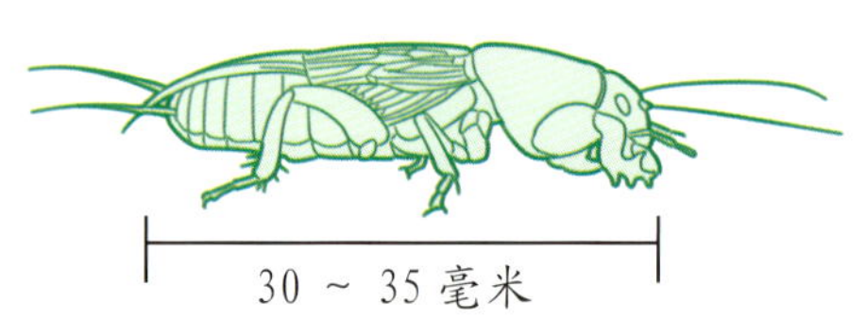

▲ 东方蝼蛄有许多俗名，比如拉拉蛄、土狗子、地狗子等。在 20 世纪早期到 90 年代之间，东方蝼蛄一直被认为是一种“非洲蝼蛄”。直到近年来，昆虫学家才确认它们的真正身份。

卵

幼虫

蜕皮

成虫

发达的开掘足

听不懂的“方言”

曾经有昆虫学家进行实验后发现：用录音机播放北京地区的东方蝼蛄的叫声，只能吸引当地的蝼蛄，假如拿到安徽的田间去播放，则不会有任何收获。显然，不同地区的东方蝼蛄有着各不相同的“方言”。

全能选手

东方蝼蛄一生都在和土地打交道，常年在土里爬行、打洞，但这并不意味着它们背部生长的翅膀是摆设，它们是可以飞行的。不仅如此，东方蝼蛄还有着在水中游泳的能力。瞧，东方蝼蛄是“海陆空”齐备的全能选手呢！

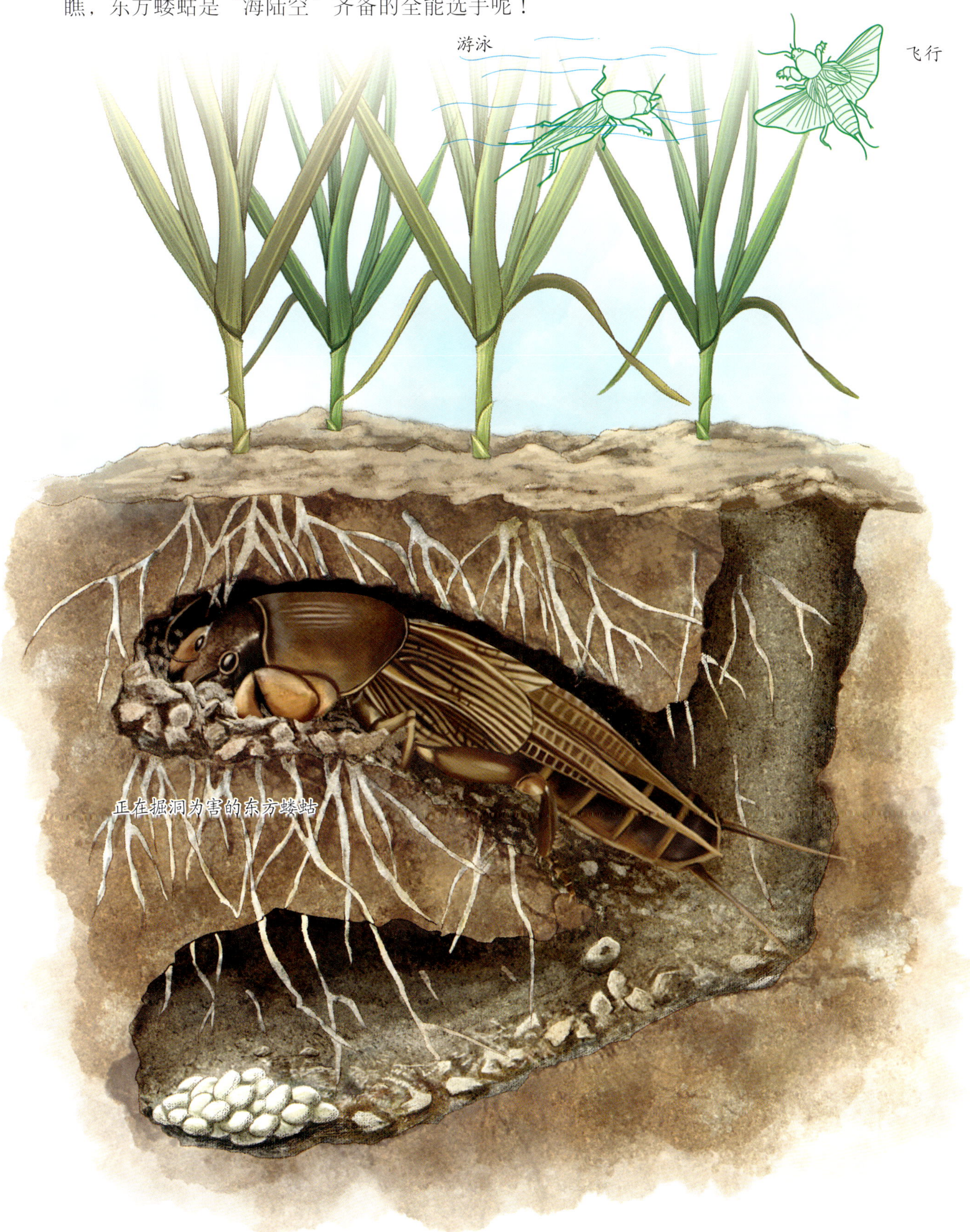

正在掘洞为害的东方蝼蛄

优雅蝈螽 *Gampsocleis gratiosa*

优雅蝈螽除了正式的学名，还有一个家喻户晓的名字——“蝈蝈”。它们活跃在盛夏的地里田间，清脆响亮的叫声此起彼伏，仿佛在进行歌唱比赛。

大　小	雄虫体长 31 ～ 39 毫米，雌虫体长 32 ～ 43 毫米。
栖息环境	草丛、田地
食　物	植物和小型昆虫（包括其他螽斯）
分布地区	中国各地

辨认要诀　优雅蝈螽 >>>

优雅蝈螽在螽斯科中属于体形较大、较胖的一种，体色一般为草绿色或褐色。优雅蝈螽的头顶长着一对细丝状的触角，这是它们的重要器官，拥有嗅觉、触觉、味觉等功能。

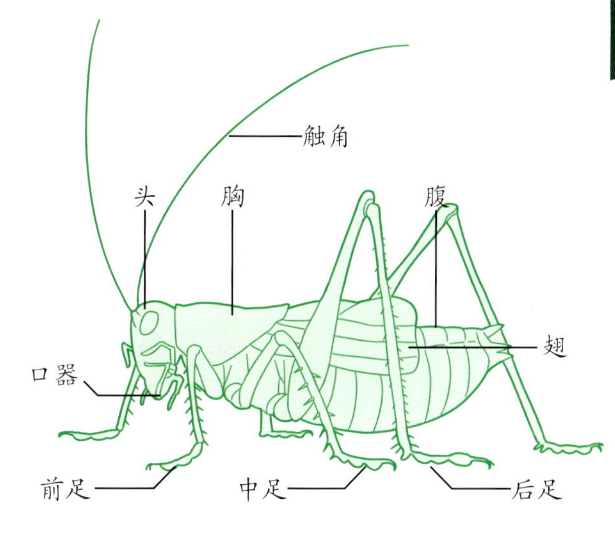

特别的耳朵

从表面看，优雅蝈螽是没有耳朵的，那它们怎么听声音呢？原来，优雅蝈螽的一对前足上各长着一个小缝隙，在缝隙内侧有一层薄薄的膜，这就是它们的“耳朵”。薄膜接收到来自外界的声音就会产生振动，然后通过神经传达到优雅蝈螽的大脑中，让它们能够“听”到声音。

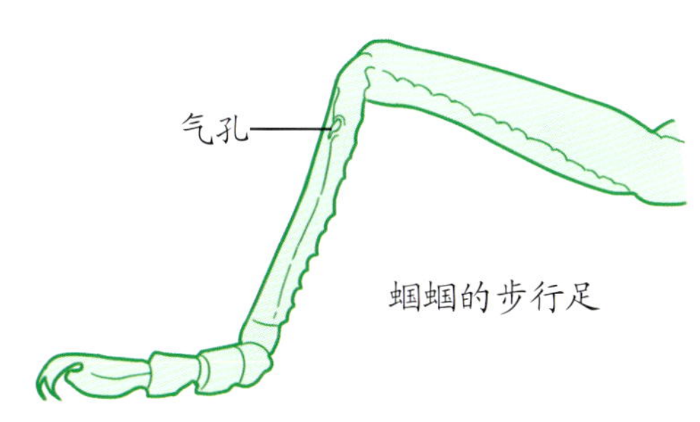

蝈蝈的步行足

鸣叫的“蝈蝈”

优雅蝈螽是一种鸣虫。它们之所以能发出洪亮的声音，秘密全在其背部的一对覆翅上。这对覆翅上面长有粗糙、带有小齿的音锉以及硬化的刮器，两者相互摩擦会发出响亮的声音。其音锉的大小、种类、齿数等不同，所以优雅蝈螽发出的声音也不一样。

▼中国自古就有蓄养鸣虫的传统。蝈蝈（优雅蝈螽）号称“中国三大鸣虫”之一。为了方便随时赏玩这些小家伙，聪明的古人利用模具，用人工的方式迫使葫芦按照模具成长，最后收获的葫芦就成了精致的虫具。

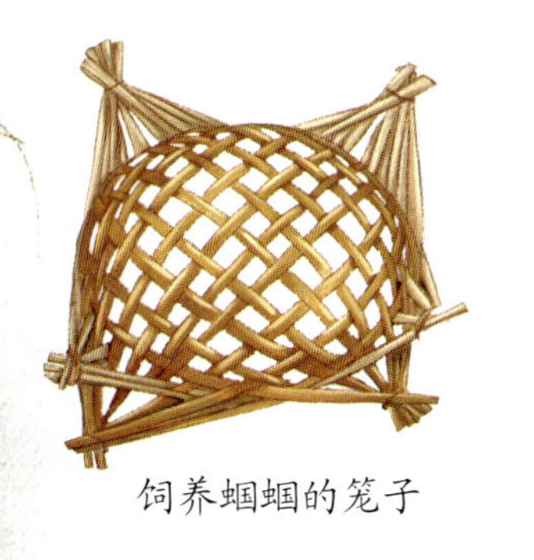
饲养蝈蝈的笼子

精美的蝈蝈葫芦

黄脸油葫芦 *Teleogryllus emma*

在中国民间，蟋蟀也叫“蛐蛐”，是一种拥有古老历史的昆虫。它们家族成员众多，分布范围很广。其中，黄脸油葫芦是我们生活中常见的一种蟋蟀。

大　小	雄虫体长 20～25 毫米，雌虫体长 20～27 毫米。
栖息环境	草地、农田
食　物	植物的根部、茎叶与果实
分布地区	中国各地

辨认要诀 伏地的黄脸油葫芦 >>>

黄脸油葫芦简称“油葫芦”，体色多为褐色或者深褐色，外表看上去油光锃亮。其触角不仅是嗅觉及味觉器官，还能像雷达一样感应目标，监视天敌的行动。

雄叫雌不叫

夏夜是黄脸油葫芦举办“演唱会”的时间。不过，只有雄性黄脸油葫芦才能“唱歌”，因为雄性的翅膀上长有独特的发声构造，它们摩擦翅膀时会产生悦耳的声音。雌性则没有这种构造。

领地意识

黄脸油葫芦对自己的地盘十分重视，领地意识非常强。当一只外来雄性误入其他雄性的领地后，其他雄性会先予以警告。如果外来者置之不理，那么双方就会展开一场残酷的厮杀，直到决出胜利者为止。

多功能的触角

昆虫学家经过仔细观察、研究后发现，黄脸油葫芦的触角不仅是它们的嗅觉及味觉器官，还能像雷达一样感应目标，监视天敌的行动。黄脸油葫芦可以通过摆动触角来辨别气流、感测气温。

雄性摩擦翅膀发声

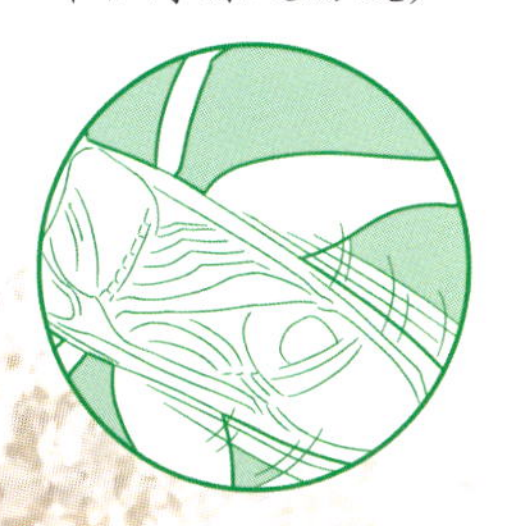

雄性黄脸油葫芦厮杀

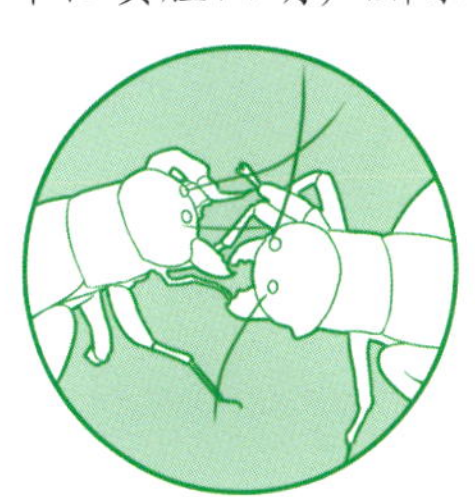

通过触角摆动辨别

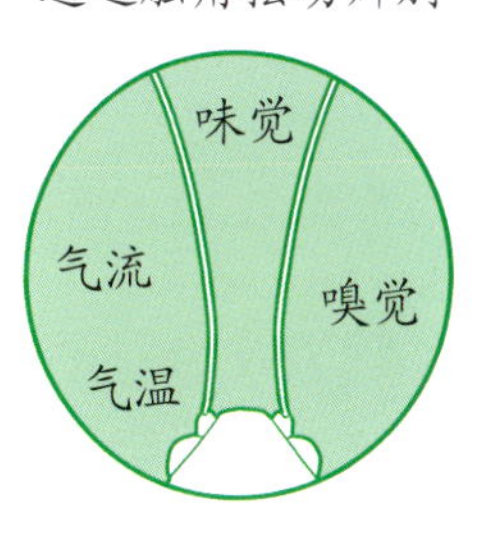

贾似道和《促织经》

▲斗蟋蟀是中国特有的一项古老的娱乐活动。人们利用雄性蟋蟀重视领地的本能，将它们放到一个狭小容器内决一胜负。这项活动在古代很受欢迎，南宋的贾似道甚至总结了自己斗蟋蟀的经验，专门写了一部《促织经》（促织即蟋蟀）。

纺织娘 *Mecopoda elongata*

纺织娘指的可不是从事纺织工作的姑娘，而是一种昆虫。它们不喜欢阳光，所以生活在凉爽阴暗的环境中。纺织娘对农作物的花瓣和叶子情有独钟，属于破坏农业生产的害虫。

辨认要诀 纺织娘 >>>

纺织娘的外表颇具伪装性，嫩绿的体色使其隐藏在绿色的植物间毫不起眼。纺织娘前翅发达，甚至能遮盖住腹部。这种修长的体形让它们看上去很像侧扁的豆荚。

大　小	雄虫体长约31毫米，雌虫体长31～38毫米。
栖息环境	农田、林地
食　物	植物的花瓣与叶子以及其他小型昆虫
分布地区	东亚、东南亚、南亚

摩擦发声

和大多数鸣虫一样，纺织娘是靠摩擦翅膀来发声的。它们是优秀的昆虫“琴师”。每当黄昏降临，它们就会用力鼓动自己的前翅与后翅，发出抑扬顿挫的声音，听上去很像纺车的转动声。昆虫学家研究后发现，纺织娘一生中摩擦翅膀多达 5000 万～ 6000 万次。

伪装色

为了保护自身的安全，聪明的纺织娘会灵活运用自己的体色隐藏自己。比如：当一只翠绿色的纺织娘趴在一株郁郁葱葱的植物上时，它本身的体色与周围环境融为一体，令敌人很难发现它。

“虫老珠黄”

纺织娘的外表会随着时间的推移而改变：处于壮年时期的纺织娘身体强壮，翅色鲜亮；步入老年期的纺织娘则翅色暗淡，复翅的边缘常常存在缺口，腹部颜色发黄且失去光泽。

▼ 捕捉纺织娘的时候，切记不要鲁莽地用手去抓，因为这样很容易给它们带来伤害。比较妥当的方法是利用工具捕捉，比如捕虫网、广口玻璃瓶等。

捕虫网

广口玻璃瓶

短棒竹节虫 *Baculum elongatum*

短棒竹节虫是一种神奇的昆虫。它们外表平凡无奇，就像一根根随处可见的小树枝。其实这正是它们的高明之处。有了这种特殊的外表，短棒竹节虫的安全得到了很大的保障。

辨认要诀　修长、分节的身体 >>>

短棒竹节虫身体细长，并且像竹子一样分成许多节，这也是它们名字的由来。因为没有像蟋蟀、蚱蜢等昆虫那样强大的弹跳力，所以短棒竹节虫只能靠模仿树枝、竹节等来保命。

大　小	成虫体长约 100 毫米。
栖息环境	林地
食　物	洋槐树、荆条树、枫树等阔叶树的叶子
分布地区	中国

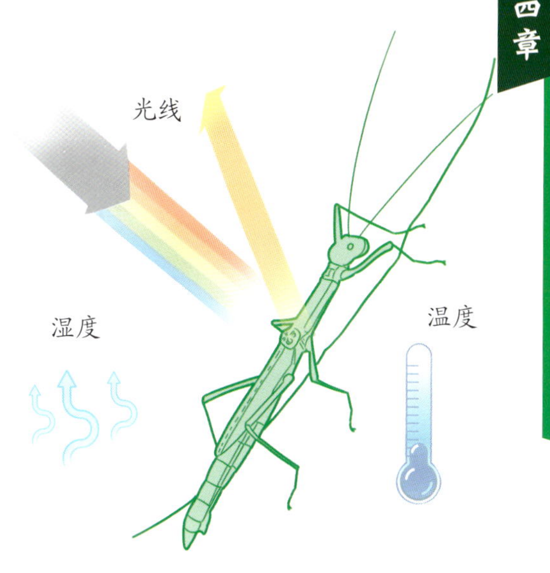

隐藏高手

短棒竹节虫身体的颜色、形状甚至图案都可以和所处环境完美地融合在一起，给捕食者一种视觉上的错觉，让捕食者把它们当成树枝或竹节等。不仅如此，短棒竹节虫还能像变色龙一样根据光线、湿度、温度的变化来主动改变体色，更好地隐蔽自己。

从卵开始的伪装生活

短棒竹节虫的伪装早在刚出生就开始了。它们的卵气息平淡、颜色灰暗，虽然外观很像植物的种子，会吸引蚂蚁将其搬回巢穴，但并不能引起蚂蚁的食欲，因此这些卵很安全。

假死脱生

短棒竹节虫的危机感很强，除了逼真的伪装能力，它们还有强大的“演技”。短棒竹节虫感觉到危机将近或者受惊以后，会立即变得身体僵直，从树上掉落下来，保持一动不动的姿势，看起来和死了差不多。实际上，这是短棒竹节虫在装死。它们可以维持“假死”状态几分钟，直到危机解除才溜之大吉。

豪勋爵岛竹节虫

▲在成员众多的竹节虫家族中，有一种号称“世界最罕见的昆虫”。它们叫“豪勋爵岛竹节虫”，是澳大利亚特有的昆虫。它们曾在豪勋爵岛上盛极一时，却因为生物入侵近乎灭绝。目前，它们的数量非常稀少。

中华丽叶䗛 *Phyllium (Pulchriphyllium) sinense*

在竹节虫家族里，除了体形纤细的竹节虫，还有一种“身宽体胖”的成员叫“䗛”，也叫“叶虫”。中华丽叶䗛是䗛类昆虫中十分珍贵的一种，目前只在中国部分地区有发现。

辨认要诀 休息的中华丽叶䗛 >>>

中华丽叶䗛是典型的䗛类，体形宽扁，呈叶片状，体色多为绿色或枯黄色。其拟态和保护色均十分巧妙，能保护它们不被天敌捕食。

叶子昆虫

与竹节虫装作树枝的做法不同，中华丽叶䗛另辟蹊径，模仿起了树叶。它们奇特的外表还真和树叶差不多：其身体呈横向扁平状，头部、身体和附肢上都长有叶子形状的边缘和延伸部分，我们甚至能在它们身上看到树叶的脉络，难怪它们还有“叶虫”或“叶子虫”的别称。靠着这身“以假乱真”的伪装，中华丽叶䗛能够规避许多来自天敌的威胁。

如何繁殖

关于中华丽叶䗛的生育繁殖问题，昆虫学家曾经进行过多次调查取证。但是，多年来，他们发现的中华丽叶䗛都是雌性的。因此，昆虫学家产生了疑问：究竟是雄虫还没有被发现，还是中华丽叶䗛是孤雌生殖（即雌性不经过雄虫受精，卵直接发育成独立个体，也叫“单性生殖”）的昆虫？不过，根据近年来的调查，雄性中华丽叶䗛已经被发现，昆虫学界又一个疑问被解决了。

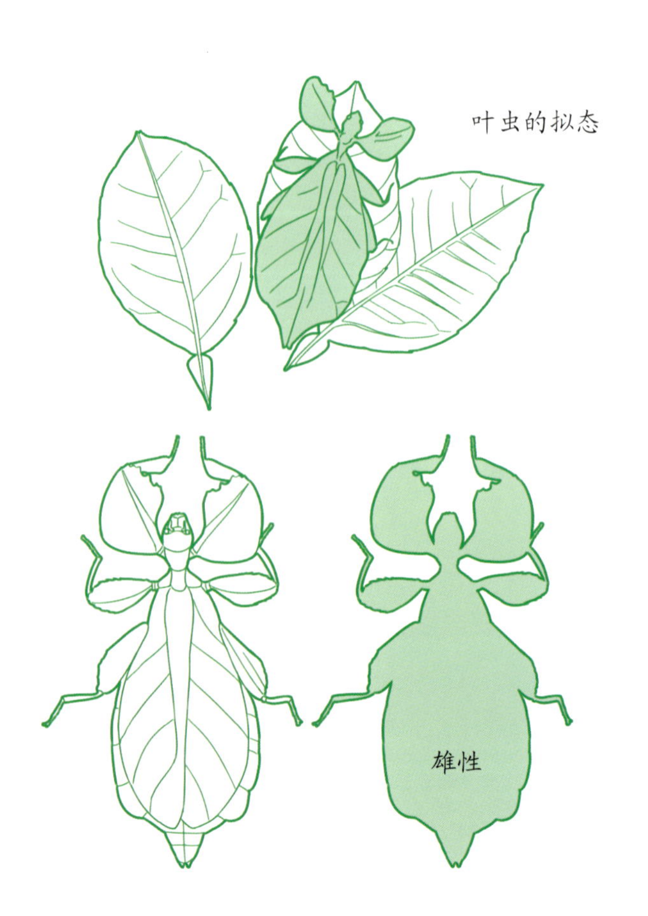

叶虫的拟态

大　小	成虫体长约80毫米。
栖息环境	林地
食　物	植物的叶子
分布地区	中国海南、云南

▲像中华丽叶䗛这样对另一种生物进行模仿的现象，在昆虫学界被称为“拟态”。如果进一步划分的话，中华丽叶䗛的拟态可以被归类到瓦斯曼拟态（瓦氏拟态）中，即昆虫对周围生存环境的模仿。

中华按蚊 *Anopheles sinensis*

中华按蚊是中国记录最早、研究最广的蚊虫，在国内分布十分广泛。据昆虫学家研究，中华按蚊体内携带着大量病菌，像疟疾之类的疾病就是它们传播的。

辨认要诀　落在皮肤上的中华按蚊 >>>

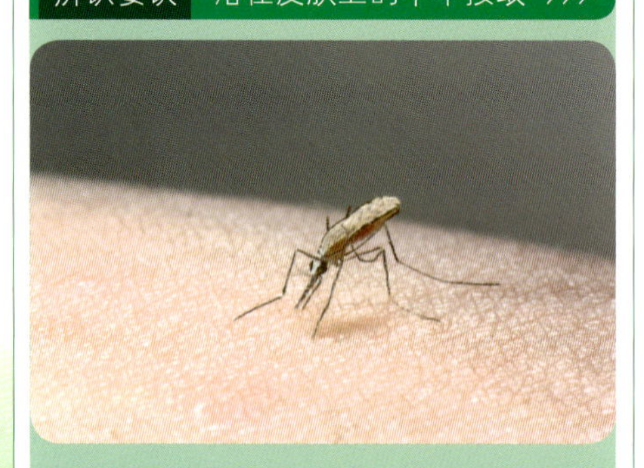

中华按蚊是国内最常见的蚊子之一，其双翅的边缘处有着明显的鳞片和斑点，腹部侧膜上一般有“T”形暗斑，中足基节部位生有白色鳞片。

大　　小	成虫体长约6毫米。
栖息环境	农田、沼泽、洼地积水等
食　　物	雌蚊以人和动物的血液为食，雄蚊以植物汁液为食。
分布地区	中国（除新疆与青海以外各地都有）

吸血的雌性蚊子

吸食花蜜的雄性蚊子

▲ 我们在日常生活中见到的吸食血液的蚊子其实都是雌性的。雄性蚊子对血液不感兴趣，更喜欢吃素，经常会趴在花朵上吸食花蜜。

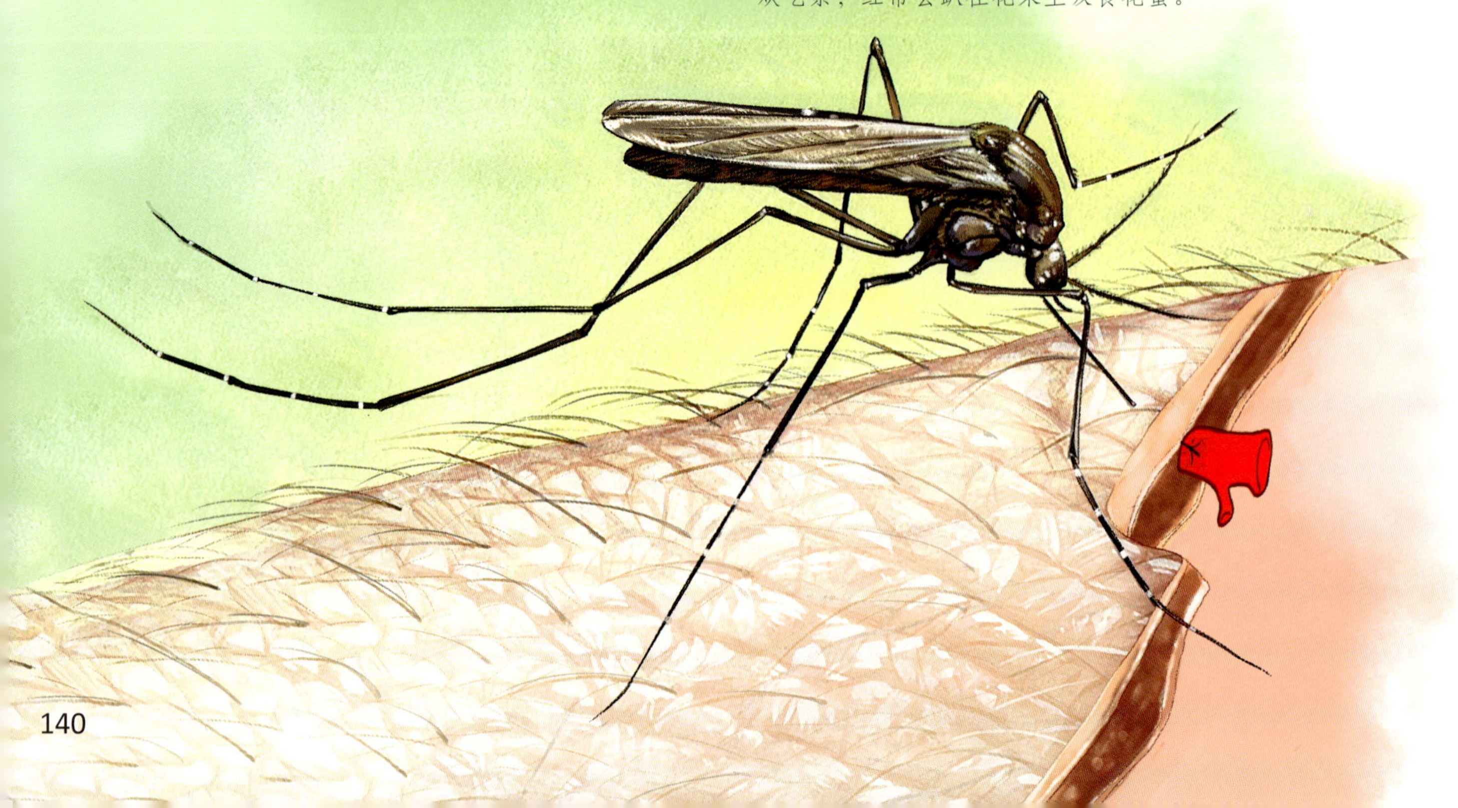

恐怖的传染源

很早以前，中华按蚊就是多种病菌的携带与传播者。不同的病菌通过它们吸血的过程不断传播、扩散，疟疾就是它们传播的。不仅如此，人们还在中华按蚊体内发现了丝虫病、脑炎等致病病毒。

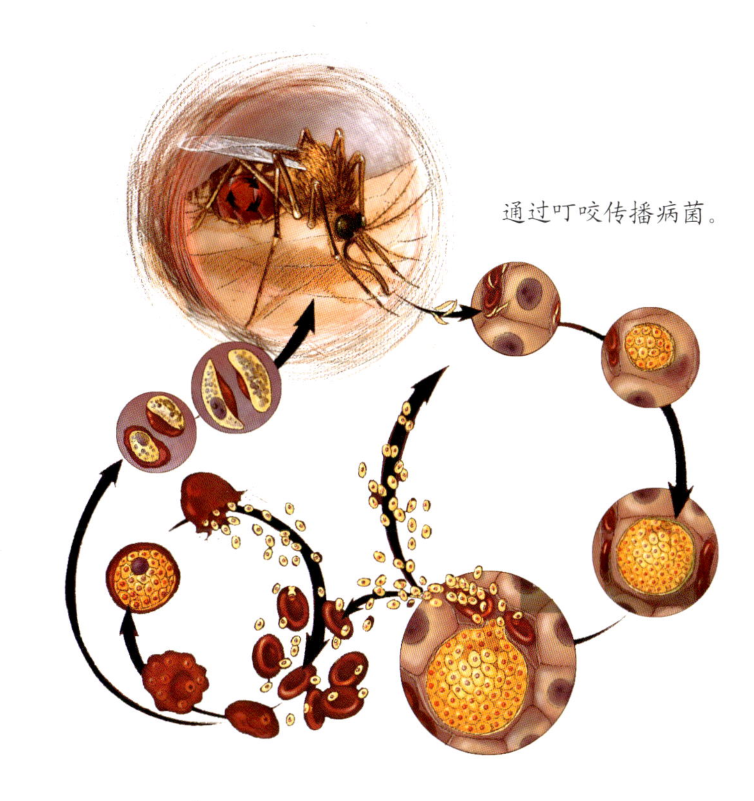

通过叮咬传播病菌。

喜食大型家畜的鲜血。

“吸血鬼”

雌性中华按蚊是名副其实的“吸血鬼”，一生专以人类和家畜的血液为食。这是因为雌蚊需要摄入血液中所含有的丰富营养来促进发育。雌蚊成熟以后就会在水中产卵，留下下一代。昆虫学家经过研究后发现，比起人类的血液，雌性中华按蚊似乎更青睐牛、马、驴等大型家畜的鲜血。

池塘

洼地积水

湖滨

沼泽

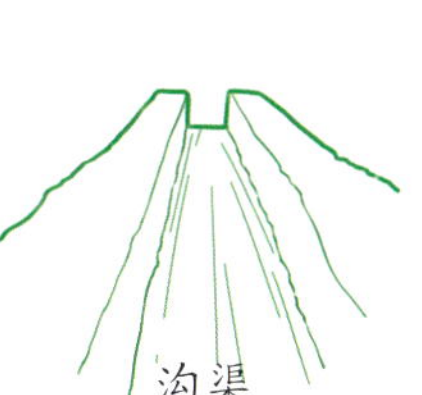

沟渠

变化的栖息地

随着季节的变化，不同地区的中华按蚊的栖息习性有很大差别。除了传统栖息地——稻田，中华按蚊还能在沼泽、池塘、洼地积水、沟渠、湖滨等环境中生活。

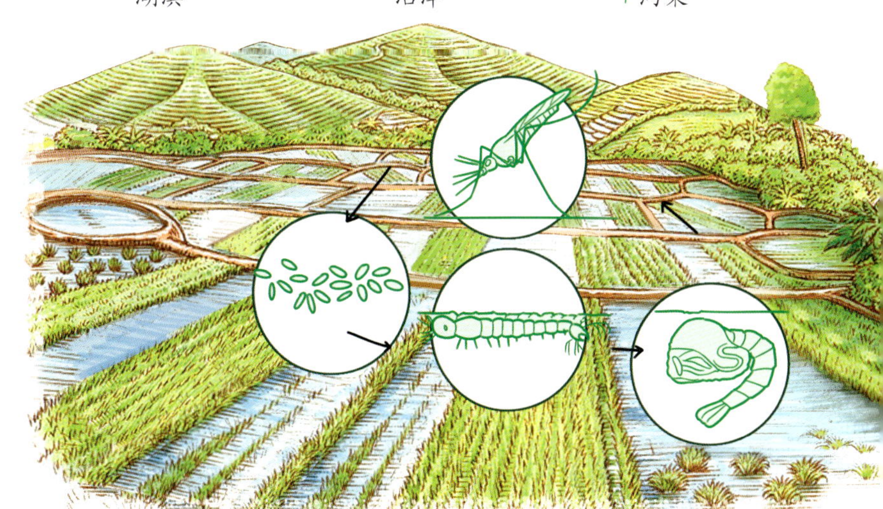

白纹伊蚊 *Aedes albopictus*

白纹伊蚊起源于东南亚，后来慢慢扩散到中国，如今已经冲出亚洲，走向世界，在 70 多个国家和地区“落地生根”，成为蚊子家族中成员最多的种类之一。

大　　小	成虫体长约 5 毫米。
栖息环境	竹筒、树洞、石穴、缸罐等容器的积水中
食　　物	雌蚊主要以哺乳动物和鸟类的血液为食，雄蚊以植物汁液为食。
分布地区	中国、日本、朝鲜、印度、巴基斯坦等国家

辨认要诀　白纹伊蚊外观 >>>

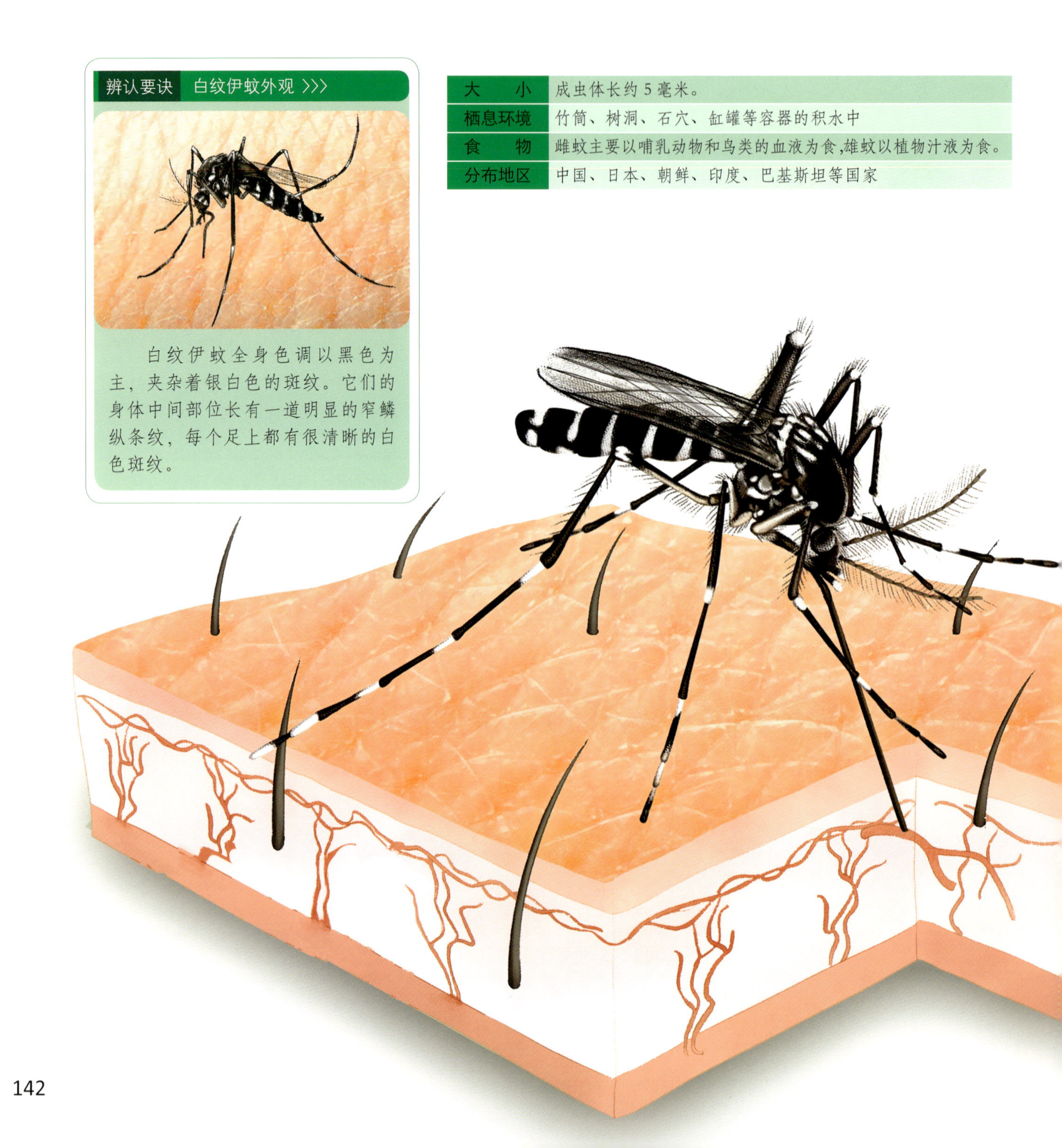

白纹伊蚊全身色调以黑色为主，夹杂着银白色的斑纹。它们的身体中间部位长有一道明显的窄鳞纵条纹，每个足上都有很清晰的白色斑纹。

活跃的吸血魔头

不像一些蚊子只在夜间出没，白纹伊蚊还在白天频繁活动。昆虫学家研究后发现，白纹伊蚊全天 24 小时都有吸血行为。不仅如此，如果被吸血者（比如人类）察觉到白纹伊蚊正在吸血而对其进行干扰的话，它们还有可能出现“一次未饱，多次吸血”的情况。

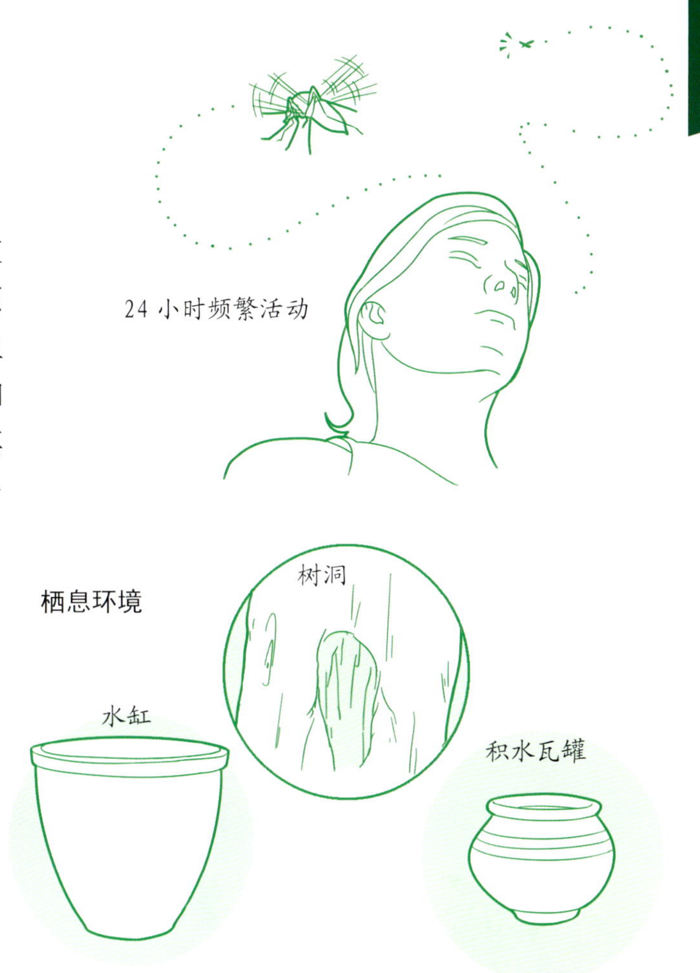

狭窄的居住环境

跟中华按蚊等一些喜欢居住在旷野的蚊子不同，白纹伊蚊偏偏对“小居室”情有独钟。它们经常在城乡、郊外或林场徘徊，专门寻找一些像水缸、积水瓦罐、阴湿树洞这样阴暗、避风的窄小空间生活。这些地方将来就会成为白纹伊蚊繁衍后代的“育儿室”。

带来的危害

我们在被白纹伊蚊叮咬后经常会出现皮肤瘙痒和局部红肿、发炎甚至全身性皮炎的情况。而且，它们小小的身体里携带着许多致病细菌，是多种可怕疾病（如登革热、黄热病、脑炎等）的传播媒介。

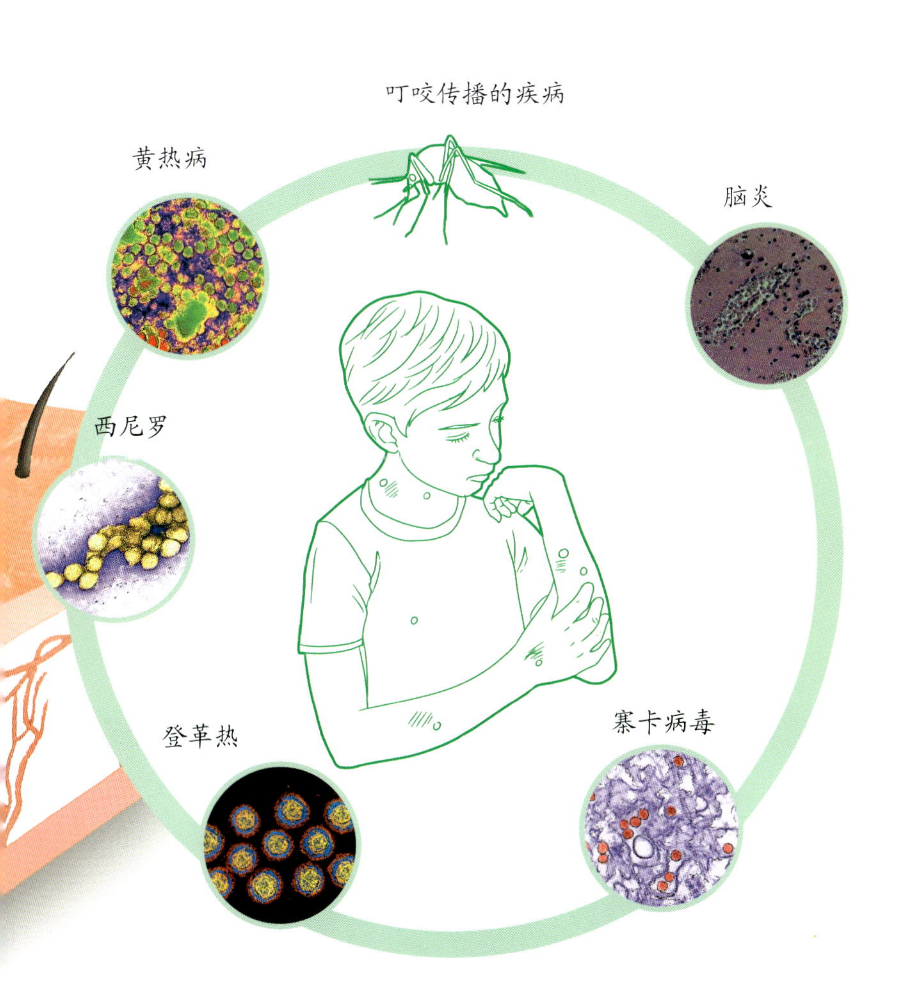

密密麻麻的白纹伊蚊卵（放大后）

▲ 白纹伊蚊之所以能迅速从亚洲扩散向世界，主要是因为它们的卵具备强大的生命力，对于各种极端环境有较强的适应性并且易于携带传播。

三带喙库蚊 *Culex tritaeniorhynchus*

三带喙库蚊同样对血液充满狂热（不包括雄性）。不管是人类的鲜血，还是动物的血液，它们都不会放过。猪、牛等大型家畜是其主要的叮咬对象。

辨认要诀 三带喙库蚊 >>>

三带喙库蚊全身呈棕褐色，嘴部细长，为管状，中段长有一处宽阔白环，能够轻松刺破人或家畜的皮肤吸食血液，获取营养。触须的顶端为白色，各足跗节基部（脚背）带有细窄白环。

大　小	成虫体长约5毫米。
栖息环境	湖泊等大面积水域
食　物	雌蚊主要以人和家畜的血液为食，雄蚊以植物汁液为食。
分布地区	亚洲地区

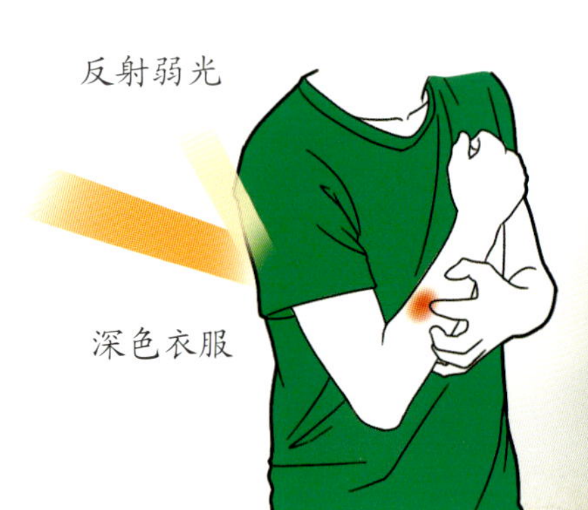

▶三带喙库蚊非常喜欢弱光。因为深色衣物反射的光线较弱，所以身穿深色衣物的人很容易受到它们的“眷顾”。

发达的嗅觉

雌性三带喙库蚊在黑夜中叮咬人的时候，依靠的并不是视力，而是出色的嗅觉。人们呼吸时会向外喷吐许多二氧化碳及其他气体，这些气体在空气中传播、扩散，会被三带喙库蚊敏锐的嗅觉捕捉到，然后它们就会像训练有素的警犬一样“跟踪”气味，顺藤摸瓜地找到目标，最后饱餐一顿。

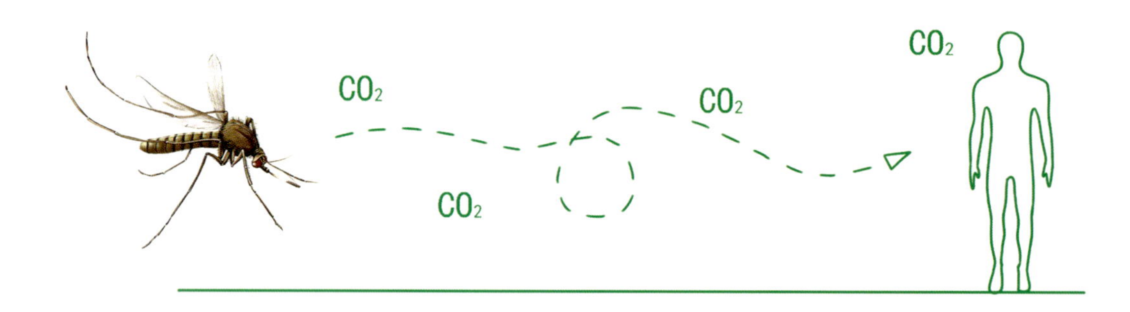

“挑食”

虽然三带喙库蚊以叮咬人类或大型家畜、吸食血液为生，但它们的“食谱”也分出了三六九等。其中，爱出汗又不爱洗澡的人是三带喙库蚊最爱“光顾”的客户。这是因为它们的头部与腿部长有触角和刚毛，对汗液、温度以及湿度非常敏感。

特殊爱好

根据常年观察，昆虫学家发现三带喙库蚊对于家猪非常“偏爱”。在实验中，昆虫学家统计了猪棚内蚊虫的数量与种类。数据显示，三带喙库蚊的数量多达 90% 以上。

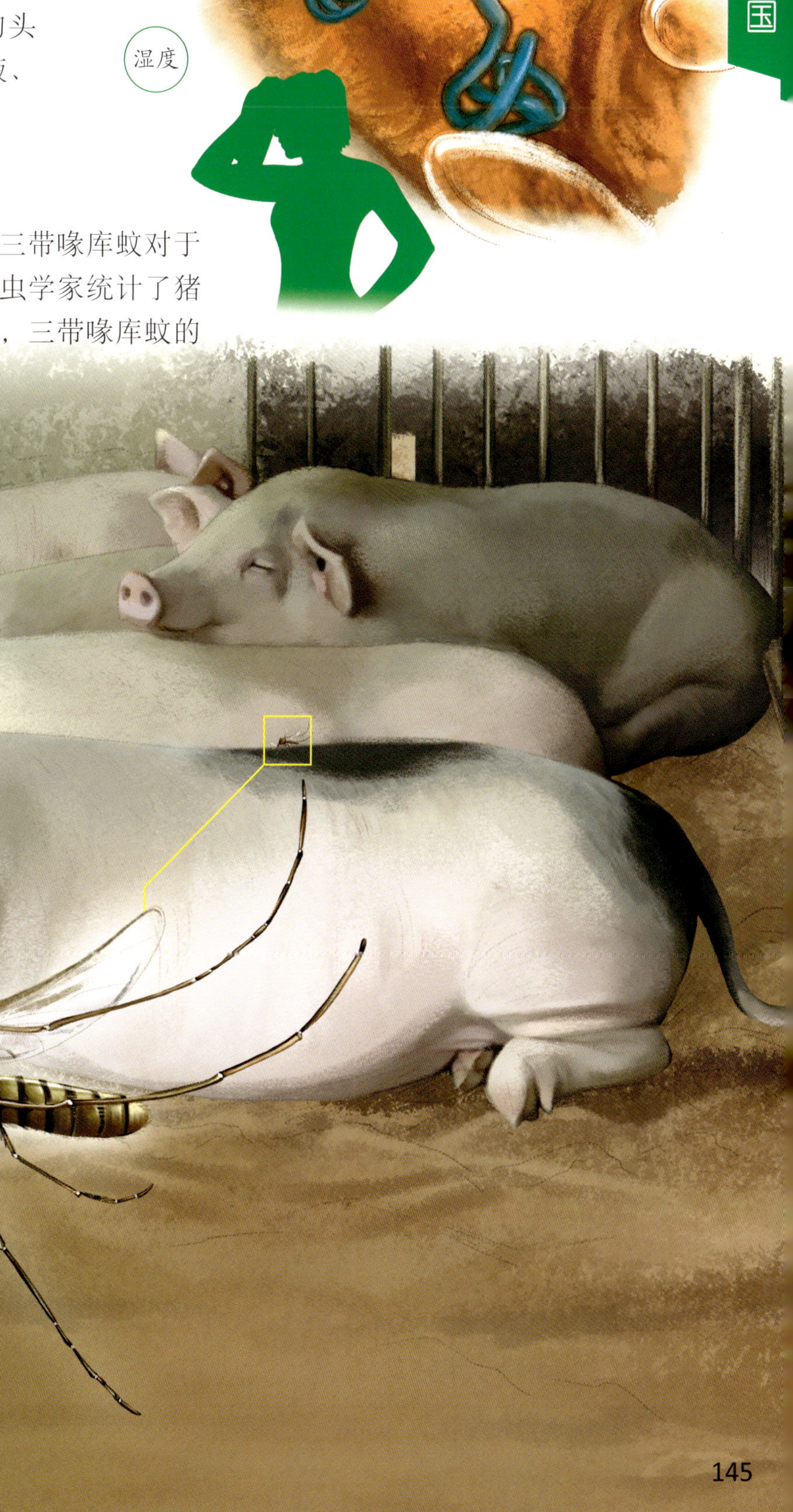

华丽巨蚊 *Toxorhynchites splendens*

根据昆虫学家的调查，现在世界上最大的蚊子叫作“华丽巨蚊”。它们是我们所熟知的那些叮咬人类的蚊子的近亲。不过，和那些“亲戚”不一样，华丽巨蚊在某些方面算得上是益虫。

辨认要诀　华丽巨蚊的全身 >>>

华丽巨蚊的个头相对其他种类的蚊子来说十分巨大，能达到3.5厘米。华丽巨蚊外表精美、体色鲜艳，成蚊的腹部有银蓝色和黄色间纹，全身散发出一种金属质感。

大　小	成虫体长35~40毫米。
栖息环境	森林、竹林
食　物	幼虫主要以其他蚊子的幼虫为食，成虫以花蜜为食。
分布地区	东亚、东南亚

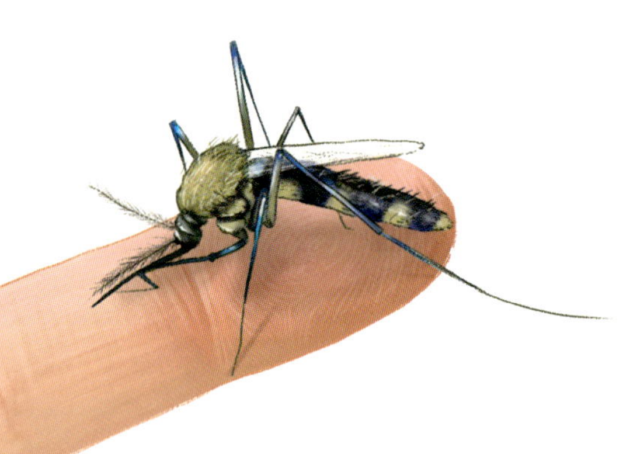

蚊子捕食者

华丽巨蚊有一个“蚊子捕食者”的外号。你可能感到很奇怪：同样属于蚊子家族的华丽巨蚊怎么会有这样一个外号呢？原来，华丽巨蚊幼虫个头很大，吃得很多，是比较凶暴的肉食动物。它们经常袭击其他蚊子的幼虫，并把对方吃掉。据昆虫学家研究，华丽巨蚊幼虫之所以做出“同类相残”的行为，完全是为了自身的成长和发育。他们估计，一只健康的华丽巨蚊幼虫在成熟前起码要进食上百只孑孓。

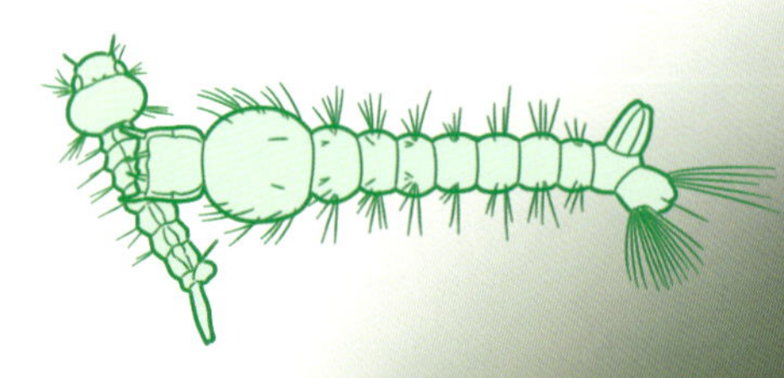

华丽巨蚊幼虫捕食其他蚊子的幼虫。

▲由于华丽巨蚊幼虫有以孑孓为食的习惯，人们便计划推行“以蚊制蚊”的策略，用它们来消灭对人畜有害的蚊子。如果你在野外偶遇华丽巨蚊，请放它们一条生路，让它们繁衍生息，捕食更多有害的蚊虫。

人畜无害

成熟后的华丽巨蚊不论雌雄都以花蜜为食。成年华丽巨蚊一生不吸血，不叮人和家畜，是纯粹的素食主义者。

数量稀少

数据显示，华丽巨蚊数量一直很稀缺，在国内更是少见。20 世纪 60 年代，人们在广西捕获了一只华丽巨蚊，而下一次的捕捉记录则在 40 多年后。

家蝇 *Musca domestica* Linnaeus

家蝇是人们日常生活中最常见的一种蝇类，广泛分布于世界各地，能传播多种疾病，危害人们的身体健康，是一种人人喊打的昆虫。

大　　小	成虫体长5～7毫米。
栖息环境	主要生活在室内，也在室外活动。
食　　物	幼虫以腐败、发酵的有机质为食，成虫食物多样（人类食物、垃圾、排泄物、腐败的有机质等）。
分布地区	世界各地

成长过程只需8～12天。

繁殖力惊人

家蝇的繁殖能力非常可怕。包括家蝇在内的所有蝇类都是完全变态昆虫，一生要经历卵、幼虫、蛹、成虫4个阶段。在合适的天气里，家蝇从卵发育到成虫只需8～12天。不仅如此，每只雌蝇一生（排除意外死亡）可以产下200多个后代。假如有100只雌蝇，那么用不了多久，一支成员超过万亿名的恐怖“军团”就会出现在这个世界上。当然，这只是排除了人为干涉、天敌侵扰等情况的假设而已。

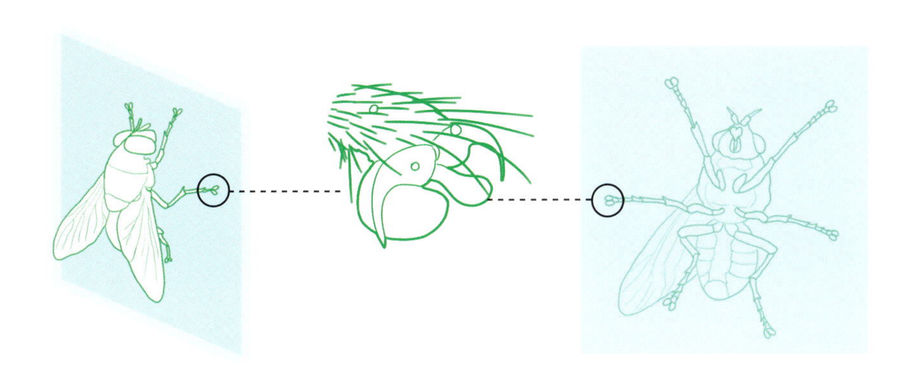

◀ 家蝇可以在垂直、光滑、平坦的玻璃窗户或镜子上如履平地，奥秘就在其3对足上。原来，家蝇每只脚爪下面的爪垫都能分泌一种特殊的物质，帮助家蝇在垂直的玻璃上站稳。

辨认要诀 家蝇全貌 >>>

体色深灰的家蝇经常活跃在人类居室附近，所以被称为“家蝇”。它们是双翅目的一员，都长有一对暗红的复眼，触角灰黑，腹部呈灰黄色，半透明的翅膀带着一些棕黄色。

不生病的家蝇

家蝇一生都生活在各种肮脏的环境中，身体携带着海量的病菌，但它们却从不患病。这是为什么呢？原来，家蝇从进食到排泄只需要7～11秒，大部分病菌刚刚进入家蝇体内，还来不及消化就会被排到体外。就算真的有病菌能够在家蝇体内快速繁殖，也抵挡不住家蝇身体中专杀病菌的免疫蛋白。

进食7～11秒就能排泄。

黑腹果蝇 *Drosophila melanogaster*

和生冷不忌的家蝇比起来，黑腹果蝇要挑食得多。从它们的名字可以看出来，这种小昆虫是把水果当成食物的。

黑腹果蝇体形非常小，体长2～3毫米，是苍蝇家族中比较娇小的一类。它们的身体呈黄棕色，位于腹部的黑色斑纹将它们和其他蝇类区别开来。

较长的寿命

与大部分蝇类相比，黑腹果蝇的自然寿命（排除人为杀害因素）很长，能从春天一直存活到秋天。它们一般活跃在晚春或初秋，在炎热的夏季出现频率最低。当然，如果是在温暖的室内，黑腹果蝇一年四季都会保持较高的出现频率。

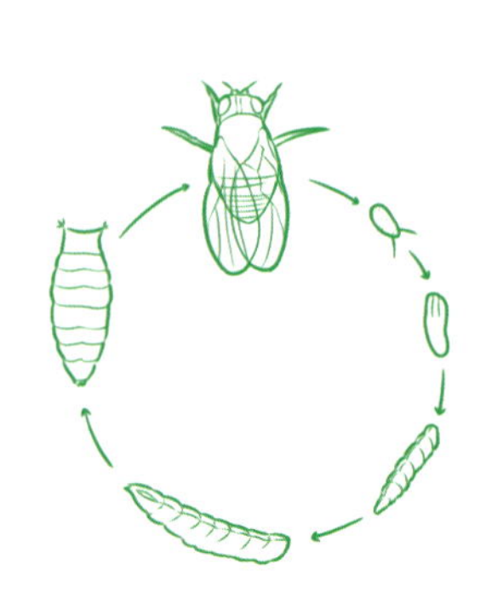

春夏秋冬频繁活动。

春 夏 秋 冬

大　小	成虫体长2～3毫米。
栖息环境	主要生活在室内，也在室外活动。
食　物	腐烂的果实和果皮、发酵的果汁等有酸味的食物垃圾
分布地区	世界各地。中国国内分布较广。

家族里的小不点儿

在目前人类观测、记录的昆虫中，蝇类属于体形偏小的一类。黑腹果蝇更是蝇类中较小的一种。因为其体形实在太小了，所以它们经常被错认为飞蝇或者蜉蝣。不过，别看黑腹果蝇长得小，它们的感官却十分敏锐。只要有食物出现，它们就会迅速聚集，然后一窝蜂地涌上去，把食物团团包围。

倒挂的黑腹果蝇

如履平地

与其他蝇类一样，黑腹果蝇的足部末端长有跗节板，表面会分泌一种特殊的黏液，让脚底板变得黏糊糊的。有了这些黏液的帮助，黑腹果蝇可以做出各种高难度动作，即便倒挂在食物上也不会掉下来，甚至还能腾出一对前足轻松进食。

黑腹果蝇足部

▲黑腹果蝇具有易于培养、繁殖速度快、使用价格经济等优点，因此备受昆虫学家的喜欢，是实验室里最常见的研究对象之一。这使它们成了被人类研究得最彻底的生物之一。

黑带食蚜蝇 *Episyrphus balteatus*

虽然名字里有一个“蝇”字，但黑带食蚜蝇和那些肮脏邋遢、满身病菌的害虫“亲戚”不同。它们是一种益虫，外表和蜜蜂很像，所以经常有人把它们和蜜蜂弄混。

大　　小	成虫体长 8～11 毫米。
栖息环境	田野
食　　物	幼虫靠捕食蚜虫为生，成虫吸食花蜜。
分布地区	世界各地。中国国内分布较广。

辨认要诀　黑带食蚜蝇 >>>

黑带食蚜蝇长得和蜜蜂很像：二者都有着透明的翅膀和黑黄相间的腹部，在振动翅膀飞行时会发出“嗡嗡”的声音。实际上，两者之间的区别还是很大的。例如：黑带食蚜蝇只有一对翅膀，触角很短，后足细长等。

采花授粉

黑带食蚜蝇不光长得像蜜蜂，还有着和蜜蜂一样为花朵传播花粉的习性。每到夏天，在阳光明媚的日子里，我们经常能看见黑带食蚜蝇穿梭于花丛中忙碌的身影。

在半空中停留的黑带食蚜蝇

拟态伪装

虽然黑带食蚜蝇的尾部没有毒针，但它们却能像蜜蜂一样做出蜇刺的动作。这其实是一种拟态。黑带食蚜蝇这么做是为了把自己伪装成蜜蜂，从而避免被天敌捕食，保护自己的安全。

▲ 黑带食蚜蝇虽然只有一对翅膀，但它们的飞行技巧十分高超，经常在半空中展翅翱翔。不仅如此，黑带食蚜蝇还能在空中停留很长时间，或者在飞行过程中突然转换方向，是一名技术娴熟的“飞行员”。

黑带食蚜蝇尾部　　蜜蜂尾部

蚜虫杀手

黑带食蚜蝇是蚜虫的重要天敌。它们在繁殖期经常会把卵产在蚜虫泛滥的叶片上。这样幼虫孵化出来就会有充足的食物。从昆虫学家记录的数据来看，一只黑带食蚜蝇幼虫在 1 小时内最快可以吃掉大约 80 只蚜虫！它们是对农作物大有益处的好昆虫。

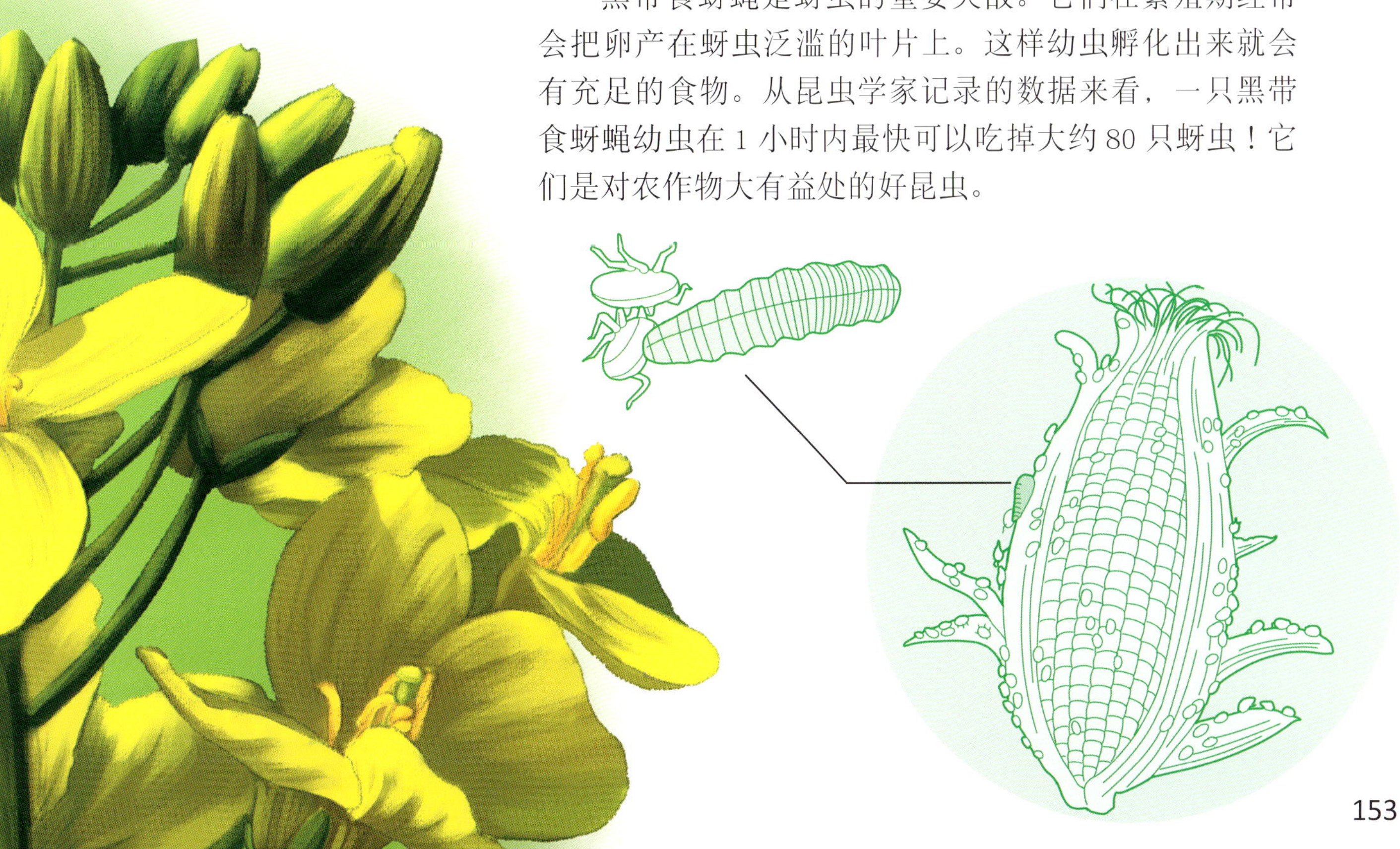

四斑泰突眼蝇 *Teleopsis quadriguttata*

四斑泰突眼蝇的外观会让人感觉很奇怪。从名字就能看出来，它们属于双翅目突眼蝇科的一种。该科昆虫最大的特点就是它们那向外突出、宽度惊人的双眼。

辨认要诀 四斑泰突眼蝇 >>>

四斑泰突眼蝇的头部呈黄褐色，两侧有两根向外伸出的褐色眼柄，眼柄顶端生长着红褐色的复眼。其中胸长着3对刺突，翅膀狭长呈透明状，足部为淡黄或黄褐色。

大　小	成虫体长约5毫米。
栖息环境	温暖潮湿的林区
食　物	植物汁液
分布地区	中国南方、东南亚地区

求偶利器

在雌性四斑泰突眼蝇看来，突眼越宽的雄性越受欢迎。当两只雄性四斑泰突眼蝇狭路相逢、争夺交配权时，它们会首先昂起头部，向对方炫耀眼宽。如果一方的突眼更宽的话，那么另一方就会知趣地离开。如果它们的眼宽相差无几，那就免不了来一场决斗，直到决出优胜者为止。

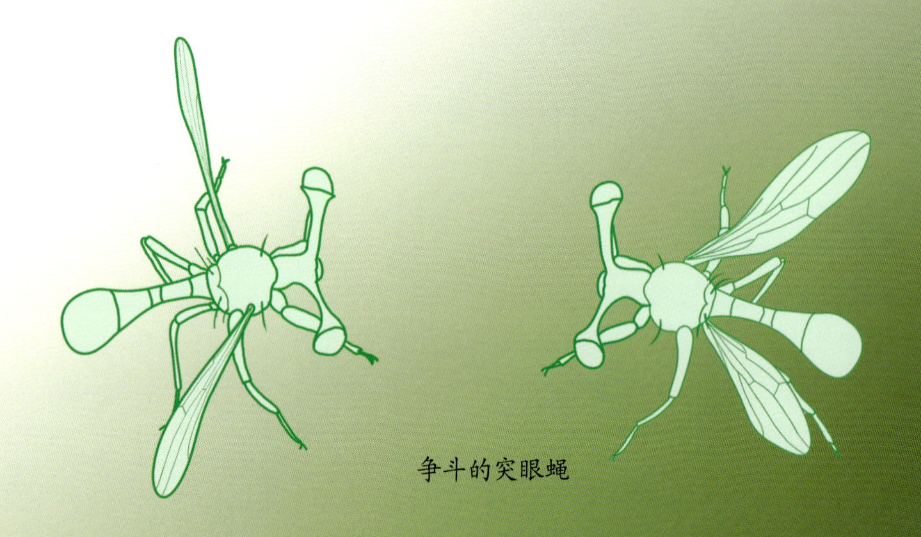

争斗的突眼蝇

“突眼”大揭秘

那么，四斑泰突眼蝇的双眼到底是怎样形成的呢？难道它们从小就长这副模样吗？事实上，刚刚破蛹而出的四斑泰突眼蝇和其他蝇类并没有什么不同。接下来，它们会趁着身体柔弱还未定型时，深吸一口气，将空气“挤”进头部，再导向眼柄部位。然后，我们就会发现：四斑泰突眼蝇的眼部会以肉眼可见的速度变长，直到它们力竭才停下，整个过程大约持续 15 分钟。

突眼蝇双眼形成过程

▶遇到危机时，四斑泰突眼蝇因为眼柄较长，向神经传递危险信号并作出反应的时间也很长，所以死亡率比其他蝇类要高一些。

金色虻 *Tabanus chrysurus*

金色虻的外观比较接近蜜蜂。不过，它们可不像蜜蜂那样无害。在夏天的牛棚里，我们经常能看到这些家伙的身影。金色虻喜欢趴在牛背上吸血，所以也被称为“牛虻”。

大　小	成虫体长 21 ～ 26 毫米。
栖息环境	野外、林区
食　物	花蜜等植物汁液、血液
分布地区	热带、亚热带和温带地区

辨认要诀　金色虻 >>>

金色虻属于体形较大的昆虫，足有一般蝇类的 3 ～ 4 倍大。它们的头部很大，有点偏向于三角形，体色和蜜蜂一样黑黄相间，胸部背板上长有几条由绒毛组成的竖纹。

危害人畜

金色虻对人畜的不利之处主要集中在叮咬、骚扰和传播疾病方面。它们的口器十分锋利，像刀刃一样，能够轻易刺穿人或牲畜的皮肤来吸食血液。被金色虻叮咬的部位会有明显的刺痛感，之后会迅速肿胀起来，变得又疼又痒。这种感觉往往会持续很久，让人畜不得安宁、烦不胜烦。不仅如此，金色虻还是许多疾病的传播媒介，经常在吸血过程中把病菌传播出去。

金色虻的口器

荤素皆宜

金色虻不论雌雄都对花蜜等植物汁液很感兴趣，或者说，这些才是它们日常生活的“主食”。吸食人或动物血液的金色虻只有临近产卵期的雌性。这样做是为了补充营养，方便产卵。

▲ 通常来讲，金色虻的吸血量约等于自身的体重，最多可以达到自身体重的 2 倍，也就是 50 ~ 500 毫克。

金色虻

凶残的幼虫

别看金色虻成虫只吸食一些像花蜜、树汁、血液之类的流食，它们的幼虫可是纯粹的肉食者。雌性金色虻会把卵产在水中漂浮的植物上。幼虫孵化后会在水中生活，专门靠捕食蚊子、蜻蜓的幼虫为生，直到离开水面来到土中等待成熟。

大蜂虻 *Bombylius major*

大蜂虻又叫“绒蜂虻”，因为它们身体表面长有许多又密又长的柔软绒毛，看上去和我们日常生活中常见的丝绒面料很像。

辨认要诀 大蜂虻 >>>

第一眼看上去，我们常会认为大蜂虻的身体呈淡褐色，其实那只是它们体表生长的细密绒毛的颜色，而黑色才是它们真正的体色。另外，大蜂虻细长的尖嘴、长长的足部以及前端呈深褐色的透明翅膀都是它们的鲜明特点。

大　　小	成虫体长 7 ～ 11 毫米。
栖息环境	花丛
食　　物	成虫摄食花蜜、花粉，幼虫靠吸食其他昆虫的幼虫或蛹为生。
分布地区	亚洲、欧洲、北美洲

特别的进食方式

大蜂虻靠近花丛后，会在半空中短暂停留一会儿，然后慢慢地飞进花中摄食。它们偶尔也会像蜂鸟一样，在空中快速振动着一对翅膀，悬浮在花朵周围，然后伸出自己细长的尖嘴探入花朵中，美美地享用餐点。

迅捷的动作

大蜂虻经常会从原地一下子飞到几米开外的地方，看上去就像瞬移过去的一样。实际上，那是因为大蜂虻飞行的速度太快，使我们的眼睛产生了错觉。值得一提的是，大蜂虻在飞行时也会像蜜蜂一样发出“嗡嗡”的声音。

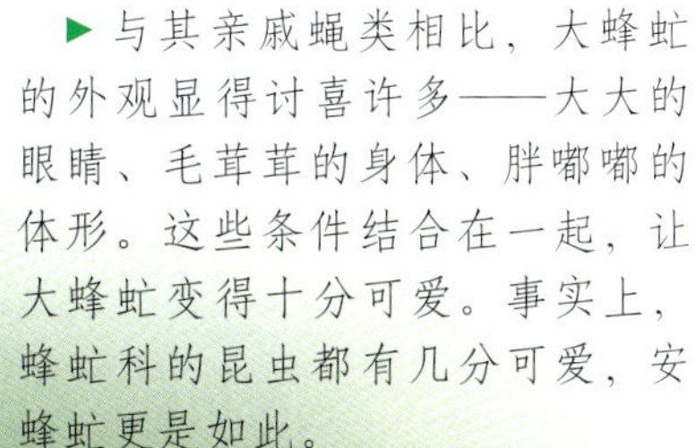

▶ 与其亲戚蝇类相比，大蜂虻的外观显得讨喜许多——大大的眼睛、毛茸茸的身体、胖嘟嘟的体形。这些条件结合在一起，让大蜂虻变得十分可爱。事实上，蜂虻科的昆虫都有几分可爱，安蜂虻更是如此。

安蜂虻

“寄生虫”

大蜂虻成虫和幼虫的食性仿佛是两个极端：成虫是素食主义者，幼虫却无肉不欢。雌性大蜂虻会在其他昆虫的幼虫或者蛹上产卵，为的是让自己的宝宝不饿肚子。当虫卵孵化后，大蜂虻幼虫就会寄生在这些幼虫或蛹上，当一只老实的“寄生虫”，以对方的血肉为食，直到把对方吃干抹净或自己长大成虫。

大蜂虻寄生于其他幼虫。

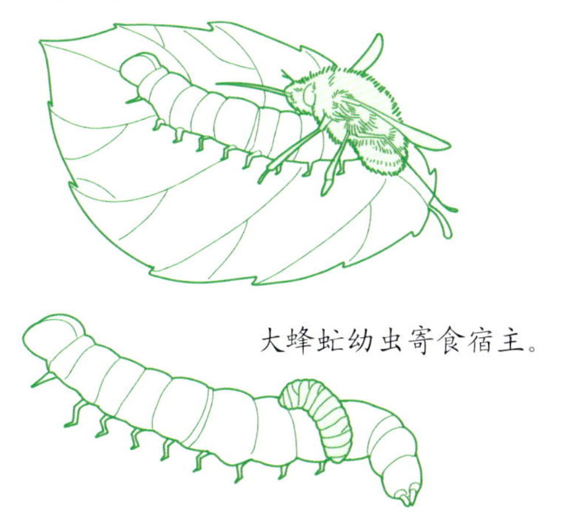

大蜂虻幼虫寄食宿主。

欧洲胡蜂 *Vespa crabro*

欧洲胡蜂也叫“欧洲黄蜂”，是目前发现的体形最大、力气最强、性格最凶狠的蜂类之一。它们颇具攻击性，一旦被人类惹怒就会用有毒的螯刺攻击人类。被它们刺过的人轻则感觉疼痛，重则伤残至死。

大　　小	成虫体长 20 ～ 30 毫米。
栖息环境	林区
食　　物	花蜜、果汁等植物汁液以及蜜蜂、蚂蚁等昆虫
分布地区	亚洲、欧洲、北美洲

辨认要诀　欧洲胡蜂 >>>

欧洲胡蜂体形很大，身体多呈灰色、黄色、红色以及深褐色，头部一般为橙色，浑身长有细密的绒毛，多呈黄褐色。与蜜蜂蜇人一次就会死亡不同，欧洲胡蜂的螯针不会掉落，能够多次蜇人。

蜜蜂克星

欧洲胡蜂是一种捕食性蜂类，经常会对蜜蜂下手，将对方吃掉。为了方便动手，有的欧洲胡蜂干脆把巢穴建在养殖蜂箱附近，专门袭击蜜蜂，把它们的幼虫和卵当成美餐，甚至连蜜蜂的巢穴也不放过，直接破坏掉，让可怜的小蜜蜂们无家可归。养蜂人如果在自家地盘发现欧洲胡蜂的存在，一定要立即驱赶，否则后果不堪设想。

捕捉蜜蜂的欧洲胡蜂

▶ 欧洲胡蜂经常把巢穴建在树枝上、房檐下。它们的巢穴很大，看上去就像纸糊的一样。原来，欧洲胡蜂在建巢时会用自己的唾液混合上木纤维，然后不断搅拌，制造出一种特殊的“纸”，最后再建巢。

欧洲胡蜂的巢穴

生命周期

一个欧洲胡蜂家族主要是靠蜂工撑起来的。每年天气回暖的时候(5月份左右)，冬眠的蜂王就会从沉睡中苏醒，然后独自筑巢，开始产卵。这些卵成长的速度很快，要不了多久，一批成虫就会出现。此时的蜂王就会放弃劳动，把所有工作交给工蜂，一心和雄蜂繁衍后代。当天气转冷、冬季开始的时候，蜂巢内的雄蜂和工蜂会全部死亡，只留下完成交配的蜂王在地下独自冬眠，等待来年的新生。

中华蜜蜂 *Apis cerana*

听名字就知道，中华蜜蜂是中国本土特有的种群。它们属于东方蜜蜂的亚种，白天飞出去到处采蜜，晚上回来还要酿蜜，整天忙个不停，堪称“世界上最勤劳的昆虫”。

大　　小	成虫体长 10 ～ 19 毫米。
栖息环境	林区、山地
食　　物	各种开花植物的花粉
分布地区	广泛分布于除新疆外的中国各省区。

辨认要诀　中华蜜蜂 >>>

中华蜜蜂体形并不大，身体细长，体表长有细密的短毛，看起来毛茸茸的。它们长着两对翅膀，前翅大，后翅小，飞行时会发出“嗡嗡”的声音。中华蜜蜂的腹部末端生长着一根含有毒性的螯针，这是其进行攻击和防御的工具。

舞蹈语言

昆虫学家发现，中华蜜蜂是依靠“舞蹈”来向同伴传递食源信息的。根据昆虫学家的记录，外出觅食的工蜂如果发现了食物，会立刻返回蜂巢表演一段舞蹈，然后留在蜂巢中的部分蜜蜂就会跟随工蜂一起去采蜜。这足以证明中华蜜蜂舞蹈语言的重要性。昆虫学家认为，它们的舞蹈中包含了很多重要信息，比如食物的距离、质量等等。

中华蜜蜂与蜂巢

▶ 中华蜜蜂用蜂蜡（工蜂从身体里分泌出来的一种物质）建造的蜂巢既轻巧坚固，又美观实用。更惊人的是，蜂巢内部完全由规则的六边形排列而成，这简直就是奇迹的建筑！因此，它们也被称为“天才的建筑设计师”。

分工明确

中华蜜蜂是高度社会化的群居昆虫，具有森严的等级制度。一个蜂巢中生活的中华蜜蜂足有几万只，但种类只有 3 种，即蜂王、雄蜂和工蜂。蜂王负责生育后代；雄蜂负责和蜂王交配，繁衍生息；工蜂任务量很大，可以说蜂巢内的各项工作基本都由它们来完成。每个蜂巢中只有一只蜂王（在极特殊的条件下，会出现两只蜂王并存的情况），另有几百只雄蜂和数万只工蜂。

意大利蜜蜂 *Apis mellifera ligustica*

意大利蜜蜂是西方蜜蜂的主要亚种之一，具有繁殖力强、产量高、性格温顺等特点，十分受蜂农的喜爱。意大利蜜蜂自 20 世纪引进中国后迅速扩张，如今已经成为国内主要蜜蜂种类之一。

大　　小	成虫体长 12 ～ 26 毫米。
栖息环境	林区、山地、平原
食　　物	各种开花植物的花粉
分布地区	世界大部分国家和地区。中国国内分布广泛。

辨认要诀　意大利蜜蜂 >>>

意大利蜜蜂的外观和中国本土的中华蜜蜂差不多，但个头明显比中华蜜蜂大一些，身体也显得更加细长。另外，意大利蜜蜂的性格较为温和，只要与它们多接触，且不挑逗戏弄它们的话，是不会遭到它们攻击的。

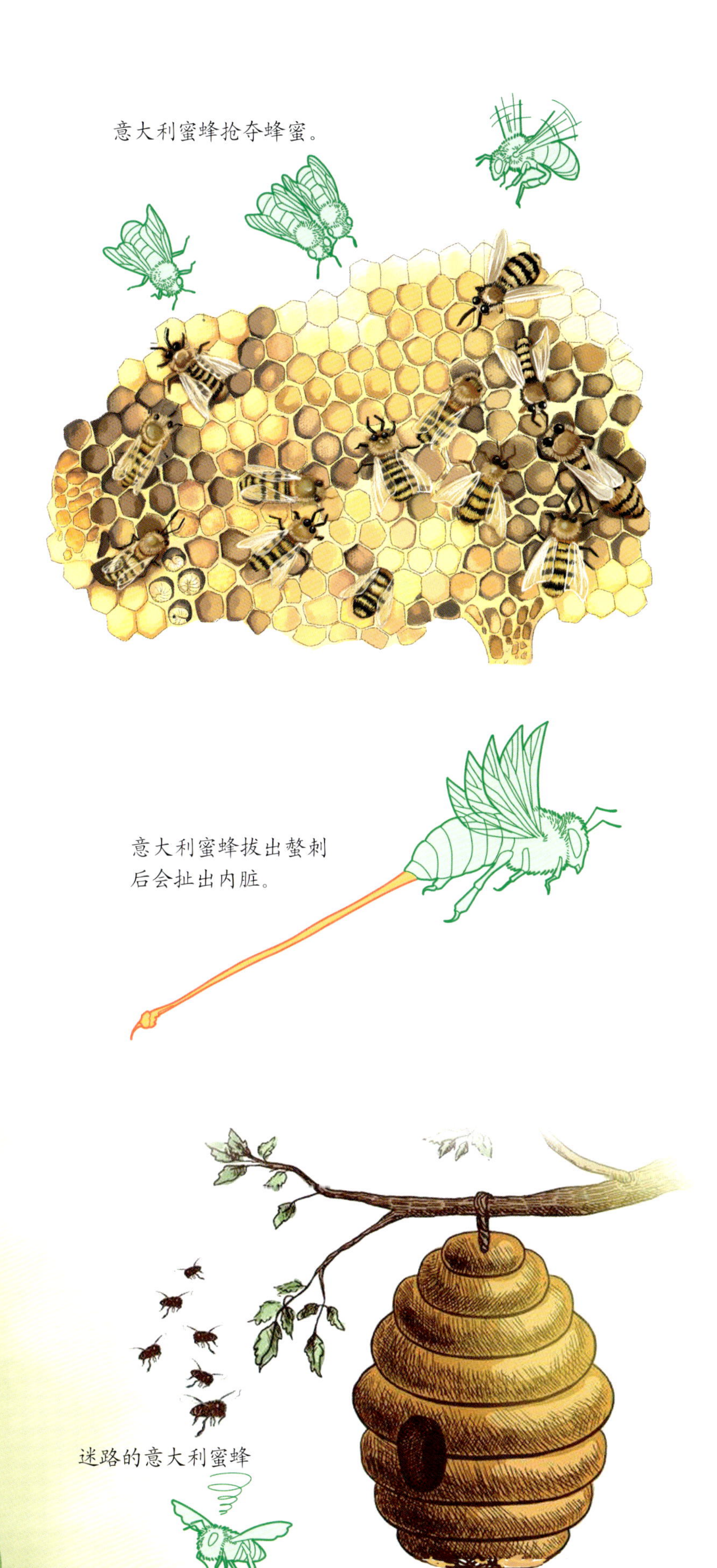
意大利蜜蜂抢夺蜂蜜。
意大利蜜蜂拔出螫刺
后会扯出内脏。
迷路的意大利蜜蜂

蜜蜂大盗

基本上所有的蜜蜂都存在盗蜜的行为。意大利蜜蜂属于蜜蜂中盗性较强的种类。它们潜入其他蜜蜂的巢穴中，杀“蜂”越货，强取豪夺，简直是最恶劣的盗贼。昆虫学家发现，中华蜜蜂经常受到意大利蜜蜂的迫害。这是因为意大利蜜蜂翅膀振动的频率和中华蜜蜂很像，所以中华蜜蜂很容易把它们当成同类，让它们混进毫无防备的蜂巢里面。这些意大利蜜蜂不仅会偷走中华蜜蜂辛辛苦苦酿的蜜，还很有可能杀死蜂王，造成该蜂群灭绝。

◀ 意大利蜜蜂的螫刺与它们的内脏相连。这些小家伙一旦被惹怒或者感觉到蜂巢遭受威胁的话，就会奋起反击，用螫刺蜇伤敌人。但是，意大利蜜蜂拔出螫刺后，也会把内脏牵扯出来，很快就会死去。这也是它们一生只能蜇一次人的原因。

居然会迷路?

蜜蜂如果在距离蜂巢较远的地方发现蜜源，就会返回蜂巢向同伴报告。这说明蜜蜂的定向能力很强。不过，意大利蜜蜂却是例外。和“亲戚”们比起来，它们认路的能力十分差。稍微离开蜂巢远一些，这些小家伙就会晕头转向，没办法辨识正确的方向，找不到回家的路。

金环胡蜂 *Vespa mandarinia*

金环胡蜂体形很大，堪称蜂类中的“巨人”，是世界上最大的胡蜂之一。它们拥有强有力的大颚以及毒性强到能击退大型哺乳动物的毒针，个性凶猛好斗，攻击性很强，被人们普遍认为是最不好惹的蜂类之一。

大　　小	成虫体长 30 ~ 40 毫米。
栖息环境	林区、山地、平原
食　　物	多种昆虫
分布地区	中国、朝鲜、日本、法国

辨认要诀　金环胡蜂 >>>

金环胡蜂有着黄黑相间的体色，身体表面看上去很有质感，头部呈橘黄色，一对棕色的触角十分修长，强有力的大颚让它们能够一下子把猎物咬断。腹部末端长有毒针，其毒性之猛烈让人谈之色变。

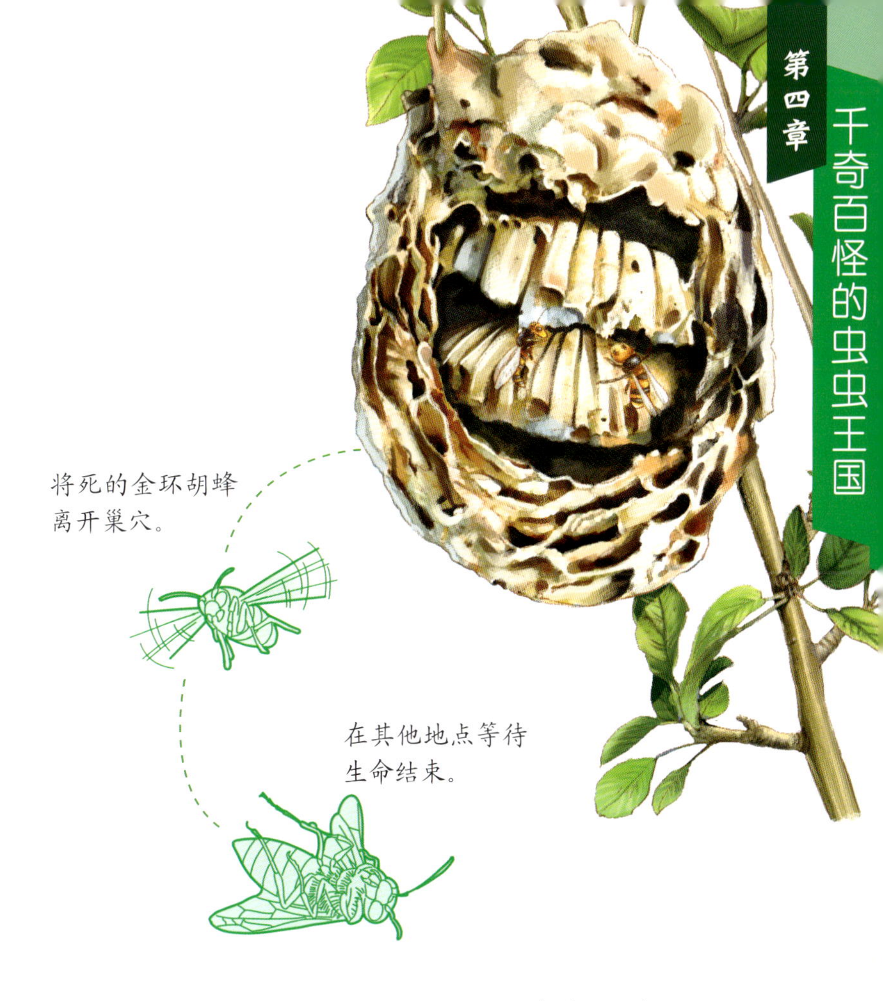

将死的金环胡蜂离开巢穴。
在其他地点等待生命结束。

生存法则

昆虫学家发现，在金环胡蜂的世界里，凡是已经死去或濒临死亡的成员都必须被清离巢穴。至于原因，人们猜测可能是它们担心给幼蜂带来不好的影响。负责清扫巢穴的工蜂严格遵守着这条规矩，总是毫不留情地将同伴的尸体或者濒临死亡的成员清出蜂巢。值得一提的是：在大多数情况下，那些感觉自己快要死亡的金环胡蜂都会主动遵守规定，提前飞离巢穴，在其他地点等待生命的结束。

▶ 金环胡蜂具有很高的药用价值。中国早在很久以前就有用金环胡蜂治病的记录。它们的成虫、幼虫、蜂毒甚至巢穴都可以入药，或内服，或外敷，主要治疗毒虫叮咬、风湿等病症。

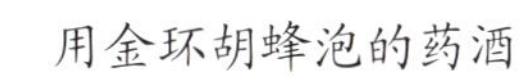

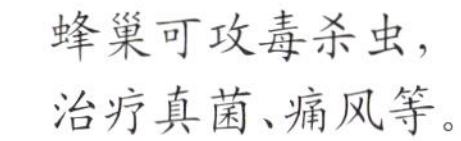

蜂巢可攻毒杀虫，
治疗真菌、痈风等。

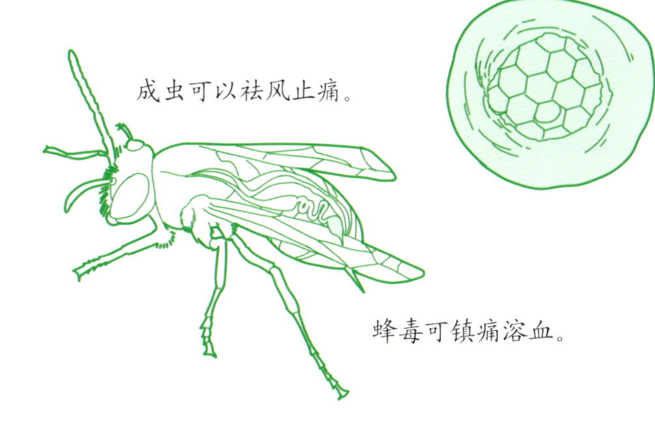

成虫可以祛风止痛。
蜂毒可镇痛溶血。

不靠谱的方向感

金环胡蜂虽然看上去异常凶悍，却有着“迷糊”“路痴”的属性。原来，金环胡蜂一般是在以蜂巢为中心，向四周辐射距离不超过500米的范围内活动，因为它们只能在这个区域里辨清方向。这也就意味着：金环胡蜂一旦飞到500米之外，就会晕头转向，没办法顺利返回巢穴。

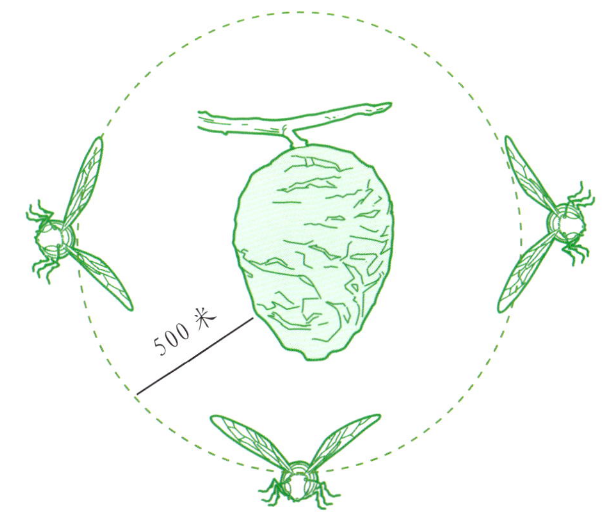

日本黑褐蚁 *Formica japonica*

乍一看到“日本黑褐蚁”这个名字，你可能会认为它们是日本独有的蚂蚁种群。实际上，日本黑褐蚁在亚洲地区分布得非常广泛，是我们日常生活中随处可见的品种。

大　　小	成虫体长 4 ~ 13 毫米。
栖息环境	草地、庭院、地下
食　　物	蚜虫分泌的甜液、小型节肢动物
分布地区	中国、日本、朝鲜、蒙古

辨认要诀　日本黑褐蚁 >>>

日本黑褐蚁身体修长纤细，躯干被褐黑色及黑色覆盖，显得暗淡且无光泽；小巧的前颚、长长的触角与伸展的足皆呈红褐色。它们全身长有浓密的细毛，几乎看不见毛与毛之间的空隙。

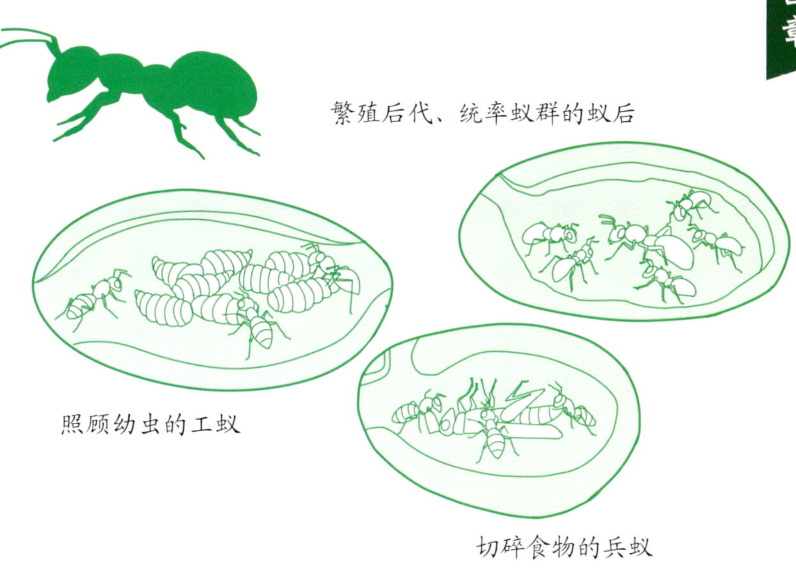

▶ 和蜂类一样，蚁类也是高度社会化的种群。日本黑褐蚁的家族成员分为蚁后、工蚁与兵蚁。蚁后主管繁殖后代与统率蚁群；工蚁负责修筑巢穴、采集食物以及喂养幼蚁和蚁后；兵蚁负责粉碎坚硬的食物，并时刻准备化身战斗的武士。

捕捉猎物

日本黑褐蚁捕食活着的猎物时，除了近距离用短小的前颚撕咬，最常见的攻击方式就是在较远的距离靠腹部末端喷射的蚁酸来克敌制胜。这种具有刺鼻气味的蚁酸腐蚀性很强，即便是人类的皮肤也会被刺激得起泡，更别提那些弱小的节肢动物了。当猎物倒下后，日本黑褐蚁会估计猎物体形的大小。猎物如果很大，就需要很多只工蚁来一起搬运回巢穴。

“甜食控”的行动

日本黑褐蚁是一群不折不扣的“甜食控”，最爱吃蚜虫分泌的甜蜜汁液。于是，为了能够常年喝到这些美味的“饮料”，日本黑褐蚁会自发地组织起来去保护蚜虫，以免它们被其他昆虫猎杀。比如：当一只七星瓢虫想捕食祸害庄稼的蚜虫时，聚集起来的日本黑褐蚁就会一拥而上，把七星瓢虫赶走，然后立刻转过身跟在蚜虫身后，取食蚜虫分泌出来的蜜露。从这方面讲，日本黑褐蚁显然成了蚜虫的“帮凶”。

猎镰猛蚁 *Harpegnathos venator*

猎镰猛蚁主要生活在温暖湿润的丛林地带，有着健美的身体、强有力的长颚和锋利的螯针。

大　　小	成虫体长约 20 毫米。
栖息环境	森林、草地
食　　物	小型昆虫
分布地区	中国、印度、东南亚地区

辨认要诀　猎镰猛蚁的长颚 >>>

猎镰猛蚁的特点就是其又长又大的前颚。它们的大颚修长细直，有点像狭长的镰刀，这也是猎镰猛蚁名字的由来。

从天而降的“刺客”

猎镰猛蚁身材修长，体形健壮，狭长的镰刀形大颚与优秀的视力让它们成为凶残的捕食者。猎镰猛蚁的大眼睛能远远地看到猎物并随时跟踪，趁对方放松的时候，它们便用中后足用力蹬地，猛地腾空而起，速降到猎物身边，然后用长颚紧紧夹住猎物，用尾刺完成致命一击。猎镰猛蚁不愧为蚁中“刺客”，这一套“扑、咬、蜇、刺”的动作一气呵成，几乎没有哪个猎物抵挡得住。

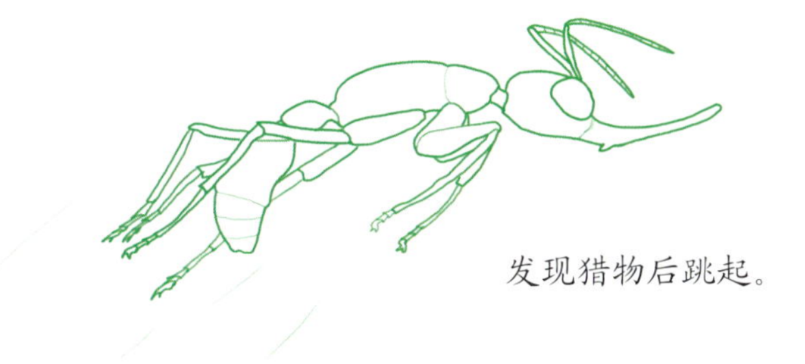

发现猎物后跳起。

用长颚夹住猎物。

发达的视觉

猎镰猛蚁拥有发达的复眼、敏锐的视力，对移动的物体十分敏感。猎物只要进入它们的视线内，基本就无法逃脱它们的追捕。不过，猎镰猛蚁的大眼睛很容易受伤，尤其是像螨虫这类寄生虫对它们眼睛的伤害几乎可以说是致命的。

用尾刺完成致命一击。

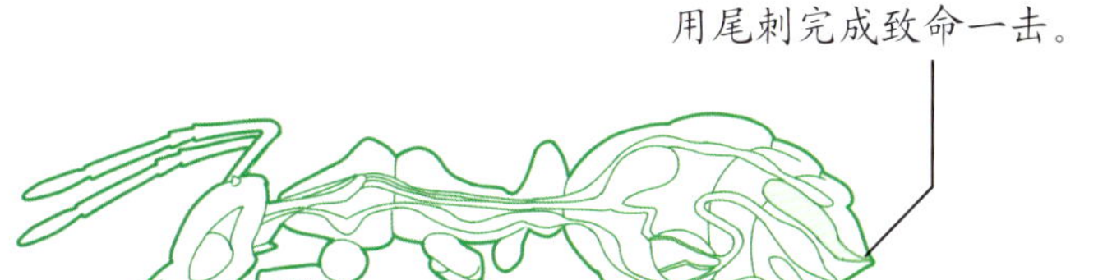

发达的复眼

▼ 昆虫学家研究后发现，猎镰猛蚁内部有通过武斗来决定地位高低的行为。决斗结束以后，按照“胜者王侯败者寇”的规则，地位低的猎镰猛蚁在遇见地位高的同伴时会主动给对方让路。

决斗的猎镰猛蚁

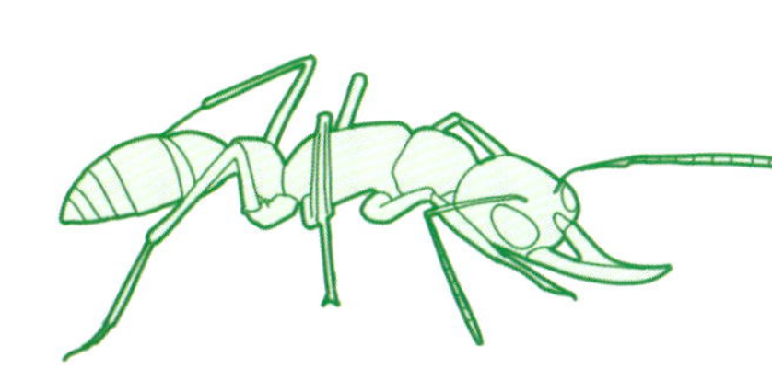

小丑蜜罐蚁 *Myrmecocystus mimicus*

在澳大利亚的沙漠地区有这样一种蚂蚁，它们的肚子看起来不大，却能装下大量花蜜，直到被撑得像圆滚滚、亮晶晶的蜜罐，仿佛一用力就会碎掉一样。它们就是小丑蜜罐蚁，蚂蚁家族的“小甜心”。

大　　小	成虫体长约 10 毫米。
栖息环境	沙漠
食　　物	小型昆虫、花蜜
分布地区	澳大利亚

雨季的狂宴

小丑蜜罐蚁生活的沙漠地区植被稀疏，长时间缺少水分。当大雨降临，就到了沙漠植物的花期，此时的植物会一边享受从天而降的甘霖，一边大量分泌花蜜。这个时候对于小丑蜜罐蚁来说正是千载难逢的好时机。它们会铆足了劲儿饱餐一顿，直到肚子快被花蜜撑爆为止。小丑蜜罐蚁吸取花蜜的种类不同，其腹部的颜色也会有区别。

▲如果倒吊的小丑蜜罐蚁不幸死亡，其他蚂蚁不会剖开它们的身体把美味的蜜汁从里面取出来，而是直接将它们搬运到类似墓地的地点安葬。

辨认要诀　小丑蜜罐蚁 >>>

没吸食蜜水的小丑蜜罐蚁外观很普通：头、胸部呈红色或深棕色，腹部黑色，没有膨胀。在小丑蜜罐蚁这个族群中，不是所有蚂蚁都有资格成为“贮蜜罐”的，这跟族群食物的多少有关。

特殊使命

吃饱喝足的小丑蜜罐蚁回到巢穴后，可以不用做任何工作，因为现在大着肚子的它们实在行动不便，而且它们有一项艰巨的任务：倒吊在巢穴深处，默默守护花蜜。当蚁群面临食物危机时，其他蚂蚁就会去找倒吊的蜜罐蚁，让它们吐出存在肚子里的蜜，帮助蚁群渡过难关。当然，之后那些蜜罐蚁的身体也会随着花蜜的排出而恢复正常大小。

可口美食

据说澳大利亚人有拿小丑蜜罐蚁当零食的习俗。他们挖到这些可怜的小家伙后，就会把它们的头揪掉，直接扔到嘴里咀嚼，或者取出小丑蜜罐蚁肚子里的蜜汁涂抹在其他食物上食用，或者用它们肚子里的蜜来酿造美酒。

黄猄蚁 *Oecophylla smaragdina*

黄猄蚁是蚂蚁大家族中的“异类”。它们不像大多数蚂蚁那样挖掘气势恢宏的“地下宫殿”居住，而是住在树上用叶片“织”成的巢穴里。黄猄蚁也因为这种行为被人们称为“织巢蚁”。

大　小	成虫体长 6 ～ 17 毫米。
栖息环境	林区
食　物	花蜜、小型昆虫
分布地区	中国南方、澳大利亚、东南亚部分国家和地区

黄猄蚁的外表看上去既精致又美丽：身体一般呈红锈色，有的为橙红色；体表长有非常纤细的柔毛；头部大致呈三角形，上颚较为发达，长有锯齿。

会“织巢”的蚂蚁

一开始，黄猄蚁会在树上寻找合适的建巢地点（一般为向阳处的树冠）。选址结束后，黄猄蚁会在树枝或叶片上伸展身体，然后收缩身子把枝叶拉紧。当然，如果两者间距太远，一群黄猄蚁会合作搭建一座“蚁桥”，从而拉紧相邻枝叶。到了这一步，就轮到重头戏上场了：只见一群黄猄蚁在嘴里衔上幼虫，用幼虫吐出的分泌物在叶片间穿插缝合，像织布机上的梭子一样，把巢穴“织”出来。

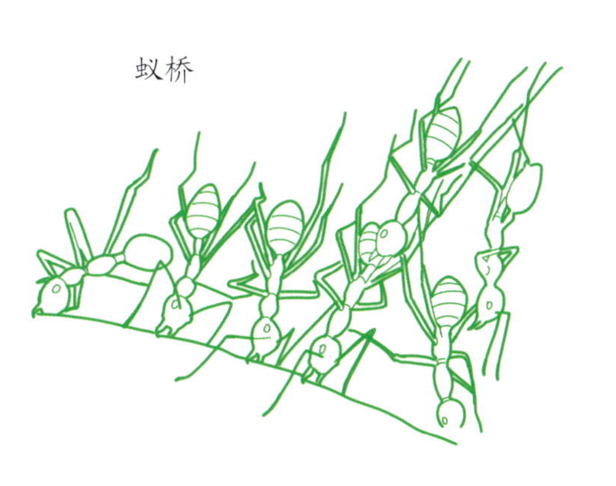

黄猄蚁与生物防治

所谓生物防治，简单来讲就是利用生物之间的相互关系，以一种生物去对付另一种生物。早在304年，中国晋代人嵇含编著的《南方草木状》里就明确记载了古人用黄猄蚁进行生物防治的事情。黄猄蚁生性凶猛，可以捕食多种昆虫。在之后的1700多年里，这种方法一直流传下来。据考证，黄猄蚁是目前世界上最早用于生物防治并作为商品公开售卖的昆虫。

◀ 黄猄蚁外观精致、体态优美、颇具观赏性，且捕食团结，有许多饲养看点，所以渐渐成为中国宠物蚂蚁界的后起之秀。目前已经有很多中国的宠物蚁爱好者饲养黄猄蚁作为观赏宠物。

布氏游蚁 *Eciton burchelli*

布氏游蚁又叫“行军蚁”，是许多传奇故事中非常可怕的角色。相传它们数量庞大，所到之处寸草不生，就连一些大型哺乳动物甚至人类都会被它们瞬间啃个精光……这是真的吗？

大　小	成虫体长 7 ～ 25 毫米。
栖息环境	热带雨林
食　物	植物汁液和陆生节肢动物
分布地区	南美洲

辨认要诀 检阅队伍的布氏游蚁 >>>

布氏游蚁是上百种行军蚁的一个分支，主要生活在亚马孙热带雨林中。它们身体修长，体色主要为暗红色，头部为米黄或黑色。它们那发达的大颚是其可靠的工具和武器。

▼布氏游蚁虽然具有较强的杀伤力，但远没有传言中描述的那样恐怖。实际上，能被布氏游蚁杀死的大型动物基本已经丧失了逃生能力，毕竟布氏游蚁的行军速度并不快。至于“把人啃成白骨”的故事则纯粹是谣言，并不可信。

团结力量大

如果非要让所有蚁类在捕食能力上分个高下的话，布氏游蚁的个体战斗力并不出众，但它们的数量远超其他同族，任意一个布氏游蚁团体的成员数量都在百万只以上。这是一个让人感到震撼的数字。百万只布氏游蚁群体捕食的能力可想而知。像蟋蟀、蚱蜢这些个体比布氏游蚁大上数倍的昆虫几乎无一例外成了它们的美餐。

居无定所

不管是在地下也好，树上也罢，绝大多数蚂蚁会为家族营造一个舒适的巢穴，但布氏游蚁不一样。它们每天都在不断赶路，从来不会长时间在一个地方停留，而是重复着“发现猎物—搬运猎物—吃掉—继续行军”的过程。

一物降一物

集群行动的布氏游蚁看似所向无敌，但其实也有不少天敌。像犰狳、穿山甲、食蚁兽、狂蚁以及部分以蚂蚁为食的鸟类等几乎都可以对布氏游蚁造成致命的伤害。

赶路“流浪”的布氏游蚁

天敌

火红蚁 *Solenopsis invicta*

20世纪初，一种原产于南美洲的蚂蚁因为检疫上的疏忽，流落到美国南部，并在那里安家。谁也未曾想到，这些毫不起眼的家伙后来居然给美国带来了非常严重的损失。它们就是恶名昭著的火红蚁。

大　小	成虫体长6～10毫米。
栖息环境	平原、田野
食　物	农作物、植物汁液、昆虫等
分布地区	中国、美国、巴西、阿根廷等国家

辨认要诀　火红蚁 >>>

火红蚁头部狭长，近似长方形；颚部发达，长有不明显的小齿；腹部较大，颜色较深。火红蚁对农作物会造成很大的损害，所以被视为害虫。

农业破坏者

火红蚁是杂食性昆虫，食谱内容非常丰富，包含了许多农作物的根系、茎叶、果实以及种子，还有一些对农业有益的环节动物，比如蚯蚓。在火红蚁灾情比较严重的土地上，几乎已经看不到蚯蚓的身影了。火红蚁这种大肆取食的行为势必会对当地农业发展造成重创，让农民蒙受严重的经济损失。

在农田为害的火红蚁

偷渡客

火红蚁是原产于南美洲地区的昆虫。随着交通运输的日益便利以及全球化的影响，如今的火红蚁已经冲出南美，走向世界，越来越多的国家的土地上出现了这些“偷渡客”的身影。

它们有毒！

火红蚁在面对外来侵扰时往往会变得很具攻击性，因此经常有不走运的人被它们伤害。更糟糕的是：火红蚁在伤人的同时，会把大量酸性毒液注入伤者体内，让伤者感觉伤口有一种烧灼般的疼痛，伤口出现仿佛被灼伤一般的水泡，甚至使伤者因为过敏而休克乃至死亡。由此可见，火红蚁不仅给人们带来了经济财产方面的损害，还直接威胁了人们的生命安全。

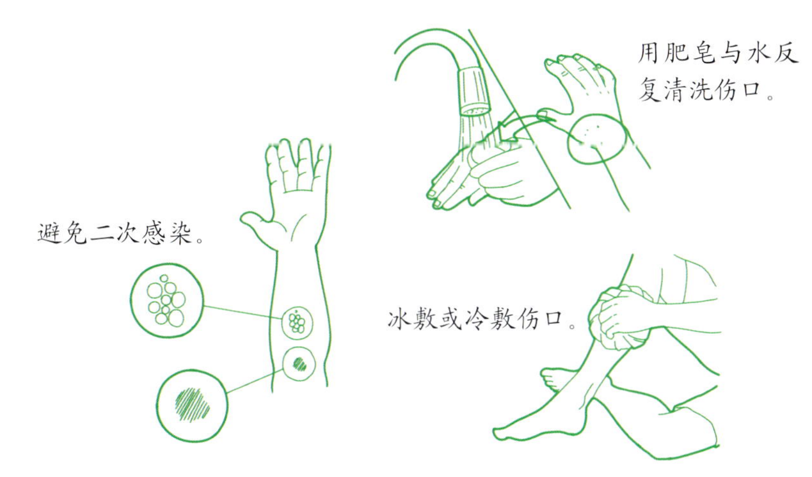

▲ 一旦被火红蚁咬伤，切记要立即用肥皂与水反复清洗伤口，避免二次感染，同时抬高伤处，采取冰敷或冷敷的处理方式。如果被叮咬后出现不良反应，应该马上就医，不得拖延。

小黄家蚁 *Monomorium pharaonis*

小黄家蚁是世界上最难对付的家庭害虫之一。它们虽然起源于埃及，并且有一个名字叫“法老蚁”，但和古埃及的统治者——法老并没有什么关系。

大　　小	成虫体长约 2 毫米。
栖息环境	室内
食　　物	人类的食物、生活用品以及其他昆虫
分布地区	世界各地

辨认要诀　放大后的小黄家蚁 >>>

小黄家蚁就是我们平时生活里见到的小黄蚂蚁。它们主要生活在室内，体形比室外蚂蚁小很多，身体呈浅黄色或黄褐色。作为一种家居害虫，它们对人们的危害不亚于蟑螂。

潜伏者

小黄家蚁从来不筑巢，而是仗着自己体形娇小，经常出没在室内的一些凹陷处，比如墙壁裂纹、地板缝隙等位置。它们把这些地方当成简单的容身之所，潜伏在人们身边。小黄家蚁选择的藏身之地往往距离食物存放地点很近，厨房更是它们的首选之地。一旦出现掉落的食物，这些“潜伏者”就会成群结队地出现。

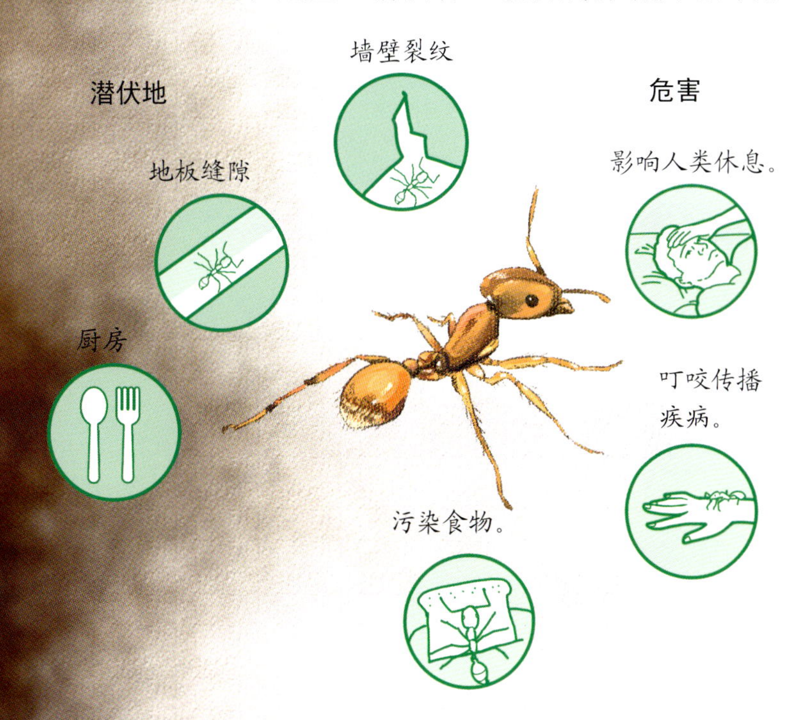

带来的危害

活跃在室内的小黄家蚁对人们生活的影响是方方面面的。比如：当人们休息时，小黄家蚁突然爬到人们身体上，不仅会影响睡眠，让人烦不胜烦，还可能叮咬人们的身体，传播疾病；另外，小黄家蚁每天爬上爬下，身上不知沾染了多少病菌，很容易污染人们的食物。免疫力低下的幼儿或者重病患者在面对小黄家蚁携带的各种病菌时很容易吃大亏。

城市杀手

小黄家蚁从最初仅生活在北非到现在遍及世界各地只用了短短 200 多年的时间。如今的它们广泛分布于世界各大中城市，寄宿在家庭、仓库、医院等地点，给人们的生活带来了各种各样的麻烦甚至威胁，是响当当的“城市杀手”。

◀ 如今，怎样防治小黄家蚁已经成为许多专家钻研的一项重要课题。人们想出了许多消灭小黄家蚁的办法，但这些办法不是治标不治本，就是副作用太大，很难有两全其美的。

体虱 *Pediculus humanus corporis*

体虱是我们日常生活里提到的虱子的一种，只寄生在人体上。因为平时会在衣服的缝隙里躲藏起来，所以体虱也被称为“衣虱”。

辨认要诀 寄生在人身上的体虱 >>>

在寄生于人体的3种虱子中(体虱、头虱、阴虱)，体虱的体形算是最大的。它们的体色为灰白色或深褐色，头部很小，复眼有暗色的色素。它们没有翅膀，6只足的大小、形状都很相似。

大小	成虫体长2～5毫米。
栖息环境	人体、衣物
食物	人的血液
分布地区	世界各地

它们是祸害！

体虱的体形很小，人们即便被它们咬了，一开始也不会感到疼痛，甚至身上连伤口也没有。之后不久，人们就会感到瘙痒难耐、浑身难受。更可怕的是：这些体虱往往携带着多种病菌，到处传播疾病，使人们患上麻烦的传染病。

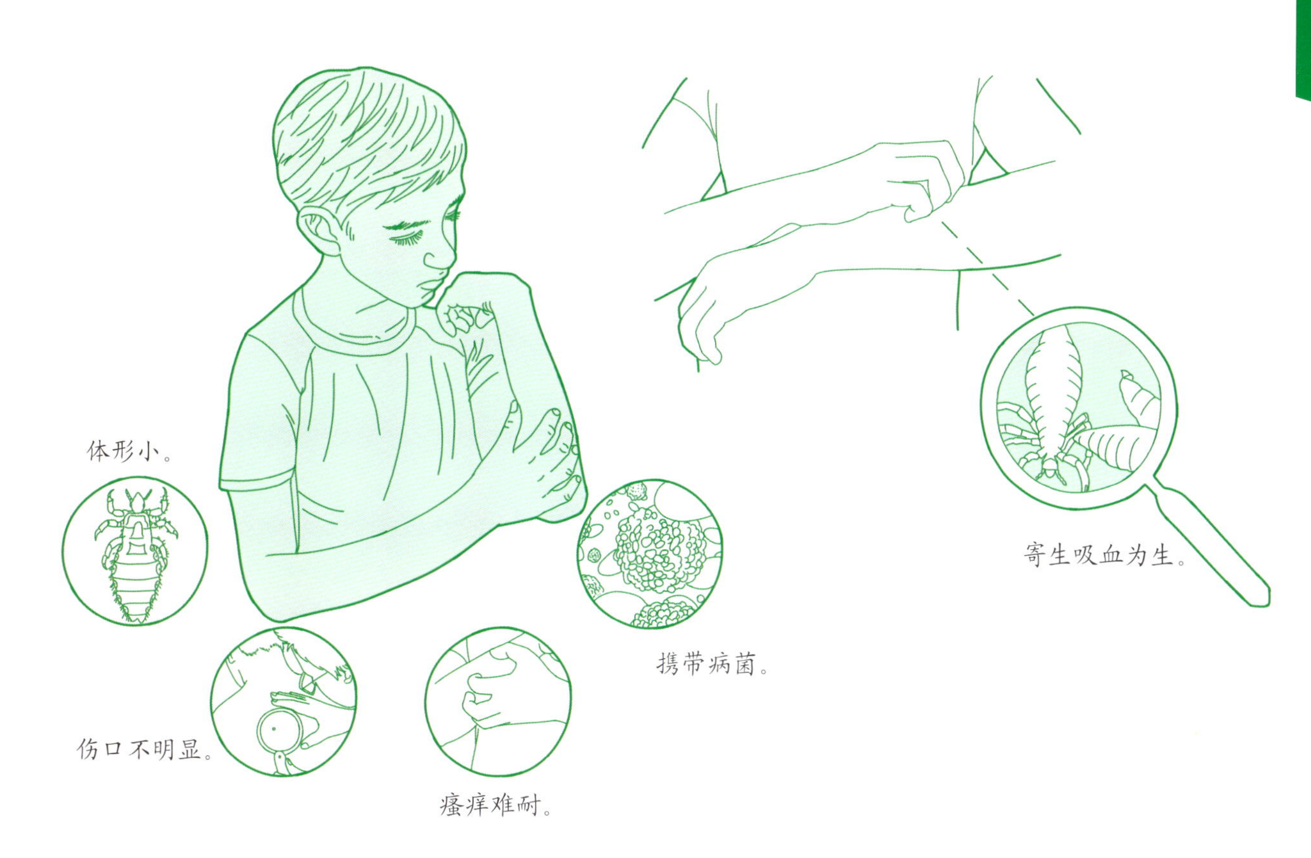
体形小。
伤口不明显。
瘙痒难耐。
携带病菌。
寄生吸血为生。

追根溯源

昆虫学家推测，包括体虱在内的寄生虱类的祖先最早很可能生活在早期哺乳类与鸟类的巢穴中，以羽毛或表皮碎屑为食。当时的体虱很可能有翅膀，但随着时间的推移渐渐消失了，大概是因为有翅膀的话住在巢穴里活动不便。

◀ 进入现代文明以来，体虱已经很少见了。它们处于一个十分危险的境地，甚至濒临灭绝。不过，最近在一些人群密集的地方，体虱又开始频繁出现。看来，它们已经适应了新环境，重新变得活跃起来。

不寄生就会死

体虱终生生活在人们的身体表面。起码到目前为止，还没发现有能脱离人体独自生活的体虱存在。那究竟是什么原因让体虱离开人体就活不了呢？很简单，这取决于它们的身体构造。体虱一没有翅膀，不能飞行，二没有健壮的肢体，不能跳跃，所以只能寄生在人体上，靠吸血度日。一般来讲，体虱只会有一个宿主，但当两个宿主进行亲密接触的时候，体虱是可以转移到另一个宿主身上的。

啮卷书虱 *Liposcelis bostrychophila*

虱子的种类很多：有的寄生在人和动物的皮肤、毛发上，以血液和表皮碎屑为食，被称为“寄生虱”；有的则生活在书本、粮食、植物以及家具上，叫作“书虱”。啮卷书虱是书虱中最为常见的品种之一。

大　小	成虫体长约1毫米。
栖息环境	粮仓、家庭
食　物	粮食、木头等
分布地区	亚洲、欧洲、美洲

辨认要诀　放大后的啮卷书虱 >>>

啮卷书虱没有翅膀，身体一般呈褐色或深褐色，体形非常小，大约为1毫米。它们是世界上公认的十分难对付的仓储害虫之一。

环境影响生活

生活环境的变化会给嗜卷书虱带来很大影响。当所处环境的温度、湿度逐渐升高时，嗜卷书虱出现的可能性以及成长速度也会大幅度提高；当所处环境的温度和湿度一直维持在一个较低的水准时，嗜卷书虱的生长活动会受到明显的抑制，出现的可能性会大大降低，或者延迟出现。

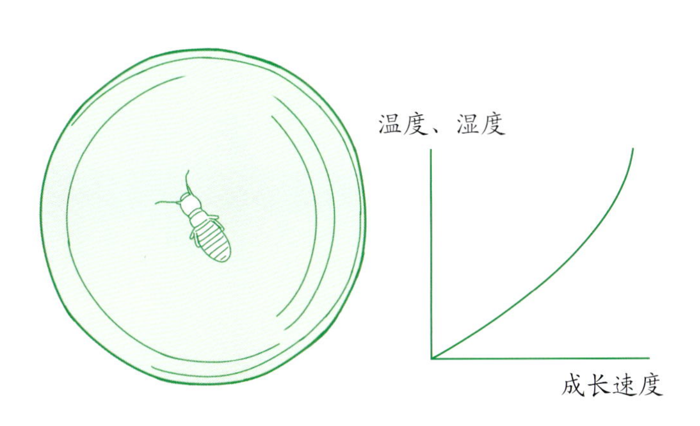

强大的生存能力

嗜卷书虱的食性很杂，大多数有机质和霉菌在它们的取食范围内。这在一定程度上保证了嗜卷书虱不会被食物问题困扰。不过，就算饿肚子也没关系。昆虫学家研究后发现，嗜卷书虱拥有很强的耐饥饿能力，即便 20 天不吃饭也不会饿死。目前，嗜卷书虱在饥饿状态下生存的最长纪录是 27 天。

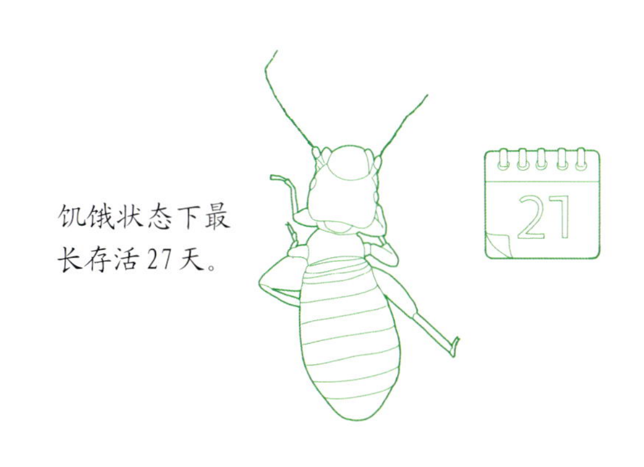

带来的危害

集群生长在粮仓中的嗜卷书虱以储粮为食，使大量粮食被损害，而且它们的排泄物与尸体很可能带有病菌，会威胁粮食的卫生安全。生活在家庭中的嗜卷书虱会对木料地板以及其他木制家具造成破坏。由于繁殖快、生存能力强、环境要求低等特点，嗜卷书虱被公认为分布最广泛、危害最严重的书虱之一。

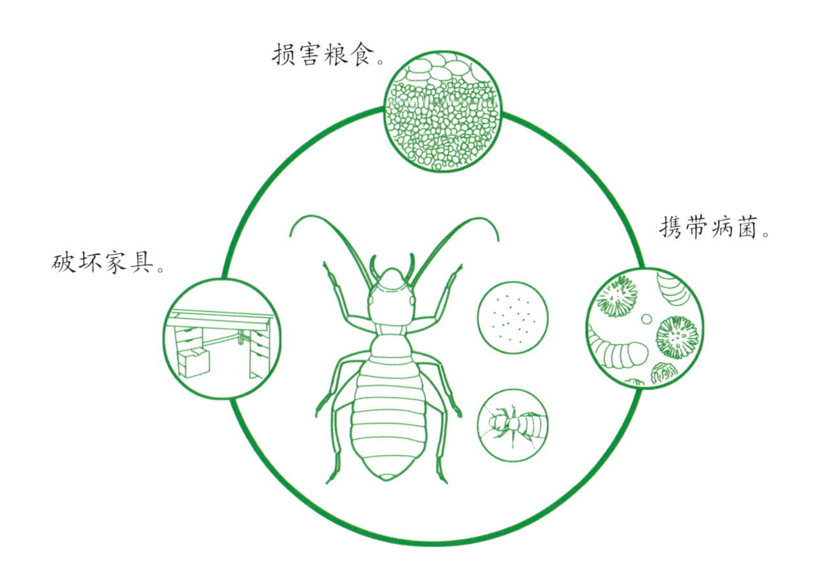

▲ 所谓孤雌生殖，也叫“单性生殖”，指的是在繁衍后代方面完全由雌性一方负责，没有任何雄性参与的生殖行为。长久以来，嗜卷书虱都被认为是孤雌生殖的昆虫。不过，在 2002 年，嗜卷书虱雄性标本的发现让这种观点产生了动摇。

跳蚤 *Pulicidae*

跳蚤是我们非常熟悉的一种高度特化的昆虫。它们没有翅膀，行动全靠强健有力的后肢蹦跳。跳蚤会爬到热血的哺乳动物身上，以鲜血为食，是专门给人类和动物带来麻烦的害虫。

大　小	成虫体长 2～4 毫米。
栖息环境	人体和动物身上
食　物	血液
分布地区	广泛分布于世界各地。

▲在中世纪的欧洲，黑死病（鼠疫）横行一时，造成无数人死亡，整个欧洲十室九空，社会萧条惨淡。追根溯源，虽然这种可怕的疾病来自老鼠，但跳蚤显然也参与了疾病的传播过程，起到了推波助澜的作用。

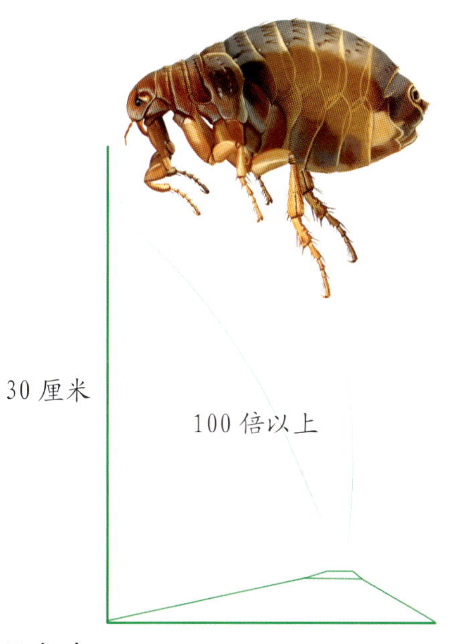

吸血虫

跟大多数蝇类不一样，不管是雌性还是雄性的跳蚤，都以吸食血液为生。饥饿的跳蚤蹦到宿主身上时，会先找到一处方便下口的地方，然后低下头，拱起后背，把尖锐的口器刺入宿主的皮肤，缓缓吸食血液。因为跳蚤的动作很轻微，它们吸血时，人们一般感觉不到疼痛，除非跳蚤不小心触及皮下神经末梢。

跳高能手

跳蚤既没有翅膀，足部结构也不适合爬行，但它们壮实的后肢为其提供了一种新的移动方式——跳。跳蚤的跳跃能力非常惊人，一只 2 毫米大小的跳蚤就能从平地跃至 30 厘米高的地方。这足以说明，跳蚤是昆虫界的跳高能手。

罪恶的跳蚤

被跳蚤叮咬到的部位远比被蚊子叮到的更疼更痒，让人痛苦万分。假如我们一直去挠被咬的部位止痒，很容易让其破皮、感染。不仅如此，跳蚤本身还携带着大量可怕的病菌，在吸食血液的过程中容易把疾病传播开来，造成十分严重的后果。

辨认要诀　跳蚤 >>>

跳蚤身体侧扁，看起来就像是被踩扁的一样。头部很小，长有尖锐的口器，能轻易刺穿人或动物的皮肤。它们的后肢非常粗壮，能轻松地进行跳跃，而且能跳到比自己身体高很多倍的地方。

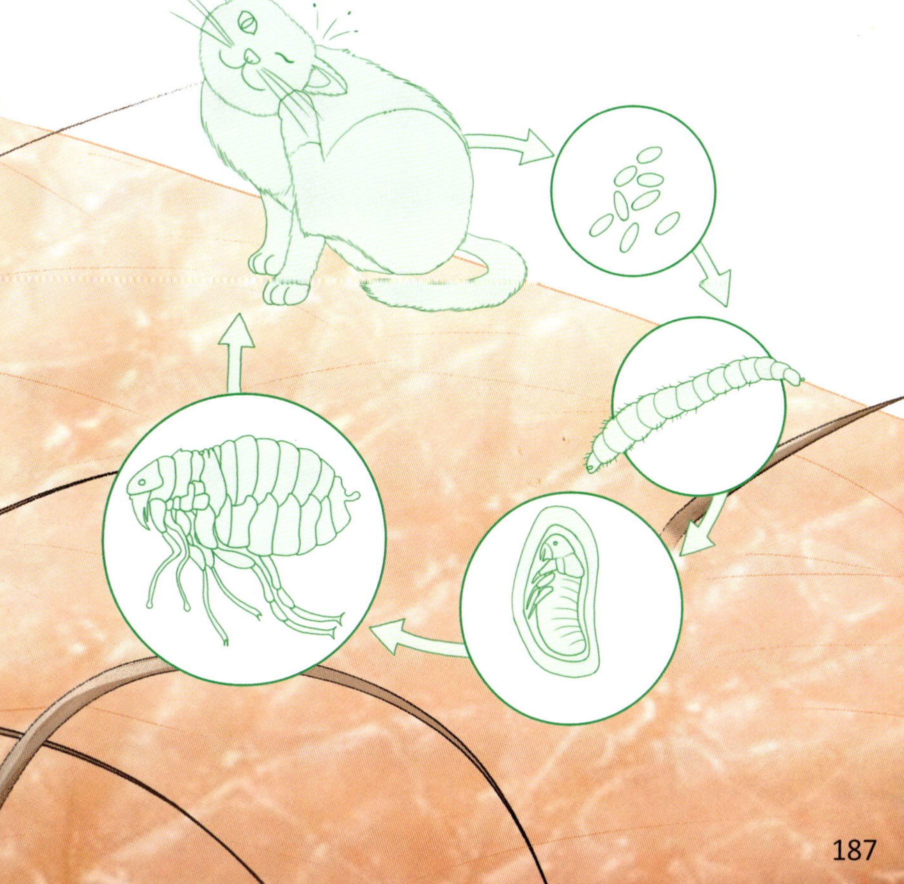

德国小蠊 *Blattella germanica*

所谓蜚蠊，指的就是我们常说的蟑螂。德国小蠊作为蟑螂家族中分布最广泛、最难治理的家居卫生害虫之一，除了影响人们的正常生活、造成经济损失，更糟糕的是还会传播大量疾病，威胁我们的身体健康。

大　小	成虫体长 10 ～ 15 毫米。
栖息环境	室内
食　物	食物碎屑、纸张、肥皂等
分布地区	广泛分布于世界各地。

辨认要诀　德国小蠊 >>>

德国小蠊的身体呈淡黄褐色，前胸部位长有两道黑色条纹，头部很小，两条像丝线一样又细又长的触角从头顶伸出，表面具有很多分节。德国小蠊的足部较为纤细，长有许多细刺和绒毛。

▲ 蟑螂这种昆虫出现的时间远比人类出现的时间早得多，甚至比恐龙生活的时代还要遥远。它们是世界上最古老的昆虫之一。从古生物学家发现的化石来看，亿万年来，蟑螂的外观并没发生多少改变。

无头蟑螂异闻录

一般来讲，任何生物只要被砍掉头就会死亡。但是，德国小蠊不一样。它们有着超乎想象的生命力，即使被砍掉头，也不会立即死去，而是像神话中的“无头骑士杜拉罕”一样继续存活，直到无法进食被饿死。德国小蠊究竟是怎样做到没有头也能活下去的呢？原来，德国小蠊是冷血动物，就算头没了，伤口也会快速愈合，避免失血过多死亡。而且，它们是依靠身体上的气门直接呼吸空气的，不存在缺氧的问题。据调查，没有头的德国小蠊能够继续存活一周甚至更久。

头掉了的蟑螂仍然能存活一周甚至更久。

再强也有天敌

德国小蠊虽然拥有堪称恐怖的生命力，但是在面对蜘蛛、蝎子、蜈蚣、蟾蜍、蜥蜴等天敌时，远远不是它们的对手。如果遇到成群结队的蚂蚁，德国小蠊更是有死无生。

恐怖的繁殖力

德国小蠊虽然是所有室内蟑螂中体形最小的，却有着异常可怕的繁殖速度。根据昆虫学家统计的数据，如果一只雌性蟑螂能够正常存活一年，那么它所能繁衍出的后代将达到100多万只！

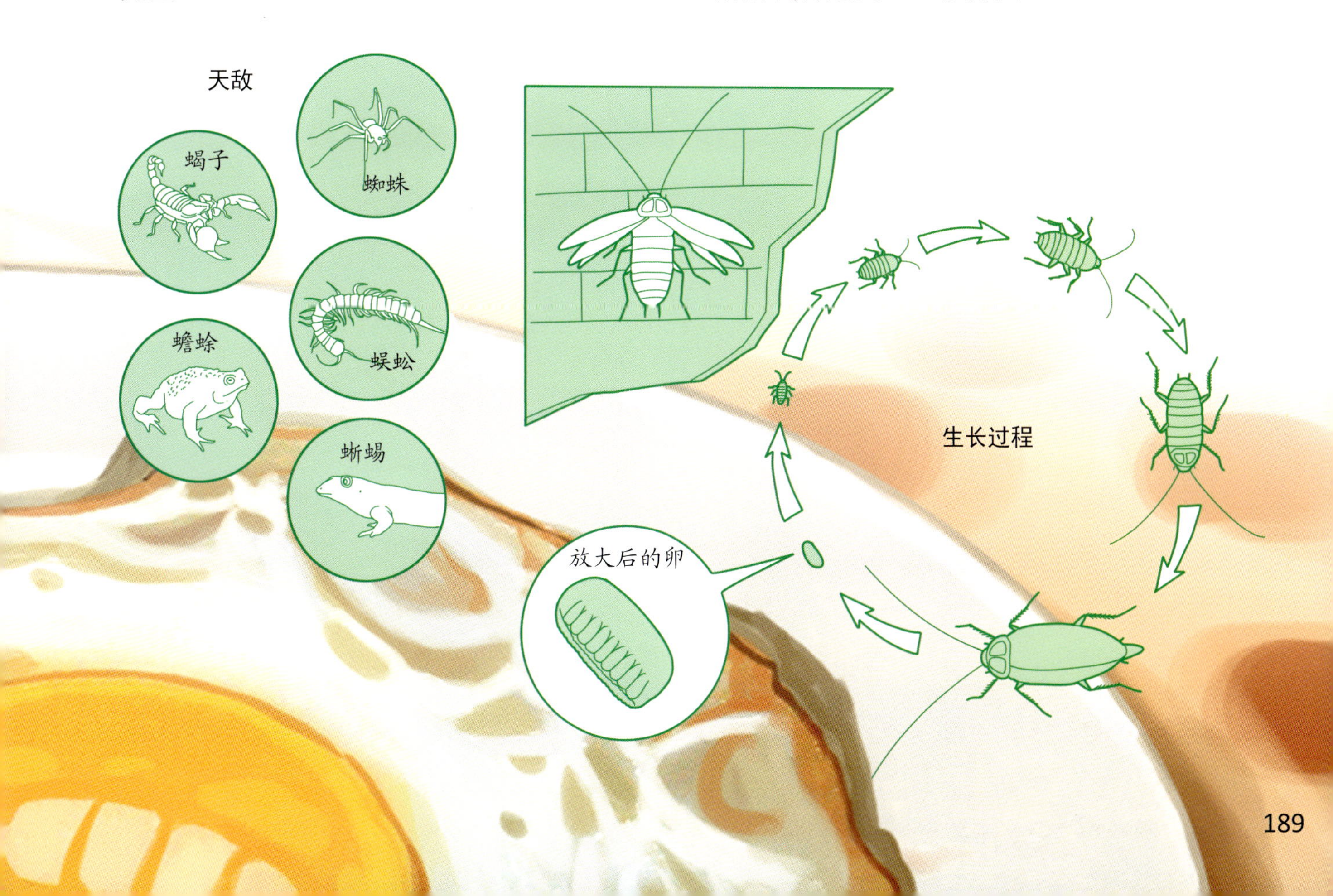

达尔文澳白蚁 *Mastotermes darwiniensis*

达尔文澳白蚁是生活在澳大利亚的一种昆虫，被人们称为“最原始白蚁”。和其他大多数吃素的同胞不同，达尔文澳白蚁的食谱较为丰富，饮食结构非常复杂，和蜚蠊很相似。

辨认要诀 达尔文澳白蚁 >>>

达尔文澳白蚁身体软而小、长而圆，体色多为白色、淡黄色。头部能够自由活动，脑袋顶端的触角十分有特点。如果放大来看的话，会发现它们的触角很像两串念珠。

等翅目之死

最开始，白蚁在昆虫学分类上被单独列举出来，称为“等翅目”。随着时间的推移，昆虫学家渐渐发现，白蚁和蜚蠊，也就是我们常说的蟑螂，具有非常多的共同点以及相近的亲缘关系。于是，在2007年，等翅目被撤销，白蚁家族正式被归类到蜚蠊目下。

进击的达尔文澳白蚁

白蚁不是“蚁”

虽然达尔文澳白蚁的名字里带有一个“蚁”字，但实际上它们和蚂蚁不一样，并不是所谓的“白色蚂蚁”。如果仔细观察就会发现，达尔文澳白蚁的外观和蚂蚁有着很大的差别。它们只是恰巧有和蚂蚁相似的社会结构（蚁后、工蚁、兵蚁），才被冠上了“蚁”之名。达尔文澳白蚁和传统蟑螂的亲缘关系更近，它们属于“蟑螂家族”的一员。

地下宫殿

达尔文澳白蚁会把巢穴建在距离地表很近的地方，一般不超过40厘米。但是，不要以为它们的住所很简陋。正相反，达尔文澳白蚁的巢穴是一个非常浩大的工程。如果在一个广阔的栖息地内，这些家伙甚至能够建造一座足以容纳百万个体的广阔“地宫”。达尔文澳白蚁建在地下的巢穴很分散，彼此之间由纵横交错的通道连接。这个通道系统密密麻麻，非常复杂。为了安全起见，它们还会把通向外界的通道建得相当长，能达到100米，甚至更长。

达尔文澳白蚁的“地下宫殿”

大　　小	成虫体长15～20毫米。
栖息环境	森林、田野
食　　物	木材、植物、同类尸体等
分布地区	澳大利亚

▼达尔文澳白蚁不仅是澳大利亚最具破坏性的白蚁物种，还是当地破坏力最强的昆虫之一。一座建筑如果位于偏远地区，无人照料，那么不出3年必定会毁于它们的行动。

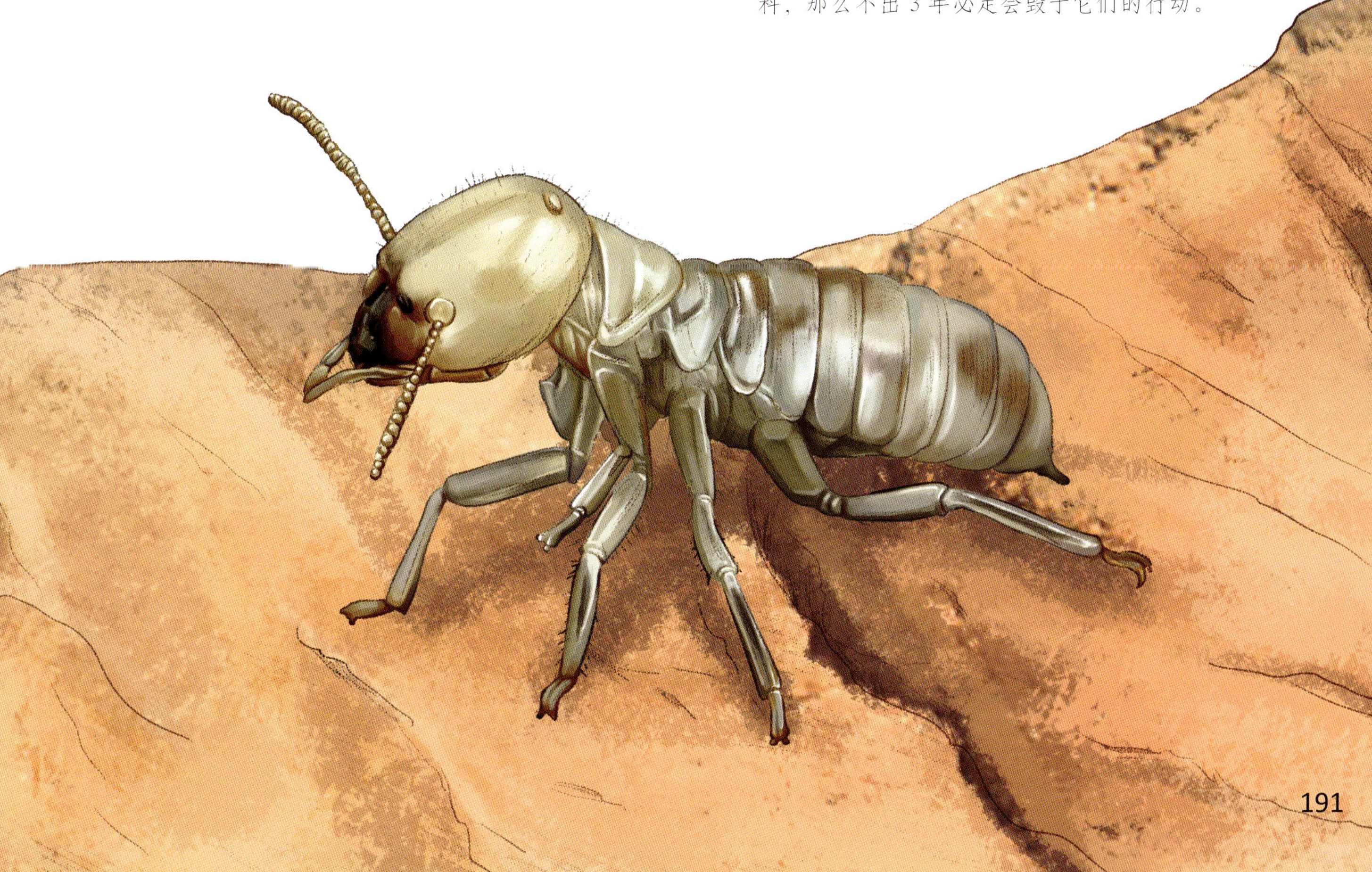

非洲大白蚁 *Macrotermes bellicosus*

在广阔的非洲草原上，人们经常能看到许多由泥土构筑的“高塔”。这些奇特的建筑物并不是人类所为，而是一群不起眼的白蚁的手笔。这些蚁塔出自许多种类白蚁的努力，其中就包括号称“最大白蚁”的非洲大白蚁。

辨认要诀　非洲大白蚁 >>>

非洲大白蚁的外观和它们的名字不同，一点儿也不“白”，其体色为赤褐色或黑褐色，身体表面长有稀疏的绒毛，头部可以自由活动，略大的体形使其在同类中鲜有敌手。

“质量过硬”的蚁塔

非洲大白蚁建造的蚁塔非常坚固，即便过去几百年，也能保持完好无缺的状态，比人类建造的房屋更加靠谱。这是为什么呢？原来，非洲大白蚁在修建这些蚁塔时，常常就地取材，直接从地下衔来黏土，掺杂上搜罗来的木屑以及碎草，然后加上自己的唾液或者其他分泌物，最后经过赤道地区太阳的炙烤，使得蚁塔变得像水泥一样坚硬且结实耐用。

大　小	成虫体长 4 ～ 110 毫米。
栖息环境	草原、荒野
食　物	木材、真菌等
分布地区	非洲

“通天塔”

矗立在地面上的奇特“蚁塔”建筑大小各不相同，与人身等高的蚁塔遍地都是，五六米高的巢穴也并不少见。这些建筑实际上是非洲大白蚁巢穴的地面部分。每一座蚁塔中基本都生活着近千万只白蚁。与非洲大白蚁最长不过10多厘米的体长比起来，这些蚁塔显得异常高大。如果按比例换算，那么蚁塔简直可以被称为“通天塔”。

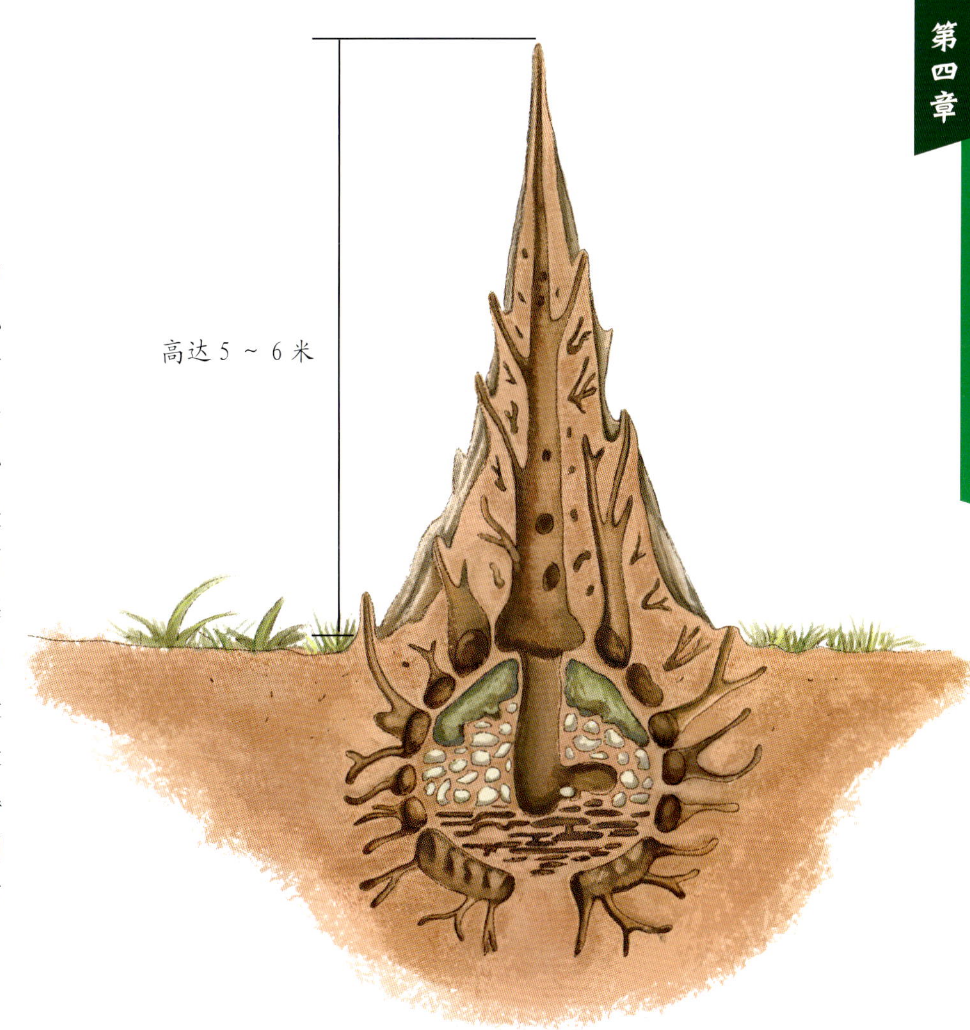

科学的设计

非洲大白蚁建造的蚁塔内部是中空的，布满了通风道，使空气能够顺利地在巢穴内流通，避免了高温以及氧气稀薄等问题的出现。非洲大白蚁还在蚁塔内部规划好了空间的使用，修建了孵化室、交配室、水道等各有用处的房间。不得不说，非洲大白蚁简直是天生的建筑大师。

▼虽然非洲大白蚁会严重破坏房屋建筑，给人们造成经济损失，但它们也有着重要的生态意义。比如：对于死亡植被，人类没有太好的处理方案，但非洲大白蚁可以把它们大量消耗掉，使其重新回归自然界的循环中。

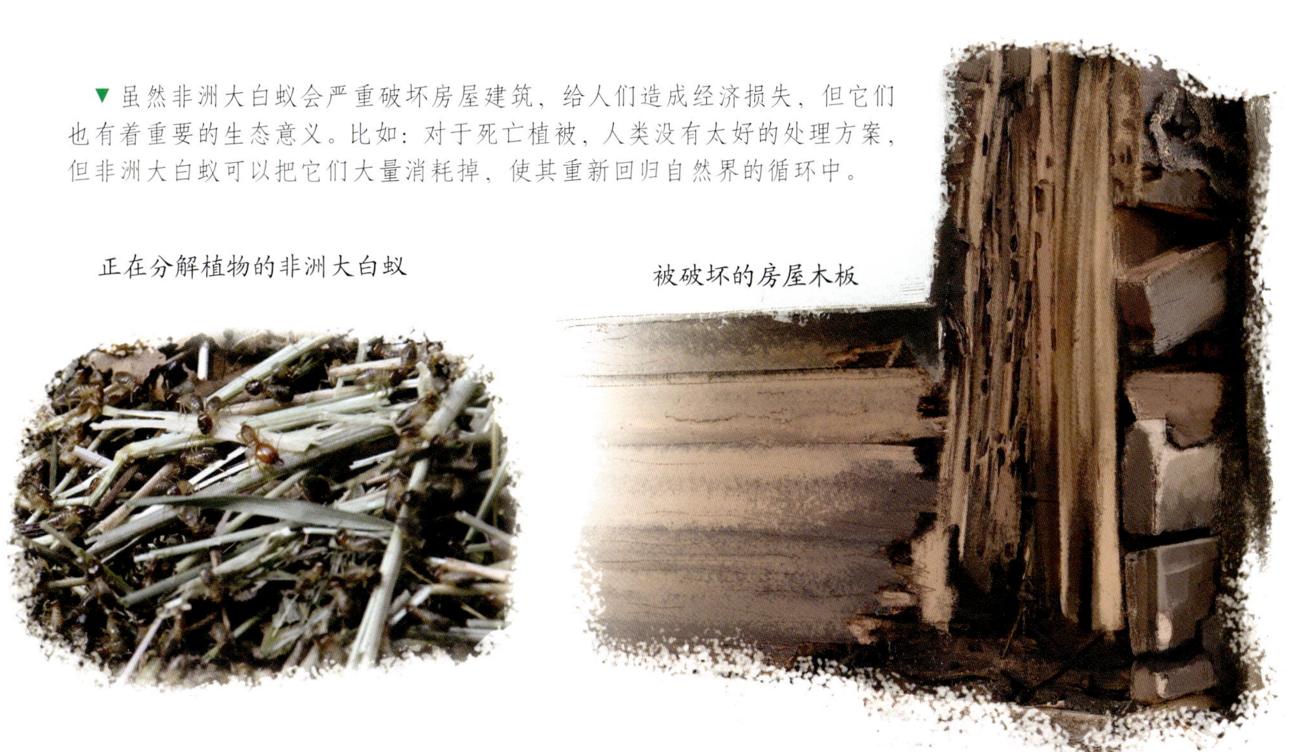

正在分解植物的非洲大白蚁

被破坏的房屋木板

白尾灰蜻 *Orthetrum albistylum*

白尾灰蜻是蜻蜓的一种，在中国很常见。它们是益虫，是许多害虫的天敌。苍蝇、蚊子之类的害虫如果被它们逮到，只有死路一条。

辨认要诀 雄性白尾灰蜻 >>>

白尾灰蜻长得和其他种类的蜻蜓并没有太大区别：它们脑袋小、眼睛大，细长的身体上长着两对很薄的翅膀。不过，性别不同的白尾灰蜻在外表上还是有区别的。上图是一只雄性白尾灰蜻。

大　小	成虫体长 34 ~ 40 毫米。
栖息环境	水田、水库等静水附近
食　物	蚊子、苍蝇等小型昆虫
分布地区	国内分布较广。

直升机飞行特点

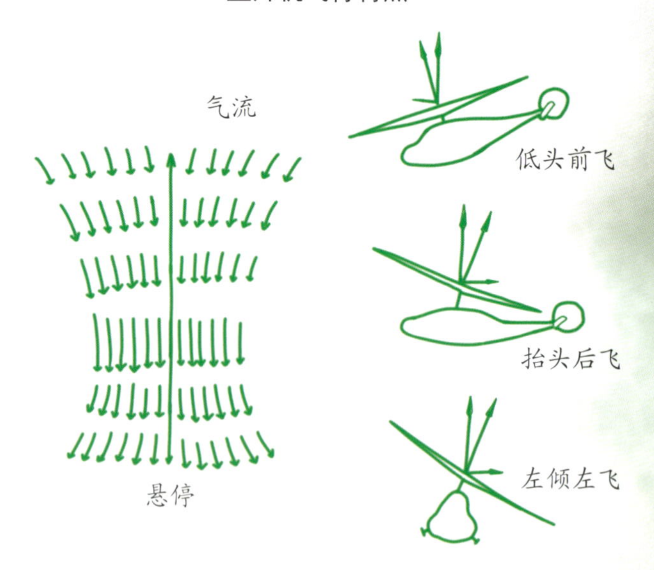

发达的复眼

白尾灰蜻长有一对大得出奇的复眼。可别小瞧这对复眼，里面可是长了 2 万多只小眼睛呢！正是因为这么多小眼睛的帮助，白尾灰蜻才能不用转头就看到四面八方的环境，从而得出合理的应对策略。白尾灰蜻是世界上眼睛最多的昆虫之一。

飞行之王

白尾灰蜻有着在昆虫界堪称顶尖的飞行能力：飞行速度很快，时速能达到几十千米，而且持续性强，即便连续飞上数十千米也不会感到疲累，不需要着落休息。另外，白尾灰蜻还能像直升机一样在半空中悬停，并且做出各种高难度动作，一会儿横着飞，一会儿竖着飞，甚至可以滑翔，就像表演空中杂技一样。

“米蜻蜓”与“麦蜻蜓”

虽然同为白尾灰蜻，但雄性和雌性在外表上有着较为明显的差异：雄性白尾灰蜻的胸部和腹部一般呈白色或灰色，腹部末端为黑色；雌性身上黑色的部分包括整个腹部，上面长有黄褐色或者红色的纹路。就这样，人们为了加以区分，把前者称为“米蜻蜓”，把后者叫作“麦蜻蜓”。

▲很多人见过蜻蜓点水，那么它们是在做什么？其实，别看蜻蜓整天在空中飞行，它们小时候却是生活在水里的。蜻蜓用尾巴点水的动作是向水中排卵。

巨圆臀大蜓 *Anotogaster sieboldii*

对于巨圆臀大蜓，即无霸勾蜓，也许很多人并不熟悉，以为它们在蜻蜓家族中只是不起眼的“小人物”。实际上，它们不仅是中国最大的蜻蜓，也是世界上体形最大的蜻蜓之一，品种十分珍稀。

辨认要诀 巨圆臀大蜓 >>>

巨圆臀大蜓属于蜻蜓目大蜓科的一种。该科昆虫向来以体形巨大著称，巨圆臀大蜓更是其中的佼佼者。它们的体色以黑色为主，体表有黄色斑纹环绕，合胸黑色，表面长有淡黄色细毛，翅膀透明，翅痣为黑色，一对大大的复眼呈青绿色。

大　小	成虫体长 80 ~ 100 毫米。
栖息环境	水边、山林
食　物	蝉、蝴蝶等大中型昆虫
分布地区	中国、日本等国家

▶ 巨圆臀大蜓有一个特技，那就是在半空中飞行时迅速捕食同样会飞行的猎物。它们一旦用上颚和足抓获猎物，就会立刻停在不远处的树枝上，然后尽情享用美味。

蝉类

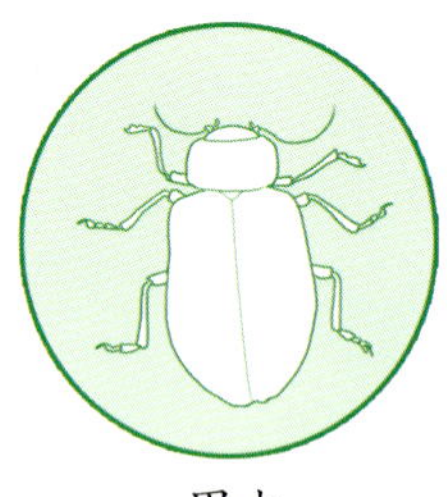

甲虫

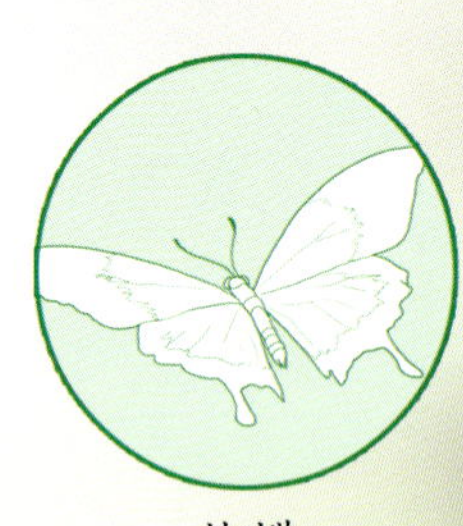

蝴蝶

小型蛙类

凶残的捕食者

在我们的印象里，虽然蜻蜓是一种捕食性昆虫，但其主要的捕杀对象还是一些蚊、蝇之类的小型昆虫。巨圆臀大蜓则不然。它们体形大，性格凶。在它们的食谱里，出现频率最高的往往是蝉类、甲虫、蝴蝶之类的大中型昆虫。有时，饥饿的巨圆臀大蜓甚至会捕食一些小型蛙类。这样看来，它们简直是昆虫界横行一方的“霸主”。

再凶也有天敌

虽然巨圆臀大蜓在蜻蜓家族里堪称“巨无霸”，捕猎时的表现也十分突出，但这并不意味着它们没有天敌。像大刀螳螂、金环胡蜂、蜘蛛、成年蛙类等都会对巨圆臀大蜓的生命造成威胁。除了以上动物，人类很可能是它们最大的威胁。

口器之威

巨圆臀大蜓的口器非常厉害。我们如果不做任何防护措施，贸然徒手捕捉它们，就很容易遇到激烈反抗，并被它们锋利的口器咬伤。

黑色蟌 *Atrocalopteryx atrata*

在昆虫学的分类上，蜻蜓和蟌都属于蜻蜓目的成员。因此，黑色蟌和蜻蜓外观十分相似。

大　　小	成虫体长 45 ～ 51 毫米。
栖息环境	田野、草地、水域
食　　物	蚊子、苍蝇等小型昆虫
分布地区	国内分布较广。

辨认要诀　漆黑的黑色蟌 >>>

黑色蟌和蜻蜓一样都是小脑袋、大眼睛、细长的身子；前后翅形态相似，基部狭窄，休息时翅膀呈直立的状态。黑色蟌的翅膀是黑色的，腹部背面呈绿色，有金属光泽。

为领土而战

我们有时会看到两只黑色蟌一前一后地飞来飞去，相互追逐，好像在做游戏的样子，但那只是错觉，真相是它们在互相驱赶。为什么会这样呢？原来，雄性黑色蟌具有非常强的领地意识，只要一看到陌生的雄性黑色蟌入侵自己的领土，就会立刻扑上去呼扇着翅膀驱赶对方。当然，这种行为也会遭到对方的反击，最终彼此打作一团。

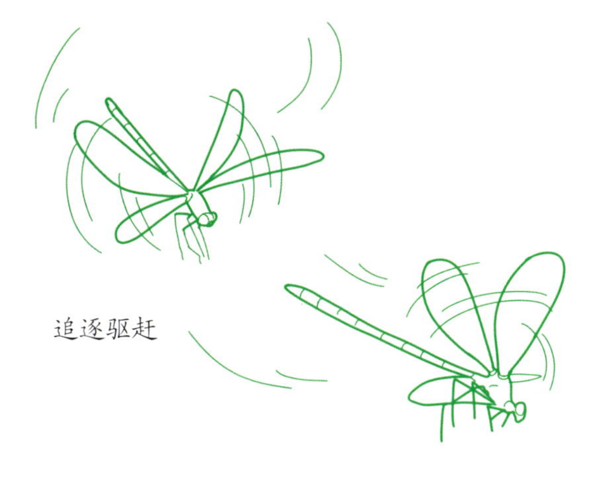

生活与成长

黑色蟌一般会选择在茂盛的水草丛中产下后代。幼年时期的黑色蟌生活在水中，以水里的浮游生物为食。此时的黑色蟌十分弱小，需要小心翼翼，时刻防备水蝽、水圣甲虫以及鱼类等天敌，甚至连同类也是它们的敌人。黑色蟌幼虫经历 10 ～ 15 次蜕皮后，就可以飞出水面，变为成虫。一般来讲，这个成长过程大约需要几个月。

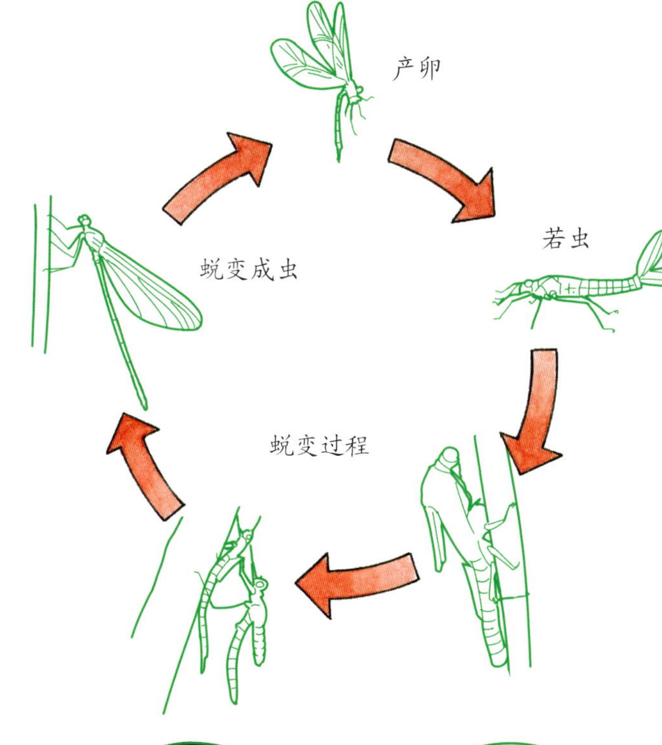

机会主义者

黑色蟌一般会选择生活在食物丰富、环境良好的地方。这不光是为了充足的食源，更是为了后代的健康着想。

▲环境的变化很容易影响敏感的黑色蟌。人类对森林乱砍滥伐，向水体大量排泄污染物，既污染了黑色蟌的生存环境，也破坏了它们的栖息地。这对黑色蟌来说是非常致命的灾难。

长叶异痣螅 *Ischnura elegans*

长叶异痣螅经常被不熟悉它们的人当成蜻蜓。其实，与蜻蜓比起来，长叶异痣螅的体形要纤细许多。而且，它们歇息时翅膀不会像蜻蜓那样伸平，而是在背部竖立起来。

大　小	成虫体长 27～35 毫米。
栖息环境	田野、草地、水域
食　物	蚊子、苍蝇等小型昆虫
分布地区	国内分布较广。

辨认要诀　雄性长叶异痣螅 >>>

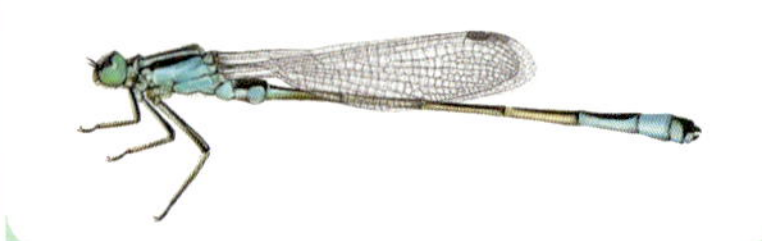

长叶异痣螅体形娇小纤细，体色主要为蓝、黑、绿等颜色，背板前部为黑色，且长有一对蓝绿色纵纹；翅膀纤长透明，顶端边缘长有灰黑色点，足部呈蓝色和黑色，腹部主要呈黑色。它们位于头部两侧的双眼较突出，彼此间的距离要比眼睛的宽度大。

体色多变的雌性

和雄性比起来，雌性长叶异痣螅体色的“花样”要多上许多。从幼虫起，雌虫的体色就有紫罗兰色、粉色以及淡白绿色等鲜嫩的明亮色系。随着“年龄”的增长，雌虫在发育渐趋成熟的同时，体色会一步步变得暗淡起来。成年后，它们的体色一般就会变成蓝色、绿色或者棕色。

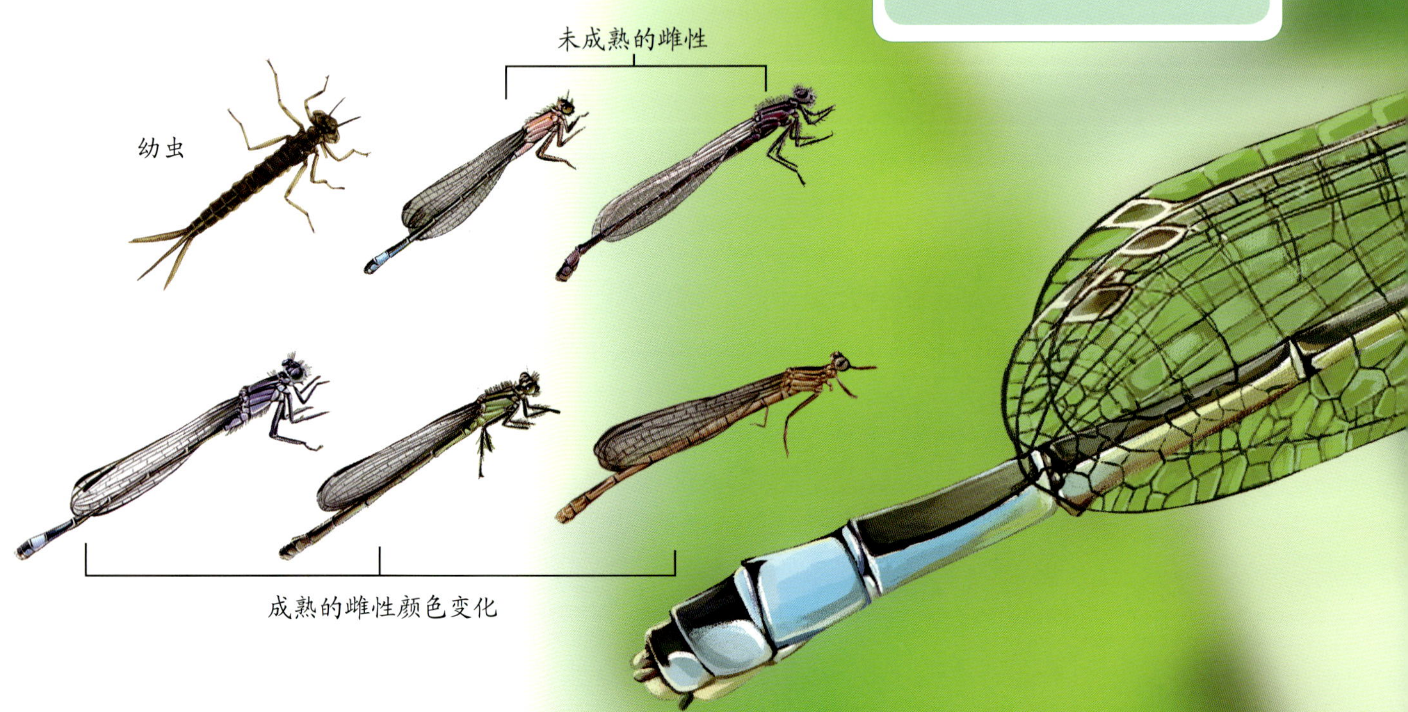

暴躁的雄性

许多雄性动物进入繁殖期后，性情会变得急躁、凶悍起来，雄性长叶异痣蟌就是这样。它们为了夺得交配权，往往会不择手段，甚至像强盗一样，随便抓住一只路过的雌虫就强行与其交配。

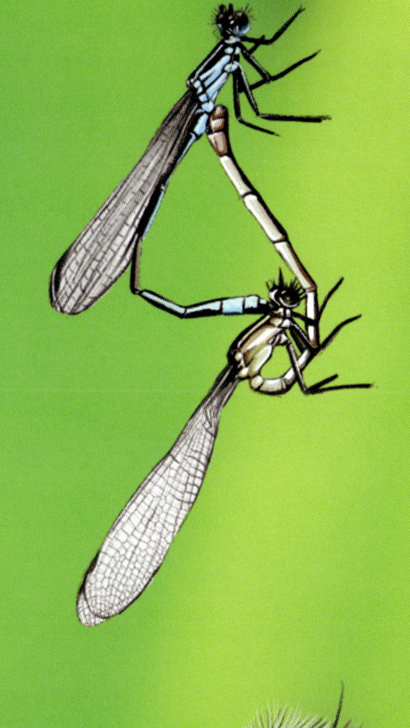

水质守望者

因为长叶异痣蟌的幼虫常年生活在水域里，对水体质量很敏感，所以一些昆虫学家认为长叶异痣蟌很可能具备“监测”水污染的潜力。

中国扁蜉 *Heptagenia chinensis*

很久以前，古人发现一种小虫子在水上飞行时就好像从水面漂过一样，于是给它们起了一个名字叫作“蜉蝣”。没错，它们就是在许多文学作品中用来感叹生命短暂的蜉蝣。中国扁蜉正是其中的一种。

真假“短命鬼”

很久以前，民间就流传着蜉蝣“朝生暮死”的说法。难道蜉蝣的生命真的那样短暂吗？其实，这个说法既对也不对。说它对，是因为成年后的扁蜉蝣的确生命很短，基本上真的是早上活着，晚上就死了；说它不对，是因为如果把扁蜉蝣成虫以前的时间算上，那么它们的寿命就十分可观了，算得上昆虫世界里的长寿者。

漫长的成长

和短暂的成虫阶段比起来，扁蜉蝣的幼年期很长。雌雄蜉蝣交配后，雌性蜉蝣会把卵产在水中，然后死去。这些卵经过半个月左右的时间陆续孵化出来。扁蜉蝣的幼虫往往会在水中生活 1 ～ 3 年，先后蜕皮 20 多次，身体才能慢慢长大，渐渐变成亚成虫，然后顺着水草爬出水面。不过，此时的扁蜉蝣想要彻底变为成虫还须再等待一天的时间。

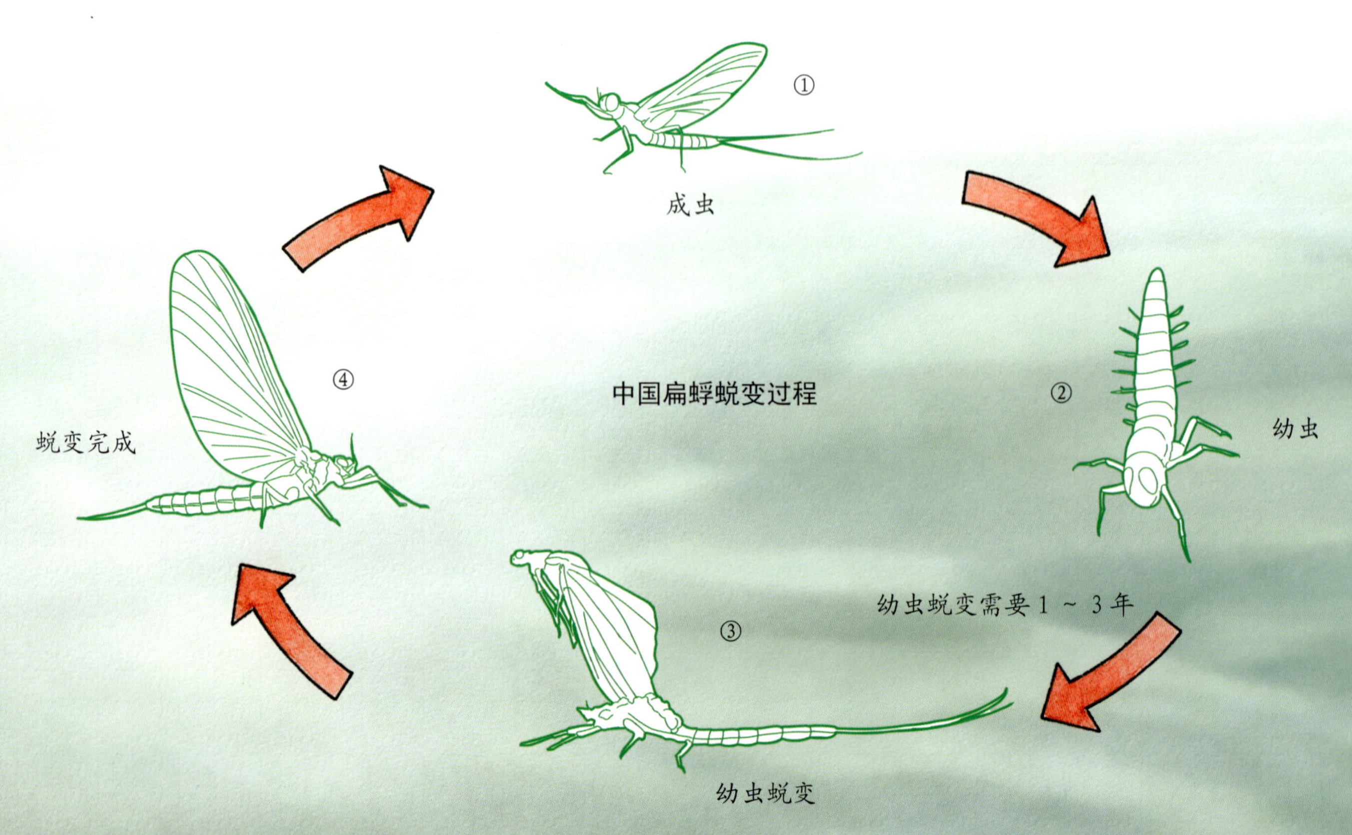

大　　小	成虫体长 12 ~ 14 毫米。
栖息环境	水边、草丛
食　　物	腐叶、水草、石蛾、石蝇等
分布地区	国内分布较广。

辨认要诀　中国扁蜉 >>>

扁蜉蝣通常成群结伴生活在水边或草丛中。它们身体修长，颜色暗淡，腹部细长柔软，末端长有两根很长的尾须。扁蜉蝣长着两对薄薄的翅膀，前翅发达，后翅很小。它们的翅膀和蟌的一样，不可以折叠，只能竖立在背部。

成年做什么？

成年后的扁蜉蝣口器退化，失去了进食、饮水的功能。它们会成片地飞到空中，选择配偶，进行交配，繁衍后代。这是扁蜉蝣成长后唯一的使命。

▲对于中国古代的文人墨客而言，蜉蝣这种“朝生暮死”的小昆虫是他们创作的绝佳题材。比如：苏轼就曾在《赤壁赋》中写下“寄蜉蝣于天地，渺沧海之一粟”的名句。

中华大刀螳螂 *Paratenodera sinensis* Saussure

中华大刀螳螂是中国常见的一种大型螳螂。它们是一种凶猛的肉食昆虫，专门捕食其他昆虫，堪称昆虫界的“开膛手”。不过，中华大刀螳螂所捕食的通常是一些害虫，所以它们是非常厉害的益虫。

辨认要诀　中华大刀螳螂 >>>

中华大刀螳螂体形较大，身体细长，看上去有些单薄；体色为绿色或暗褐色，前胸以及后翅部位带有少许紫色斑纹；头部呈倒三角形，复眼突出，触角细长，脖子可以自由转动。它们最大的特点就是已经特化成镰刀状的前足，那是强力的捕食工具。

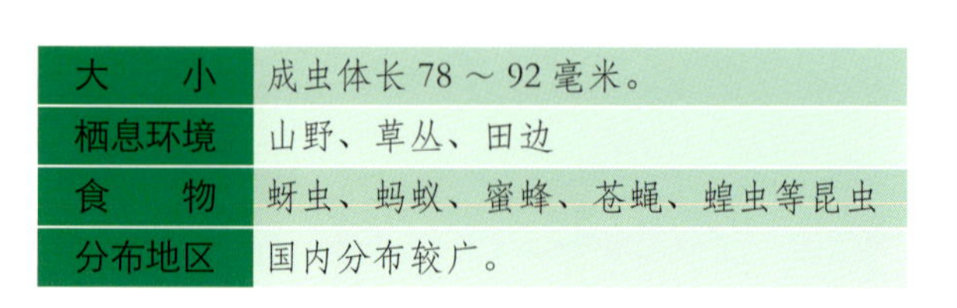

大　小	成虫体长 78 ~ 92 毫米。
栖息环境	山野、草丛、田边
食　物	蚜虫、蚂蚁、蜜蜂、苍蝇、蝗虫等昆虫
分布地区	国内分布较广。

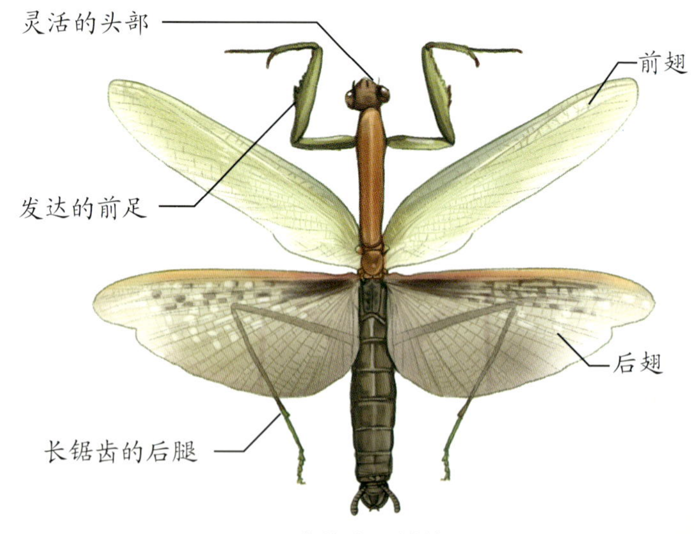

中华大刀螳螂

老练的猎手

中华大刀螳螂在捕食的时候是专业的猎手。它们经常潜伏在绿叶、草丛之间，在体色的掩护下静静等待猎物的到来。一旦对危险毫无所觉的猎物进入其目标范围时，中华大刀螳螂就会以迅雷不及掩耳之势猛地窜出来，用自己特化的前足——一对带有锯齿的大“镰刀”钳制住猎物，将其拉到自己近前，死死卡住其颈部，然后大快朵颐。

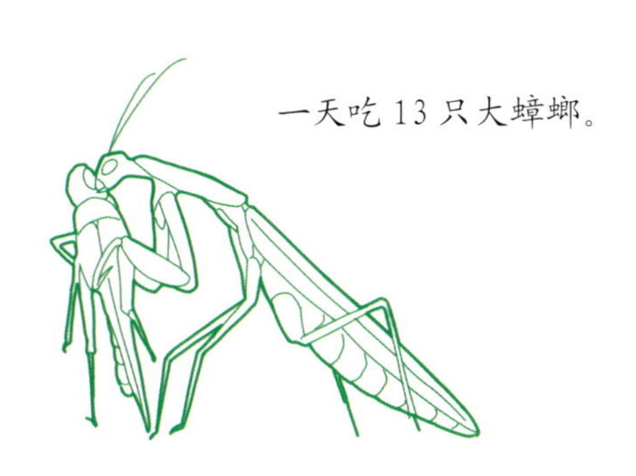
一天吃13只大蟑螂。

大胃王

中华大刀螳螂胃口非常好，一天所进食的食物重量远远超过其体重。昆虫学家发现，一只中华大刀螳螂一天能够吃掉13只大蟑螂。完全成熟的中华大刀螳螂甚至能吃下一只小青蛙！

悲惨的传统

一对雌雄中华大刀螳螂交配后，雌性往往会吃掉雄性。雌性螳螂为什么会这样做？原来，这是它们种族的传统行为。和雄性交配后，雌性需要及时补充营养，为腹中的孩子提供养料，所以只能吃掉近在咫尺的雄性。雌性中华大刀螳螂往往在产卵后不久就会死亡。

▶ 1992年6月，第19届国际昆虫学大会在北京召开。为了纪念这次盛会，中国发行了一套《昆虫》特种邮票。其中一枚邮票的形象就是中华大刀螳螂。

丽眼斑螳 *Creobroter gemmata*

跟同属于螳螂大家庭的一些同类比起来，丽眼斑螳的外观要显得“特立独行”许多。它们最大的特点就是鞘翅上生长的眼状斑纹，这也是丽眼斑螳名字的由来。

大　　小	成虫体长 30 ～ 50 毫米。
栖息环境	温暖湿润的林地等环境
食　　物	蛾、蝴蝶等昆虫
分布地区	国内分布广泛。

辨认要诀 丽眼斑螳 >>>

丽眼斑螳是国内十分常见的螳螂品种之一。它们体形纤细，体色多为黄绿色；前胸背板的边缘长有不明显的齿突；前翅长有眼状斑纹，多数种类后翅颜色艳丽。

眼斑的作用

丽眼斑螳的眼斑主要是为了应对天敌。一旦天敌出现，丽眼斑螳打又打不过，逃又逃不掉，只好利用背部的眼斑恐吓对方，让天敌不敢轻举妄动，甚至吓跑它们。不过，也有昆虫学家猜测，丽眼斑螳的眼斑的主要作用是让天敌转移目标，去捕食其身上不致命的部位。

眼斑还会转移？

在我们的印象里，丽眼斑螳的眼斑长在翅膀上。那么，当它们的翅膀还没有发育成熟的时候，眼斑在哪里呢？事实上，丽眼斑螳幼虫的眼斑长在它们向上翘的“屁股”上。当丽眼斑螳发育成熟、翅膀遮住“屁股”时，眼斑会自动“转移”到翅膀表面。怎么样，是不是很神奇？

爱干净的家伙

昆虫学家发现，丽眼斑螳在进食结束或者休憩时，都会用口器清洁足部。它们为什么这样做呢？原来，每次捕食完毕后，丽眼斑螳的足上都会有食物残留，如果不及时清理，就会引起真菌感染，对于它们而言是非常致命的。

▶ 有的雌性螳螂交配后会吃掉自己的配偶，目的是吸取营养、繁衍后代，但这只是雌虫饥饿过度后的情况。雌虫如果平时营养跟得上，也许就不会对配偶下口。

黑襀 *Capniidae*

襀翅目昆虫是一类古老的原始昆虫。根据发现的化石，早在恐龙出现以前，襀翅目昆虫就在地球上活动了。这一目的昆虫也被人们称为“石蝇”。当然，这只是一种称呼，并不意味着石蝇和苍蝇有亲缘关系。黑襀是襀翅目的一员。

辨认要诀 黑襀 >>>

黑襀身体纤细修长，体色为黑褐色；头部比前胸略宽，复眼发达，长有一对长丝状的触角；前胸背板大略呈长方形；腹部末端长着一对细长的尾须，尾须有许多节。它们休息时会把两对半透明的长翅膀叠在背后。

大　　小	成虫体长约 10 毫米。
栖息环境	水边、林区
食　　物	幼虫捕食水中的浮游生物，成虫以植物为食。
分布地区	主要分布在中国西藏、云南和四川高海拔山区。

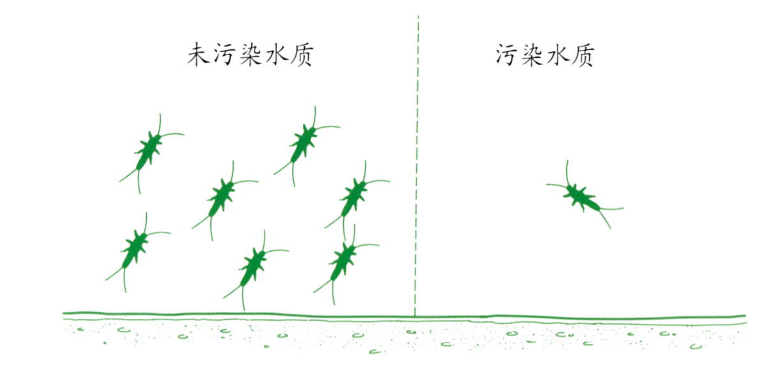

环境风向标

生活在流动溪水中的黑襀幼虫对水体环境的清洁程度非常敏感。如果水质干净透彻，黑襀幼虫的数量就会很多；一旦水体被污染，那么黑襀幼虫就不会在这里生活。正是因为这样的特性，黑襀成了小溪或河流水质的指示昆虫。

击拍传情

昆虫学家发现，雄性黑褚在繁殖期会有一种特别的表现：把身体贴在树木上，然后用腹部末端频繁敲击木头，发出奇怪的声响。原来，黑褚一族是依靠击打节拍表达感情的。每当繁殖期到来时，雄性黑褚就会用腹部末端敲击身下的附着物（不限于木头），发出特殊的信号，就像“摩尔斯电码”一样。附近的雌性接收到信号，就会前来与雄性约会。

寿命问题

刚从卵中孵化的黑褚一般生活在流动的溪水中，成长期较长，通常有 1 ～ 4 年的时间进行发育。黑褚成熟后会脱离水体，来到陆地上居住。此时，它们的生命只有数周时间。

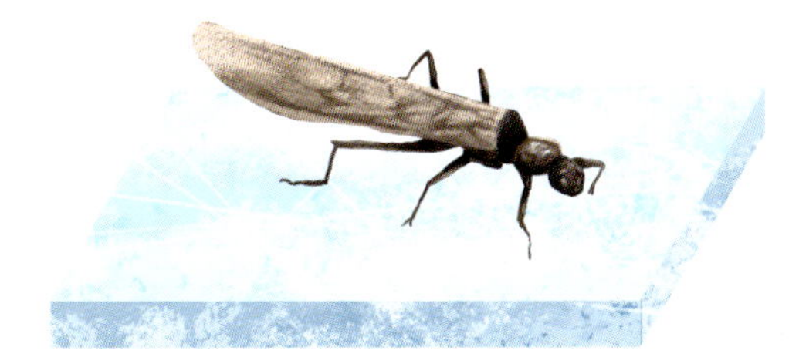

◀ 黑褚的活跃阶段通常是在冬季或早春，也就是 11 月到第二年 6 月的时候。黑褚幼虫喜欢生活在冰雪覆盖的溪水中，所以也被称为“冬石蝇”。

水黾 *Aquarius elongatus*

许多武侠小说中有关于轻功的描写，“水上漂”就是其中十分常见的一种轻功，指人踩着水面快速通过。当然，现实中人们是很难做到的。不过，号称“水面舞者”的水黾却可以做到。

辨认要诀　水面上的水黾 >>>

水黾身体修长纤细，十分轻盈，体色为黑褐色；两对细长的中、后脚十分敏捷，前脚虽然短小，却是有力的捕食工具。

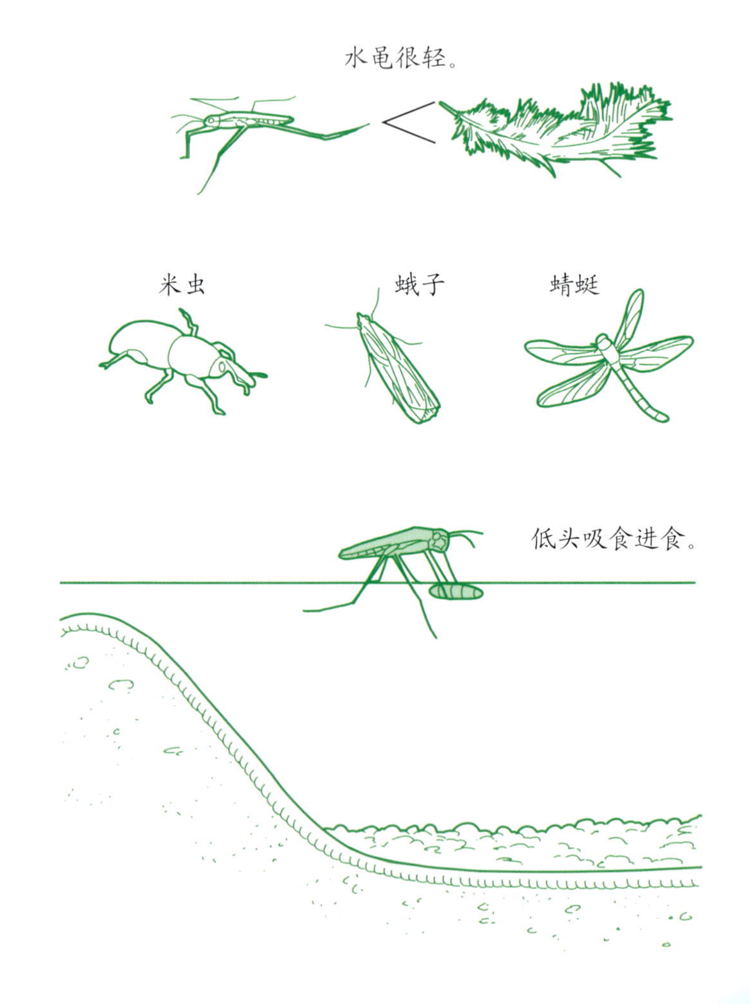

大　小	成虫体长 11 ～ 16 毫米。
栖息环境	水域
食　物	米虫、蛾子、蜻蜓等昆虫
分布地区	广泛分布于中国南方地区。

“水上漂”是怎样练成的?

水黾究竟是如何练成“水上漂”这门轻功的呢？答案就在它们的身体上。第一，水黾比水轻，可以像轻飘飘的树叶一样浮在水面上；第二，水黾修长的中、后脚上长着许多油质的细毛，能够像鸭子的脚蹼一样帮助水黾排开水体，这样它们就可以在水面漂浮而不会沉下去。

特别的进食方式

漂浮在水面上的水黾是怎么进食的呢？难道不会因为食物的重量沉下去吗？这跟它们独特的“吃相”有关。发现食物后，水黾不会把食物捞出水面，否则必定会因为重量超过水面的张力而沉下去，所以水黾一般先用一对短小的前足抓住水面的猎物，比如昆虫，然后低头吸食对方的体液来填饱肚子。这种方式就像人类用吸管喝饮料一样。

别扭的转身

水黾在水面前进很简单，但转换方向就稍微有些麻烦了。首先，它们会保持右侧的两只脚不动，然后用左侧中间的脚划动水面，这样身体就会向右转。同理，水黾想要向左转身的话，只要把上述步骤反着做一遍就好了。

仿生学指的是人类根据自然界生物的结构与运动原理、开发、创造新的科技与设备，并应用到人们的生产与生活中。前不久，科学家在研究了水黾的生物结构后，开发出一种能像水黾一样在水面跳跃的机器人。

九香虫 Coridius chinensis

九香虫难道是一种全身散发 9 种香气的虫子吗？答案是否定的。虽然这种昆虫名为“九香”，可人如果拿手直接触碰它们的话，就会沾染上臭气，很长时间都不会散去。所以，人们也叫九香虫为“屁巴虫”。

辨认要诀　叶子上的九香虫 >>>

九香虫的身体呈近椭圆形，体色紫黑，略有铜色光泽，体形大小相当于成年人的大拇指指甲。它们的头部很小，略呈三角形，复眼突出，触角为黑褐色，顶端部分为黄褐色。九香虫的前翅呈棕红色，后翅基本退化或为膜质，后脚根部旁有喷发臭气的开口，遇敌后就会打开。

名字的由来

既然九香虫释放的气味奇臭无比，压根和“香”字不沾边儿，那么它们的名字是怎么回事呢？原来，九香虫是椿象家族里少有的具有药用价值的种类。它们身体里含有九香虫油，炒熟以后就是一种香酥美味、祛病延年的药用美食，也就是药膳。九香虫的名字就是这样来的。

九香虫药膳

功能：理气止痛、温中助阳。

天敌

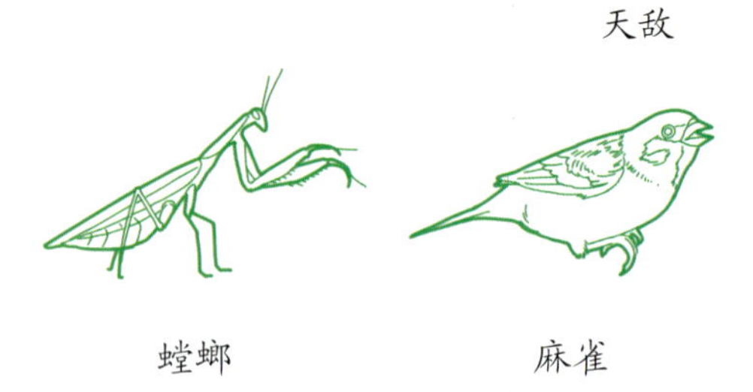

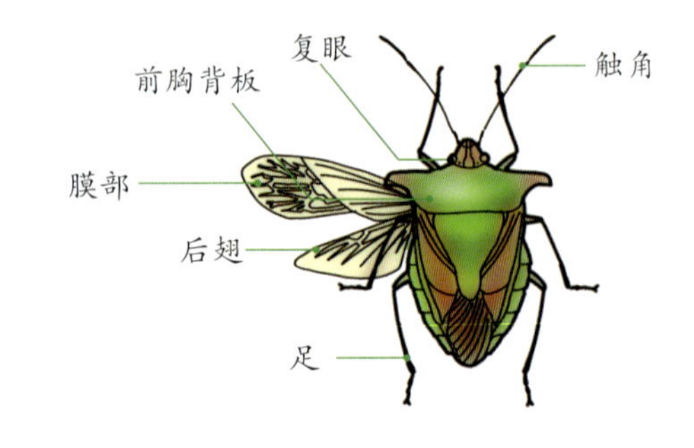

臭气制敌

九香虫的天敌很多，比如螳螂、麻雀、蜘蛛，甚至连小小的蚂蚁也能对它们造成致命威胁。为了保护自己，九香虫只得专门演化出一种“生化武器”——臭气。每当遇到逃不掉的危险时，九香虫就会从后足旁的挥发性臭腺中向外释放猛烈的臭气。这种臭气不仅无比难闻，而且经久不散，能够将敌人熏得晕头转向。九香虫则会趁机逃之夭夭。

大　　小	成虫体长 17～22 毫米。
栖息环境	田野、庭院、林区
食　　物	植物
分布地区	广泛分布于中国南方地区。

带来的危害

虽然九香虫的药用价值很高，但它们是一种农业害虫，经常聚集在一起，到处啃食庄稼与果树，给农民带来较为严重的经济损失，因此它们并不被人们喜爱。

伟大的医药学家——李时珍

▲明代医药学家李时珍编著的《本草纲目》中明确记载了九香虫的药理作用，肯定了九香虫是一味价值较高的中药材。因此，九香虫养殖行业应运而生。虽然九香虫很少发生病害，但还是要保持养殖场清洁，小心天敌出现。

华粗仰蝽 *Enithares sinica*

华粗仰蝽性格较为凶猛，是一种肉食性昆虫。它们和被我们称为“放屁虫”或者“臭大姐”的椿象是亲戚。华粗仰蝽是仰泳蝽的一种，是“能在水面上朝天仰泳”的蝽科昆虫之一。

辨认要诀　“仰泳”的华粗仰蝽 >>>

华粗仰蝽体形很小，背部较为突出，体色为黑褐色，腹部呈土黄色，头部略小于前胸背板，复眼发达。它们的身体比水轻，因此能在水面上仰面朝天游动。华粗仰蝽仰泳时总是把足部伸展开，为的是在遇到危险时能够及时逃走。

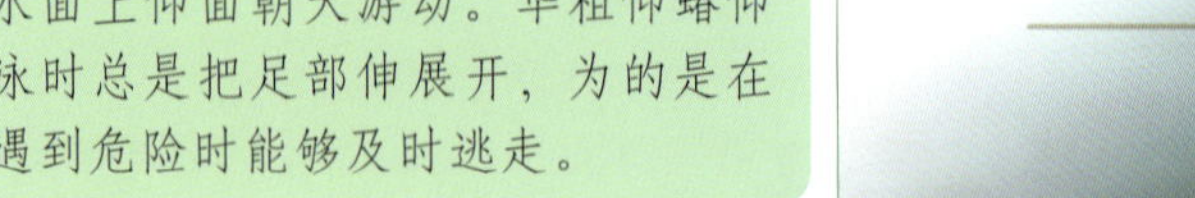

大　小	成虫体长约 11 毫米。
栖息环境	水域
食　物	其他昆虫、鱼苗、蝌蚪
分布地区	广泛分布于中国南方地区。

潜泳高手

华粗仰蝽虽然会在水面上以仰泳的姿势行动，但休息时会潜到水下。因为自身要比水轻，所以华粗仰蝽总是得拽住水中的植物向下爬。据昆虫学家计算，华粗仰蝽可以潜在水下长达 6 小时！它们是如何做到长时间潜水的呢？原来，华粗仰蝽的腹部长有一层直立的疏水性细毛，只要将细毛露出水面，空气就会以气泡的形式被收集起来，然后华粗仰蝽只用通气孔就能呼吸空气了。

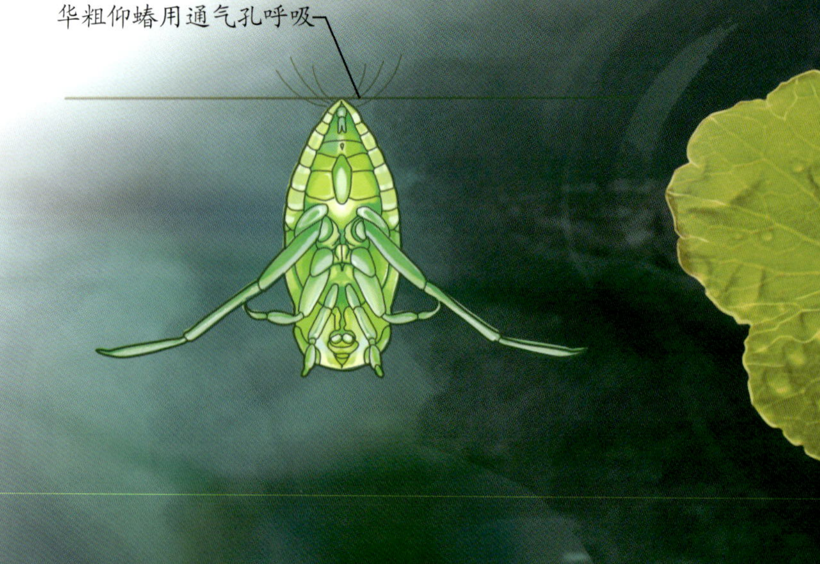

伪装避敌

华粗仰蝽在水面上仰泳时，会将颜色较深的腹部和足部朝上，将颜色较浅的背部朝下。这就给半空中的飞鸟和水下的鱼造成了视觉上的错觉：前者以为其腹部是水底，后者以为其背部是天空，双方都对华粗仰蝽视而不见。华粗仰蝽借此保护自身的安全。

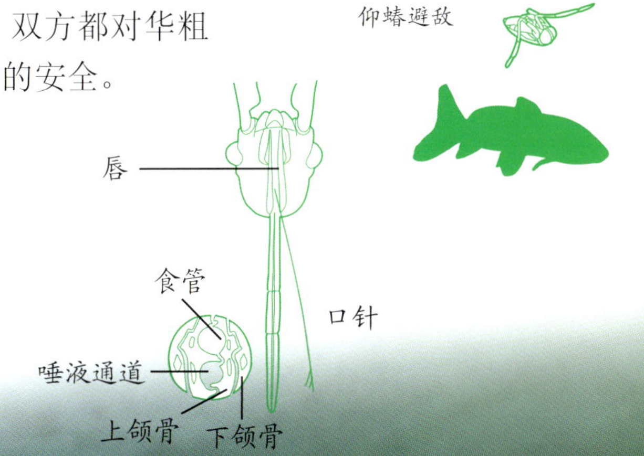

口器之威

虽然华粗仰蝽体形不大，和成年人的指甲差不了多少，但它们的口器十分强壮、锋利，能轻易扎进猎物的体内吸食体液。人们如果被华粗仰蝽叮咬到，会感觉一阵剧痛。据研究，这种痛感和被蜜蜂蜇的痛感差不多。

▼华粗仰蝽以鱼苗、鱼卵为食，是一种渔业害虫。每年的 5 – 6 月是华粗仰蝽较为猖獗的时候。这个时期，它们的食量非常大，会对渔业造成很严重的破坏。然而，华粗仰蝽个体强壮，很难杀死，截至目前还没有什么特别见效的治理办法。

华粗仰蝽捕食鱼苗。

日本蝎蝽 *Laccotrephes japonensis*

日本蝎蝽又叫“日本红娘华”，是一种生活在农田水洼、池塘边缘等浅水区的昆虫。它们性格凶猛，经常在水下横行霸道，欺负水生小动物。不过，在遇到比自己强大的敌人时，日本蝎蝽常常会躲藏起来。

辨认要诀 日本蝎蝽 >>>

日本蝎蝽身体扁平修长，体色和枯叶的颜色差不多，头部很小，复眼不大；前足特化成镰刀状，与螳螂的前足很像，上面长满小刺，是它们强有力的武器。

大　　小	成虫体长 30 ～ 38 毫米。
栖息环境	水洼、池塘、水田等浅水区域
食　　物	水生昆虫、小鱼、蝌蚪等
分布地区	中国、日本

▼ 日本蝎蝽虽然能够在水下潜行较长时间，但终究还是需要呼吸空气的。其腹部末端的细长管子正是它们的呼吸管。每当需要呼吸新鲜空气时，日本蝎蝽就会翻个身，把头、胸朝下，将呼吸管伸出水面。

躲避危机

面对强大的天敌时，日本蝎蝽通常表现得很胆小，要么一动不动地装死，要么直接潜入水下，混在与体色差不多的枯叶堆里，或者藏在浑浊的泥沙中，混淆敌人的视线。

搬家进行时

如果日本蝎蝽认为目前生活的环境已经不适合居住的话，它们会立即搬家，去寻找另外的生存地点。值得一提的是：日本蝎蝽搬家时，并不是一步一个脚印地爬行过去，而是游出水面，在阳光能够照射到的地方把翅膀晒干，然后飞到其他地方去。

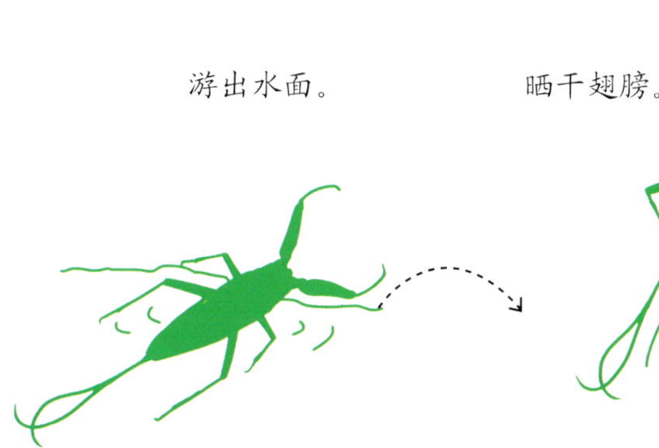

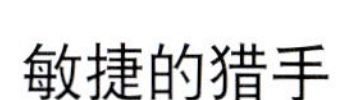

敏捷的猎手

日本蝎蝽是一种很懒散的昆虫，并不喜欢到处游动，在水底行走是它们的主要移动方式。一般来讲，日本蝎蝽不会四处觅食，而是藏身在茂盛的水草丛中或者与自己体色相近的水下枯叶堆里，默默等待猎物的到来。一旦猎物经过其藏身地点时，日本蝎蝽就会猛地窜出来，用特化的镰刀状前足迅速制服猎物，然后低头用锐利的口器尽情吸吮猎物的体液。

大鳖负蝽 *Lethocerus deyrollei*

大鳖负蝽是目前发现的体形和力量最大的水生昆虫之一。因为外形又圆又扁，它们又被人们叫作“大田鳖”。除此之外，大鳖负蝽还有很多别名，比如水钳虫、水将军、水大王等。

大　小	成虫体长 48 ～ 65 毫米。
栖息环境	池塘、水田、水洼、小水沟等静水区域
食　物	水生甲壳类、鱼、青蛙
分布地区	中国、缅甸、印度、菲律宾等国家

▼ 大鳖负蝽的唾液里含有一种特殊的物质，能使肌肉液化。在一些极特殊的情况下，大鳖负蝽甚至能够对人体造成永久性的伤害。所以，请尽量小心大鳖负蝽，不要随意捕捉它们。

故土难离

大鳖负蝽非常喜欢在安静的水域里生活，基本一生都会在一个地方定居。只有遇到严重的干旱使居住地的水源枯竭等情况时，无奈的大鳖负蝽才会“背井离乡”，寻找新的家园。

雄性负蝽

辨认要诀 大鳖负蝽 >>>

大鳖负蝽个头很大，在水生昆虫中数一数二，全身呈褐色，头部很小，复眼也不是很大。虽然看上去没有触角，但实际上其触角隐藏在复眼下方。它们的两只前足很强壮，末端分别长有一根脚爪，中、后足部位均生有浓密细长的毛，腹部末端长着很短的呼吸管。

“好爸爸”

大鳖负蝽是由雄性来照顾后代的。当雌雄大鳖负蝽交配以后，雌性会在潮湿的草叶上产下大约 100 颗卵，然后雄性大鳖负蝽会寸步不离地守护妻子和卵。大鳖负蝽选择的产卵地点十分讲究，能够让幼虫孵化出来后刚好从草叶落到水面上。

大块头，知进退

在水生昆虫里，大鳖负蝽有着赫赫威名。它们块头大、力量强，许多水生动物不是它们的对手，连青蛙和鱼类也会沦为它们的腹中餐。不过，遇到体形更健壮的敌人时，大鳖负蝽不会冒冒失失地进攻，而是能屈能伸，选择直挺挺地装死，或者直接从肛门喷射出一股诡异的液体，让自己变得非常恶心，使对方失去兴趣。

日本负子蝽 *Diplonychus japonicus*

光看外形，日本负子蝽和大鳖负蝽十分相似，但个头要比大鳖负蝽小一些。它们长着扁圆的身体、小小的脑袋、短短的前肢。因为外表与常见的甲鱼有点像，所以它们也被称为“水甲鱼”。

辨认要诀 背着虫卵的日本负子蝽 >>>

日本负子蝽体表呈黄褐色，背部扁圆，短小的前肢和镰刀很像，细长的嘴巴好像针尖，腹部末端长着很短的呼吸管。因为雄性日本负子蝽经常把长圆形的卵背在背上，所以它们还有一个“背卵虫”的名字。

守株待“兔”

日本负子蝽捕食的时候，经常会躲在水草里隐匿身形，一旦发现有猎物接近自己所在的区域，它们就会猛地窜出，用镰刀一般的前肢迅速钳住猎物，然后将针尖一样的嘴巴插进猎物的身体里吸食体液。由于其前肢实在太小，抓不到太大的猎物，因此它们只能捉一些小虫小虾之类的猎物。

负责的爸爸

一个正常的日本负子蝽家庭里，通常是雌性生产，雄性护卵。交配以后，雌性日本负子蝽就会把卵产在雄性扁圆的背部，直到雄性的背上再也装不下卵为止。这个时期的雄性日本负子蝽十分辛苦，不仅要保证背部的卵的安全，还要经常在靠近水面的地方活动，使卵能够充分享受空气与光照，尽快孵化。

日渐稀少

以前，人们经常能在水田或者水洼里看到日本负子蝽的身影，但现在已经很少能见到了。这主要是因为人们大肆喷洒农药，使日本负子蝽纷纷迁往别处。

大　小	成虫体长17～20毫米。
栖息环境	水田、水草茂盛的水洼
食　物	小型昆虫、鱼卵、鱼苗
分布地区	中国、日本等国家

▼有时候，我们能看到雄性日本负子蝽背着满满当当的卵到处跑，但那些卵却没有一个掉下来的。这是为什么呢？原来，雄虫的背部会分泌出一种黏糊糊的胶质，把卵全都牢牢吸附住，直到它们孵化出来。

淡带荆猎蝽 *Acanthaspis cincticrus*

在猎蝽家族中，淡带荆猎蝽以其独特的“蚁尸伪装”闻名在外。这其实是昆虫利用环境优势掩盖身体，从而方便自身生存的正常现象。那么，淡带荆猎蝽究竟是如何做到的呢？

辨认要诀 披着蚁尸的淡带荆猎蝽 >>>

淡带荆猎蝽全身呈黑色或黑褐色，体表长有黄白色的斑纹与稀疏的黑色长毛，前翅上有一条纵向的淡黄色或白色斑纹。通常淡带荆猎蝽只在若虫时期有用蚁尸伪装的行为。

大　　小	成虫体长 13 ～ 18 毫米。
栖息环境	石块下、土堆下、杂草中
食　　物	蚂蚁等小昆虫
分布地区	中国、日本、韩国、印度、缅甸等国家和地区

蚂蚁杀手

在捕食蚂蚁这种体形小、速度快的猎物时，淡带荆猎蝽显然是动了“脑筋”的。通常，淡带荆猎蝽会选择用土粒和蚂蚁尸骸伪装自己，然后堂而皇之地蹲守在蚂蚁洞口，来个“守株待蚂蚁”。淡带荆猎蝽捕捉到蚂蚁后，会用细长的尖嘴向蚂蚁体内注射唾液。这种液体具有麻醉和消化的双重功效，能够把猎物体内的营养物质分解。然后，淡带荆猎蝽会直接将猎物吸成空壳。

用灵巧的后肢将蚁尸搬到背部。

如何伪装

淡带荆猎蝽捕食完蚂蚁后，一般不会把它们的尸体丢弃，而是直接抱住蚁尸，将其慢慢运向身体后方，然后借助灵巧的后肢把蚁尸“搬”到背部，最后调整、按压一下蚁尸，用钩毛与黏液毛将它们牢牢固定在背上。如果进行多次尝试后还是无法将蚁尸运到背上，那么淡带荆猎蝽就会放弃，另外寻找合适的伪装物。

“金蝉”脱壳

伪装好的淡带荆猎蝽能够较为轻易地躲过一些天敌的捕杀，比如蜘蛛、蜥蜴、鸟类等等。倘若真的被敌人捉住也不要紧，淡带荆猎蝽只需丢弃背上的伪装物，就能逃之夭夭。

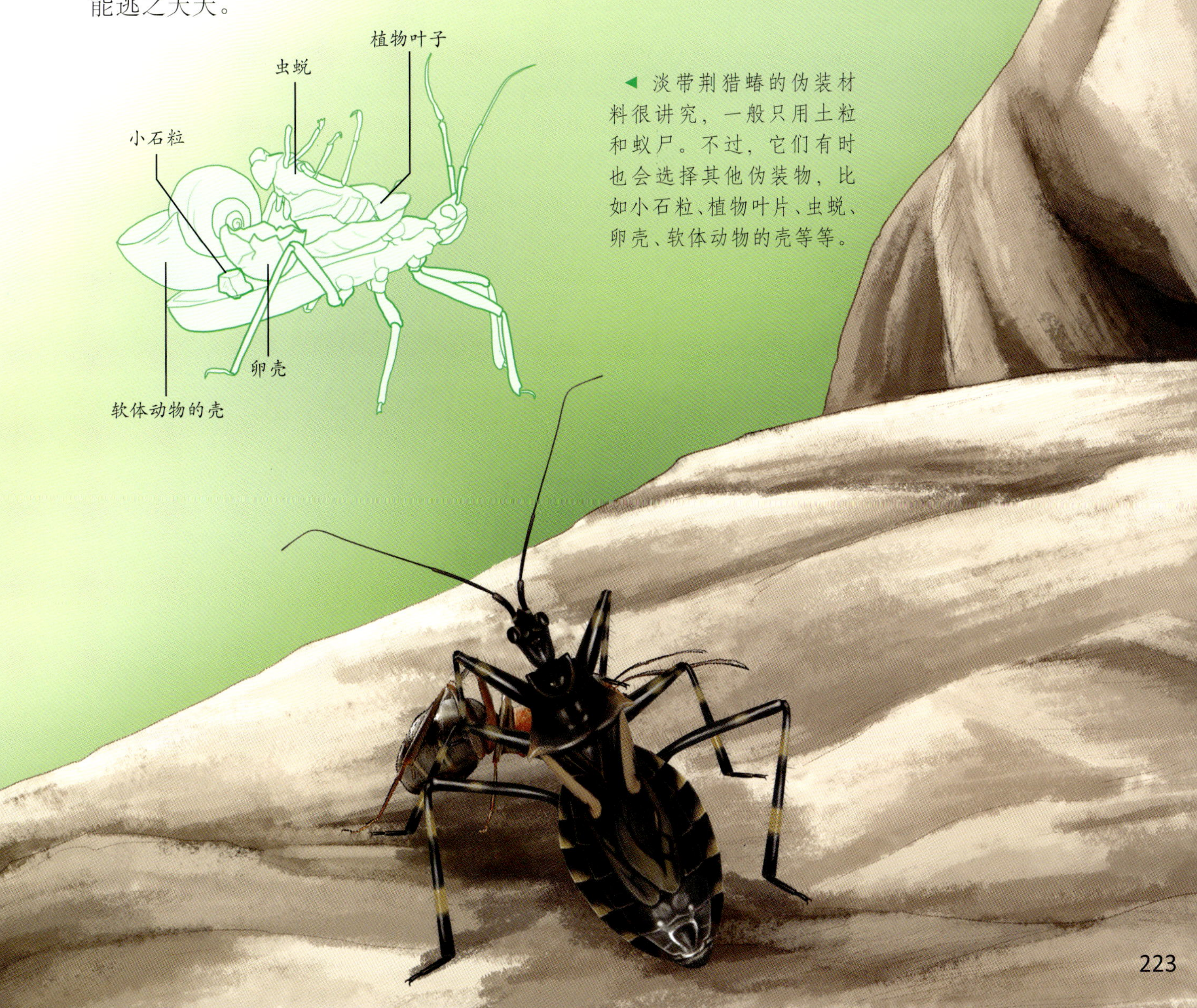

◀ 淡带荆猎蝽的伪装材料很讲究，一般只用土粒和蚁尸。不过，它们有时也会选择其他伪装物，比如小石粒、植物叶片、虫蜕、卵壳、软体动物的壳等等。

黄缘萤 *Luciola ficta*

萤火虫对于我们来说是一种非常熟悉的动物。其中有会发光的，也有不会发光的。黄缘萤属于会发光的一类。

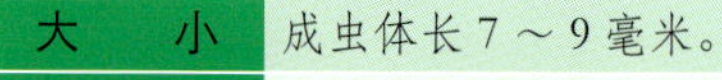

大　小	成虫体长 7 ～ 9 毫米。
栖息环境	低海拔山区的水域
食　物	幼虫以蚯蚓、蛞蝓、贝类等为食，成虫以花粉、花蜜等为食。
分布地区	中国

辨认要诀　叶片上的黄缘萤 >>>

黄缘萤体形不大，前胸背板为橙黄色，鞘翅呈黑色，两翅中央接合处有黄色细条纹。因其两片鞘翅边缘有淡黄色的边纹，所以它们被叫作“黄缘萤”。

发光器的差异

黄缘萤作为一种会发光的萤火虫，腹部末端长有发光器，但雌雄虫身上的发光器有差别。雌虫虽然体形比雄虫略大，但只有一节发光器；雄虫则长有两节乳白色、长椭圆形的发光器。

为何发光?

昆虫学家经研究发现，黄缘萤之所以会发光，与它们的呼吸有着密不可分的联系。原来，黄缘萤的发光器中有几万个发光细胞，里面包含了能够发光的荧光素与荧光素酶。当黄缘萤体内氧气充足的时候，荧光素就会发生一系列复杂的化学反应，在此过程中产生的能量会被转化为微弱的荧光。也就是说，黄缘萤体内的氧气越充足，其发出的荧光就会越强。

荧光的作用

黄缘萤凭借荧光来寻找配偶、繁育后代。不仅如此，黄缘萤的发光行为还有警戒、诱集、恫吓天敌、照明、伪装以及调节族群关系等重要作用。

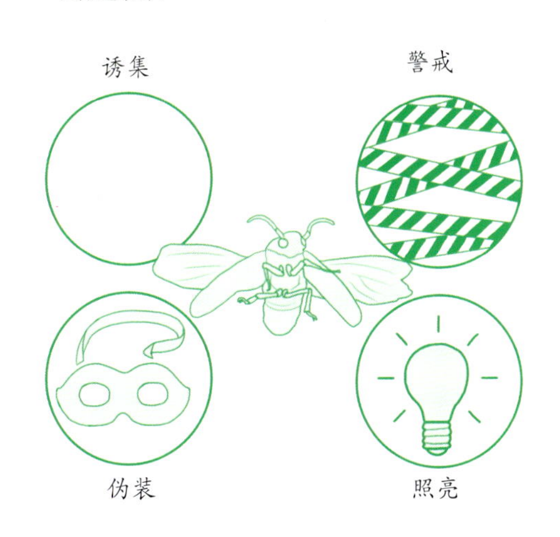

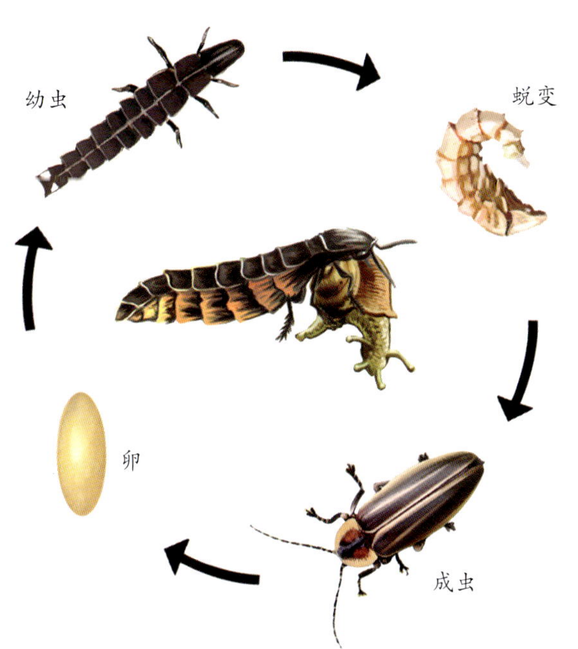

▶别看成年后的黄缘萤精致可爱，就像飞舞在夏日夜空里的精灵一样，它们小时候可是既难看又凶暴，专门以捕食小型昆虫为生。黄缘萤幼虫的成长期通常在一年左右，其间会有6～8次的蜕皮行为。

七星瓢虫 *Coccinella septempunctata*

瓢虫的种类很多，七星瓢虫是我们在生活中经常能见到的一类。它们半圆的红色甲壳光滑细腻，表面亮晶晶的。七星瓢虫因为背上长了 7 个黑色的斑点而得名。

辨认要诀　七星瓢虫 >>>

七星瓢虫本体呈黑色，鞘翅为鲜艳的红色，鞘翅下方则长有一对收拢起来的薄薄的翅膀，漆黑的头部长有坚实的上颚，能够轻松把食物嚼碎。

大　小	成虫体长 6～7 毫米。
栖息环境	田地、树林
食　物	蚜虫、叶螨、白粉虱等小生物
分布地区	中国、日本、朝鲜、印度及部分欧洲国家

生长周期

七星瓢虫每年出生 4～5 代。它们一般以成虫的形式度过寒冷的冬季，然后在春天交配，并把卵产在蚜虫聚集的地方。这是为了保证瓢虫宝宝出生后不会缺少食物。七星瓢虫幼虫会在 2 周内进食大量蚜虫后变成蛹，最后花 1 周时间蜕变为成虫。

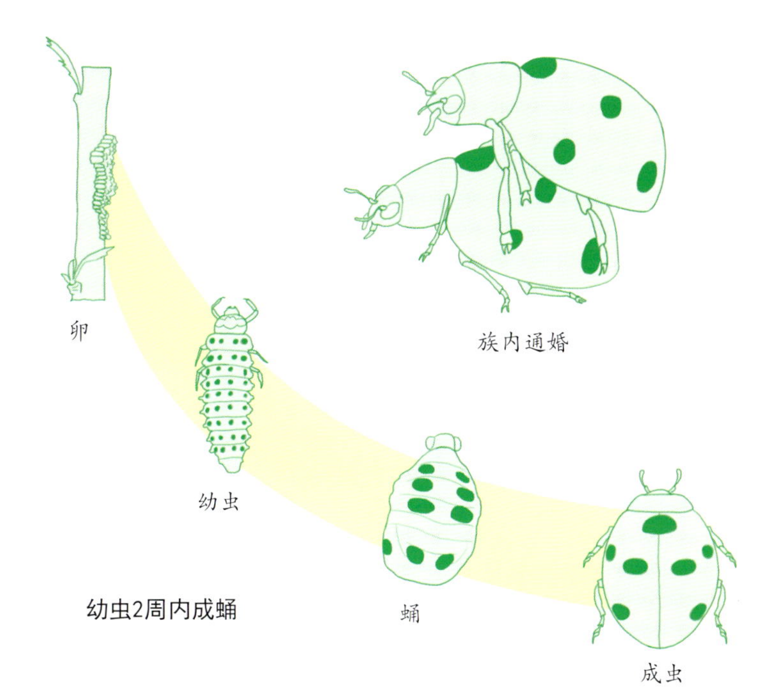

▲ 昆虫学家经研究发现，七星瓢虫不会和其他种类的瓢虫交配并繁殖后代，而是始终保持着“族内通婚”的习惯。因此，不管繁衍了多少代，七星瓢虫之中也不会有“混血儿”的存在。

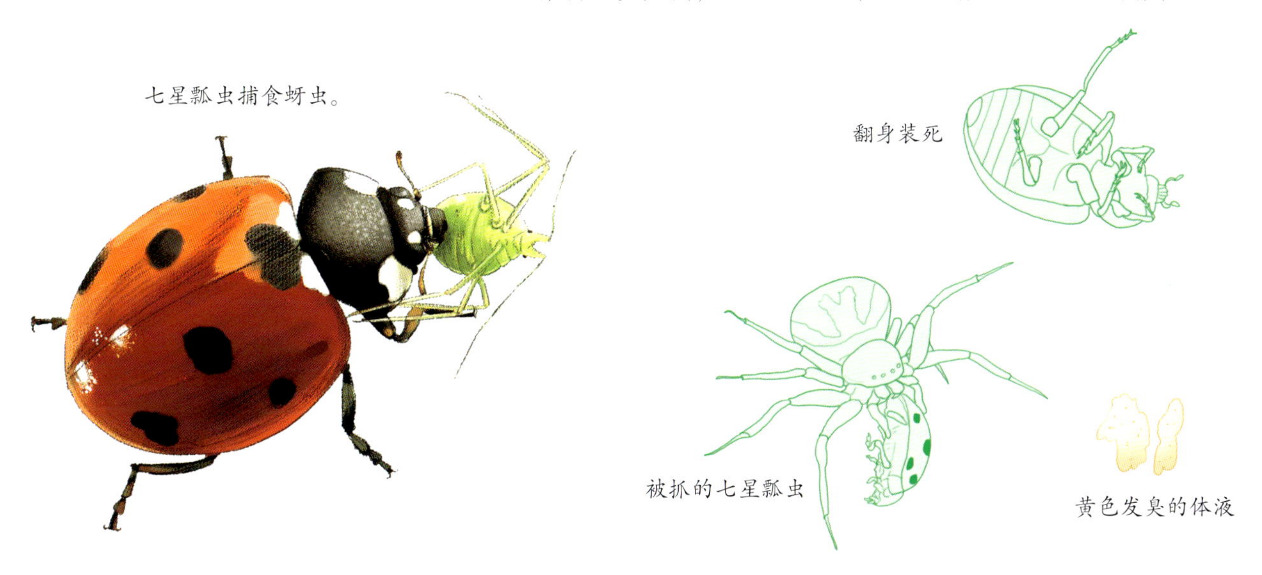

小小益虫

七星瓢虫之所以能成为鼎鼎大名的益虫，是因为不论是成虫还是幼虫，都以破坏农作物生长的蚜虫为食。七星瓢虫虽然个头不大，却是蚜虫的克星。据昆虫学家计算，仅一只七星瓢虫在一天内就可以捕食上百只蚜虫！

应对危机

七星瓢虫遇到危险的时候，一般会采取两种应对方式：其一是掉在地上一动不动地装死，因为大部分动物对于尸体是没有多少兴趣的；其二是释放一种臭液。如果装死失败被敌人捉住，那么七星瓢虫就会释放一种黄色发臭的体液，把对方熏得受不了，然后趁机逃走。

鸟粪象甲 *Mesalcidodes trifidus*

鸟粪象甲因为外表黑白相间，远远看去和鸟粪很像，所以才有了这个听上去有些粗俗的名字。鸟粪象甲的口器很长，看起来和大象的长鼻子有些相似，因此它们也被称为“鸟粪象鼻虫”。

辨认要诀 鸟粪象甲 >>>

鸟粪象甲长着圆滚滚的身体，主体呈黑色，身体后端与后胸两侧却是白色的。它们的胸部与鞘翅表面坑坑洼洼的。较为粗壮的足部内侧长有尖锐的突起。

大　小	成虫体长 9 ~ 10 毫米。
栖息环境	田野、草地、灌木丛
食　物	植物
分布地区	中国、日本等国家和地区

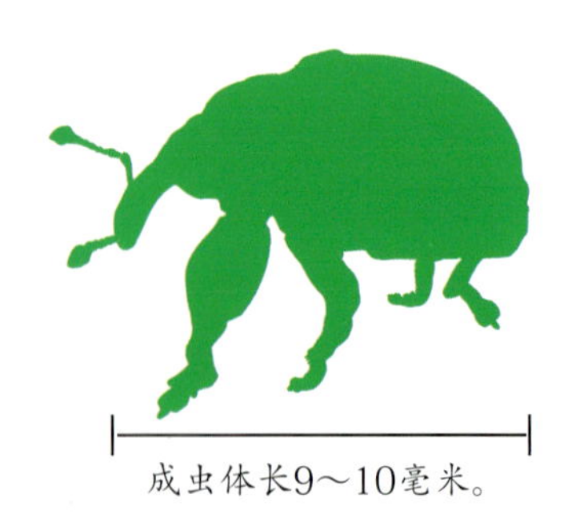

特别的伪装

体色黑白相间的鸟粪象甲很容易被天敌当成鸟粪而忽视掉。毕竟在大自然里，真正以鸟粪为食的动物实在少之又少。像鸟粪象甲这种凭借独特的外形与周围环境融为一体或者和其他生物相似的现象，一般被称为“拟态”。

▲ 昆虫学家经研究发现，鸟粪象甲的装死行为其实是一种应急机制。每当遭遇危机时，它们就会主动进入一种奇妙的昏厥状态，对外界基本没有反应。在所有甲虫里，鸟粪象甲算是最会装死的一种了。

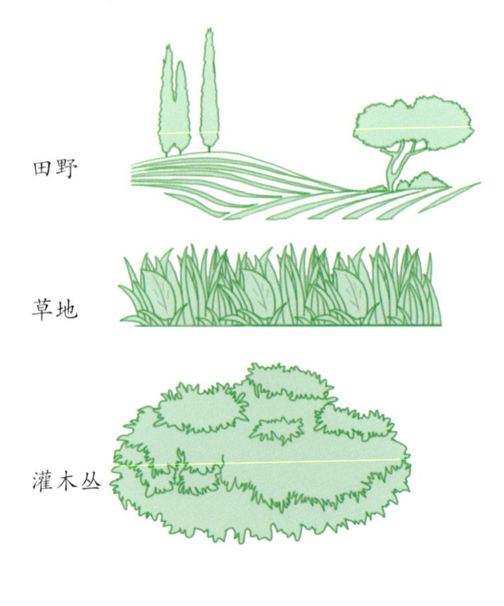

谁碰都不动

鸟粪象甲虽然有着较长的口器，却不具备攻击能力，因此在面对天敌或人类的骚扰时会选择忽然倒在地上，一动不动地装死。这时，不管对方怎么逗弄、拨动它们，鸟粪象甲也不会动一下，因为它们深知自己一动就会陷入十分危险的境地。鸟粪象甲的装死行为往往会持续很久，直到确认危险解除，它们才会慢慢地伸开收拢起来的腿脚，悄悄地溜之大吉。

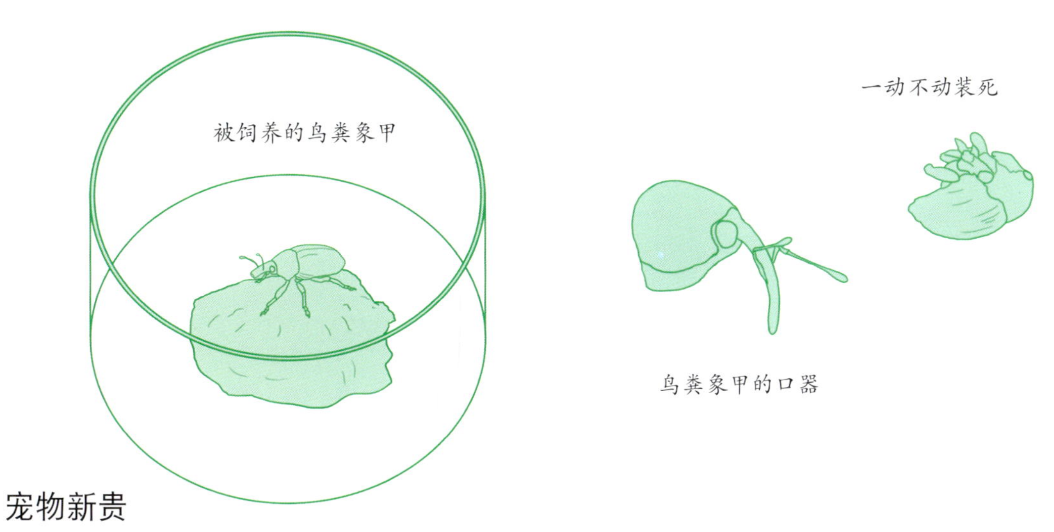

宠物新贵

虽然鸟粪象甲以花果树木为食，专门破坏各种经济作物，是臭名远扬的害虫，但它们却因为既不会咬人也没有异味的特点而被一些人喜爱。人们利用鸟粪象甲遇到危险爱装死的特点，故意用力摇晃树枝，让它们簌簌落下，然后捉起来当宠物饲养。

红脚绿丽金龟 *Anomala cupripes* Hope

红脚绿丽金龟是十分常见的金龟子之一。因为通体是绿色的，唯独足部发红，所以它们也被叫作“红脚绿金龟子”。

辨认要诀 红脚绿丽金龟 >>>

红脚绿丽金龟的体表与鞘翅同叶子一般呈青翠的绿色，闪烁着透亮的金属光泽。它们的腹面为紫铜色，足部呈红色，头部虽小却很坚实，触角呈鳃片状。

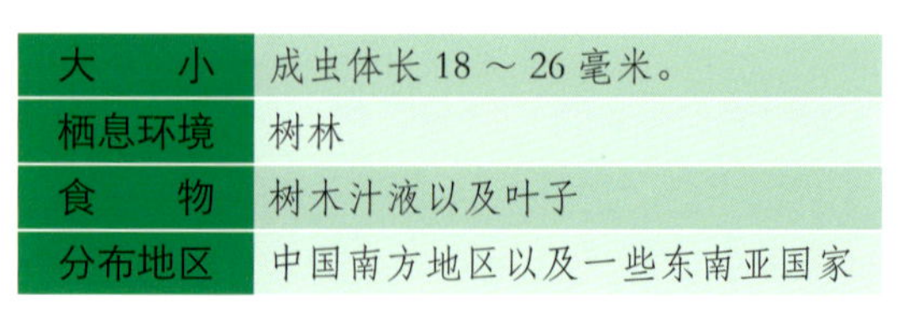

大　小	成虫体长 18 ~ 26 毫米。
栖息环境	树林
食　物	树木汁液以及叶子
分布地区	中国南方地区以及一些东南亚国家

▲ 红脚绿丽金龟和大多数甲虫一样，一旦遇到危险就会立刻一动不动地装死。人们防治它们的时候经常利用这种特性，把红脚绿丽金龟从树上摇下来然后杀死，为作物除害。

繁殖那件小事儿

红脚绿丽金龟成年后，不会立刻去找合适的配偶产下后代，而是先“进补”一个月——主要吃些嫩叶和花补充营养。一般来讲，红脚绿丽金龟一生只交配一次，偶尔会出现两次的情况。雌虫将卵散乱地产在土中几天后就会死亡。

原来是害虫！

虽然红脚绿丽金龟的外表光鲜亮丽，但它们却是一种大大的害虫！成年后的红脚绿丽金龟最喜欢生活在果园、树林里，以叶子为食。一般红脚绿丽金龟会将树木的叶片啃食成网状，只留下叶脉；也有贪心的会把整片叶子全部吃光，只留下叶柄。不仅如此，它们的幼虫往往藏在地下，到处伤害植物的根部与幼茎。红脚绿丽金龟的行为严重危害了农作物的健康，给人们带来惨重的损失。

深居简出

红脚绿丽金龟通常只在白天出来活动，在林木上爬来爬去，到处觅食。翠绿的外表成了它们的保护色，能避免其被天敌发现。除非是特殊情况，否则红脚绿丽金龟是不会在晚上行动的。

双叉犀金龟 *Trypoxylus dichotomus*

很多人也许对“双叉犀金龟”这个名字感到陌生，但是一听到“独角仙”就会恍然大悟。双叉犀金龟正是我们耳熟能详、被越来越多的人当宠物饲养的独角仙。

辨认要诀 双叉犀金龟 >>>

双叉犀金龟体表颜色多样，从红褐到纯黑皆有；身体圆滚滚、胖乎乎的，体形很大；隐藏在坚硬鞘翅下的薄薄的翅膀在飞行时会发出“扑腾扑腾”的声音。雄虫的头部与胸部背板长有角，雌性则没有。

大　小	成虫体长 35 ～ 55 毫米。
栖息环境	树林
食　物	树木汁液
分布地区	中国东部、日本、泰国等地

独角仙在哪里？

双叉犀金龟是一种夜行性昆虫，白天躲在树干或者泥土缝里舒舒服服地待着，很少顶着大太阳出来活动。等到日头偏西、天色近黄昏时，双叉犀金龟才会陆续出来活动、觅食。因为对树木香甜的汁液情有独钟，所以双叉犀金龟经常会成群结队地出没在有树汁流出的树木上。

大力士

昆虫学家计算过，一只双叉犀金龟足以举起超过自身重量800多倍的物体。它们哪来的这么大的力气呢？原来，双叉犀金龟作为无脊椎动物的一员，与脊椎动物骨骼在内、肌肉在外的身体构造相反，拥有肌肉在内、骨骼在外的结构。这种特别的构造加上自身坚硬的外壳，给予双叉犀金龟很大的力量。它们能成为昆虫界的大力士也就不足为奇了。

▶虽然双叉犀金龟的性格比较平和，但如果遇到食物缺乏、狭路相逢等特殊情况，它们也是很厉害的。双叉犀金龟会矮下身子，把头顶的犄角对准敌人腹部下方，然后猛地插进去，再用力一挑，把对手整个儿掀翻或者远远地抛出去。

星天牛 *Anoplophora chinensis*

天牛是臭名昭著的害虫。星天牛是天牛家族的一员，在幼虫时期啃食树木，危害树木健康，长大后又开始危害各种作物，给人们带来严重损失。

辨认要诀　啃食植物的星天牛 >>>

星天牛体形修长，全身主体为亮黑色，坚实的鞘翅上点缀着多个白色斑点；3对长足很善攀缘；头部顶端有着长度超过身体一半的黑白相间的触角；复眼很大，甚至包住了触角；口器发达，可以咬断植物。

在内蒙古赤峰发现的距今约1.2亿年的天牛化石

▲天牛在昆虫家族里的辈分可以说是数一数二的。它们的祖先早在侏罗纪时期就已经出现了。从上图的化石来看，当时的天牛与现代天牛在外形上的差别并不算悬殊。

大　　小	成虫体长28～45毫米。
栖息环境	树林
食　　物	树皮、枝条、叶片
分布地区	中国、日本、韩国

强大的繁殖力

雌性星天牛交配后会立刻产卵。一只雌虫一次性就能产下大约 200 颗虫卵。雌性星天牛为了保证后代的安全，会在产卵结束后把虫卵一颗一颗分散开，藏在树皮底下。这样幼虫孵化以后就会顺从本能，在树干上“钻”出一条甬道，作为自己将来结蛹成虫的房间。一旦树木里生活着星天牛，那么树木就会慢慢生病，如果得不到及时的救治，用不了多久就会枯病至死。

飞行时会发出“咔嚓咔嚓”声。

孩子们的“玩具”

星天牛虽然是一种大害虫，但赏玩价值很高。很多孩子喜欢捉星天牛来做游戏。这不光是因为星天牛精致的外观引起了孩子们的兴趣，还因为它们在空中飞行时会发出一种类似锯树的“咔嚓咔嚓”声。这种奇妙的声音很容易让孩子们感到有趣。

桑天牛 *Apriona germari*

桑天牛也叫“粒肩天牛”。因为其幼虫经常在树木内部搞破坏，所以它们还有一个“钻心虫”的外号。桑天牛的食物范围很广，不仅桑科植物饱受其害，就连苹果树、杨树等林木也会遭到它们的毒手。桑天牛是国内很常见的害虫。

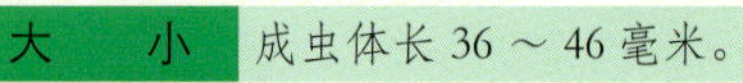

大　　小	成虫体长 36 ~ 46 毫米。
栖息环境	树林
食　　物	幼虫以枝干为食，成虫啃食树皮与叶子。
分布地区	主要集中在中国北方地区，南方分布较少。

辨认要诀　桑天牛 >>>

桑天牛的背面呈青棕色，腹面为棕黄色，色调深浅不一，体表长满黄褐色的细短绒毛。在灯光下，鞘翅常常闪烁着金属光泽。其头部隆起，中间有 1 条纵沟，顶端的多节触角长度惊人，甚至比其身体还长。

钻心虫，要树命！

桑天牛在 2～3 年的时间里才能繁衍一代，生命周期较长。雌性桑天牛交配以后，既是为了后代的安全着想，也是为了让幼虫一出生就不缺少食物，会将树皮啃食出一个“U”形的刻槽，然后把虫卵产在里面，最后用分泌出的黏液把槽口封闭上。桑天牛幼虫孵化后，首先会服从本能，向上啃食 10 毫米左右，之后立刻调转方向，朝树芯的部位不断蛀蚀，使树木内部变得千疮百孔。这样的过程会一直持续到桑天牛幼虫化蛹成虫为止。

卫生最重要

桑天牛幼虫在气势高昂地向树木内部蛀蚀的同时，每前进一段距离，就会啃出一排用来通气、排粪的孔道，然后向外排出粪便与木屑，随时保持甬道内的卫生。

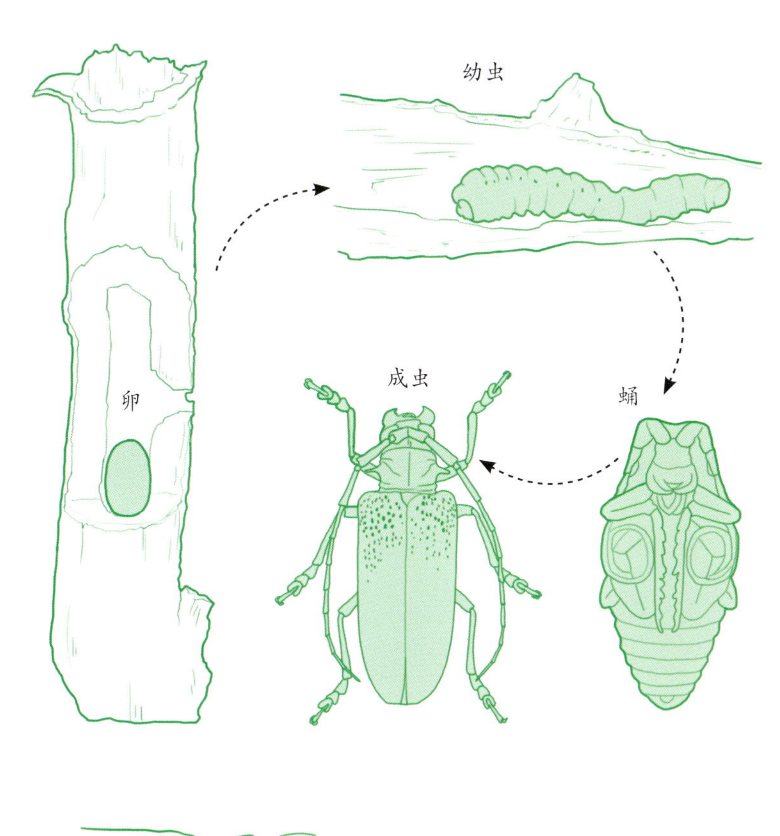

生命不息，钻洞不止

伴随着桑天牛幼虫的成长，排粪孔之间的距离会自上而下慢慢增加。排粪孔的位置一般位于同一方向，除非遇到分枝或者木质比较坚硬的地方，才会转到其他方向去。一只桑天牛幼虫一生所蛀蚀的虫道可长达 2 米。桑天牛幼虫如果碰巧寄生在一棵较矮的树木上，甚至能直接啃食到根部。

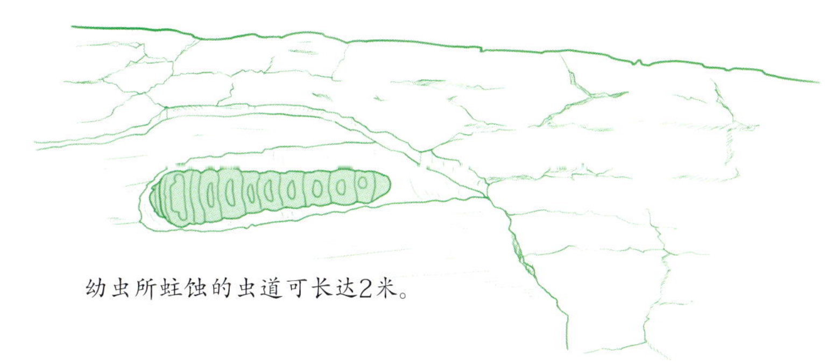
幼虫所蛀蚀的虫道可长达2米。

▶ 刚刚变为成虫的桑天牛由于生殖系统尚不成熟，是不能立即进行交配的，只有补充大量营养后才能繁衍后代。昆虫学家进行调查后发现，桑天牛一般靠啃食桑树、构树来进补。如果打算对桑天牛进行防治，可以从这点入手。

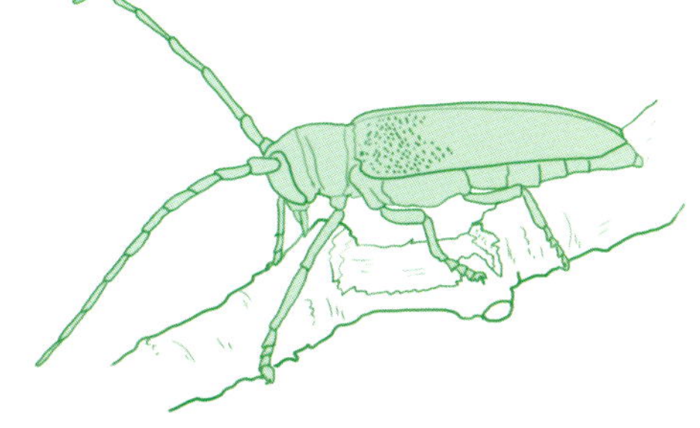
桑天牛啃食桑树补充营养。

栗山天牛 *Massicus raddei*

栗山天牛的外形和桑天牛有些接近，但个头要比桑天牛大上一点。栗山天牛一般出没在每年的晚春到秋季，夏天是它们活跃度最高的时候。因为经常出现在橡树表面，所以它们也被称为“橡天牛”。

大　小	成虫体长 34 ~ 57 毫米。
栖息环境	树林
食　物	幼虫以枝干为食，成虫啃食树皮与叶子。
分布地区	中国、俄罗斯东部、日本、朝鲜、韩国

害树不浅

与其他同类一样，栗山天牛也是一种危害树木的害虫。成熟的雌性栗山天牛会用锐利的口器咬破树皮，然后把虫卵产在树干内部。幼虫孵化出来以后，就会本能地吞食树干内的营养物质。一开始，弱小的幼虫只会啃食树干表层，但随着时间的推移，幼虫一天天长大，它们的目标变成了树芯。在其长年累月的破坏下，树木会渐渐失去活力，直至死亡。

那里有光！

栗山天牛通常只在夜晚活动，白天则躲在粗壮、健康的树木上享受悠闲的“虫生”。不过，令人感到奇怪的是：栗山天牛明明在白天对光亮躲避不及，到了晚上却像飞蛾一样，对亮光非常敏感，一旦在黑夜中发现亮光，就会被吸引，然后蜂拥而上，一起朝着有光的方向前进。

卵

幼虫

受害的树木

一口把你吃掉！

栗山天牛虽然是害虫，但也不是一点儿利用价值都没有。据昆虫学家研究，栗山天牛体内蕴含许多营养物质，而且不论成虫还是幼虫都有着不低的药用价值，是治疗头部受伤、化脓的良药。

辨认要诀 栗山天牛 >>>

栗山天牛身材修长，偏向于圆筒形。虽然其体色看上去很像黄色，但那是因为其身体表面长有密密麻麻的黄色绒毛，真正的体色应该是黑褐色或黑色。鞘翅末端为圆弧形，内侧长有许多像小刺一般的突起。

▲ 对于如何防治栗山天牛，目前国内采取的办法多为物理防治和化学毒杀。前者包括灯光诱捕、人工捕捉等等，效果比较明显，可以较为有效地控制栗山天牛的扩散；后者的效果却并不理想，而且会污染环境，因此并不提倡。

高砂锯锹甲 *Prosopocoilus motschulskii*

高砂锯锹甲头上顶着一把“大剪刀”，看起来和独角仙一点儿也不像，但实际上两者之间有着比较接近的亲缘关系。高砂锯锹甲因为脑袋上的一对大颚与鹿角很像，所以也叫“鹿角虫”。

大　小	成虫体长 23～45 毫米。
栖息环境	林区
食　物	树木汁液与果实甜水
分布地区	中国

▲ 高砂锯锹甲的幼虫喜欢蛀蚀一些枯死的树木，成虫则没那么挑剔，只要是活着的果树就可以。然而，由于现代社会森林覆盖面积大幅减少，高砂锯锹甲的身影越来越难见到了。

辨认要诀　高砂锯锹甲 >>>

高砂锯锹甲的身体多为红褐色，有时也会呈黑褐色。它们身体扁平，喜欢躲藏在树木的缝隙间。雄虫有着又长又突出的大颚，而雌虫的上颚非常小，几乎很难看到。

“大剪刀”

雄性高砂锯锹甲最突出的特点就是头部顶端的一对上颚，上面长有许多细小的锯齿，看起来功能和剪刀很像。当雄虫需要和同类争抢食物、争夺交配权或遭遇敌人时，这对大颚就是最好的战斗工具。雄虫会用上颚一把将敌人抓住然后用力抛开，或者牢牢把敌人禁锢住，使其动弹不得。

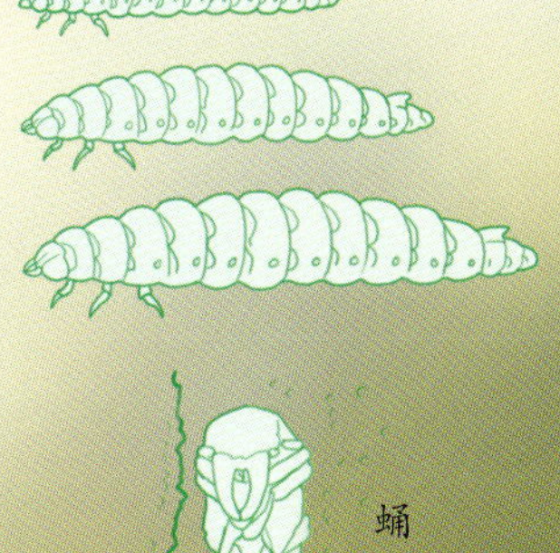

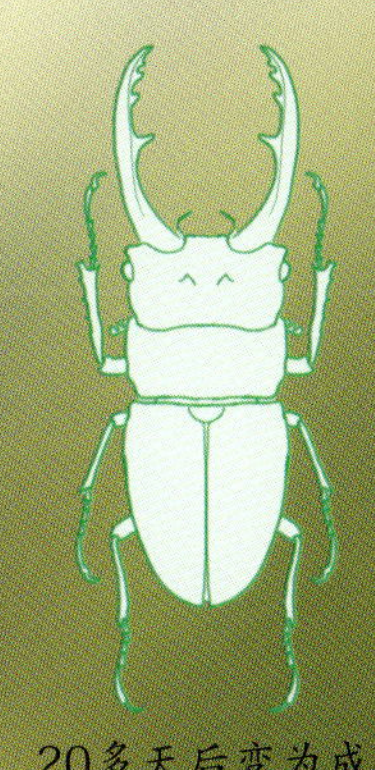
20多天后变为成虫。

舔舔舔

高砂锯锹甲是“甜食控”，对橡树、樟树上流出的汁液以及熟透果实的甜水情有独钟，经常会趴在树干或者果实上，用自己像刷子一样的舌头舔来舔去。

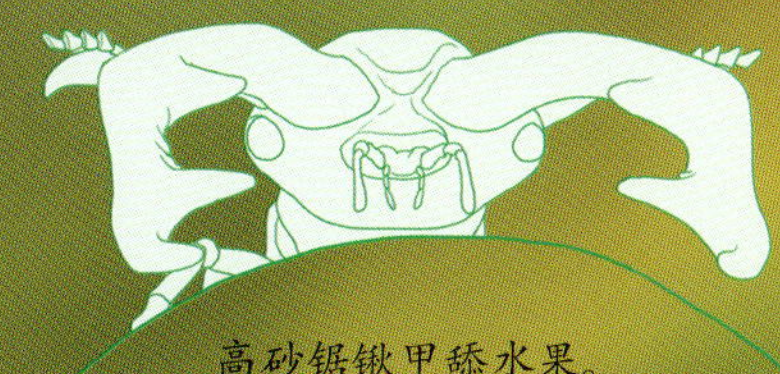
高砂锯锹甲舔水果。

缓慢的生命周期

雌性高砂锯锹甲完成交配以后，会在树干底端掘洞产卵。产卵结束后，雌虫还会把浮土填回去，掩盖虫卵的痕迹，不让人类或其他动物发现。高砂锯锹甲从虫卵变为成虫的过程很漫长，往往需要 2 ～ 3 年。这期间，高砂锯锹甲会经历 3 次左右的蜕皮，然后化蛹，最后经过大约 20 天变为成虫。如果虫宝宝是在秋天化蛹，那么它们会一直保持这种形态，直到第二年的春季。

双斑气步甲 *Anthia thoracica*

双斑气步甲是甲虫家族里比较危险的成员之一，体形较大，性格凶猛，虽然长有翅膀，但不擅长飞行。它们在地下掘土穿梭，行动敏捷，是非洲南部地区的代表性甲虫。

辨认要诀　地表爬行的双斑气步甲 >>>

双斑气步甲身体狭长，主体呈黑色，体表色泽幽暗、光洁，头部与胸部背板部分闪烁着金属光泽。它们最大的特点是鞘翅两边的金色斑点，这也是其名字的由来。

疼痛

麻痒

毒液进入眼睛

▲ 双斑气步甲向外喷射的液体“炮弹”是有毒性的，人类的手如果碰到了，就会立刻觉得疼痛、麻痒。假如毒液进入眼睛里，那就更糟糕了。所以，请不要贸然招惹它们。

大　　小	成虫体长 14 ~ 15 毫米。
栖息环境	平原、荒野
食　　物	蚂蚁、蜘蛛、蚯蚓等
分布地区	非洲南部地区

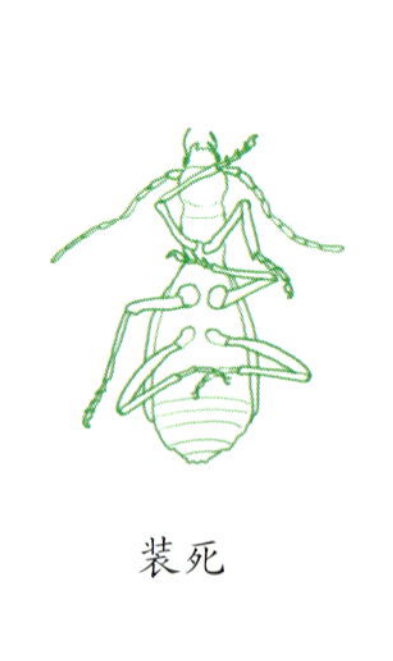

装死

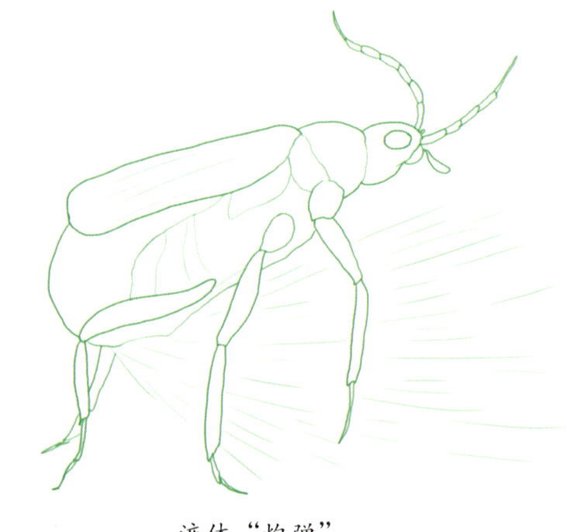

液体“炮弹”

遇敌表现

和大多数甲虫一样，双斑气步甲有着装死的本领。遇到打不过的敌人时，双斑气步甲如果觉得逃不掉，就会立刻倒在地上，一动不动地装死。要是躲不过去，它们就会采取最后的方案：撅起屁股，“砰”的一声从尾部向外喷射出一种液体“炮弹”。这种液体含有毒性，并且温度非常高，倘若命中敌人，就会令敌人感觉又痛又麻、十分难受，双斑气步甲则会趁机溜走。另外，这种方式用在捕食方面也是无往不利。

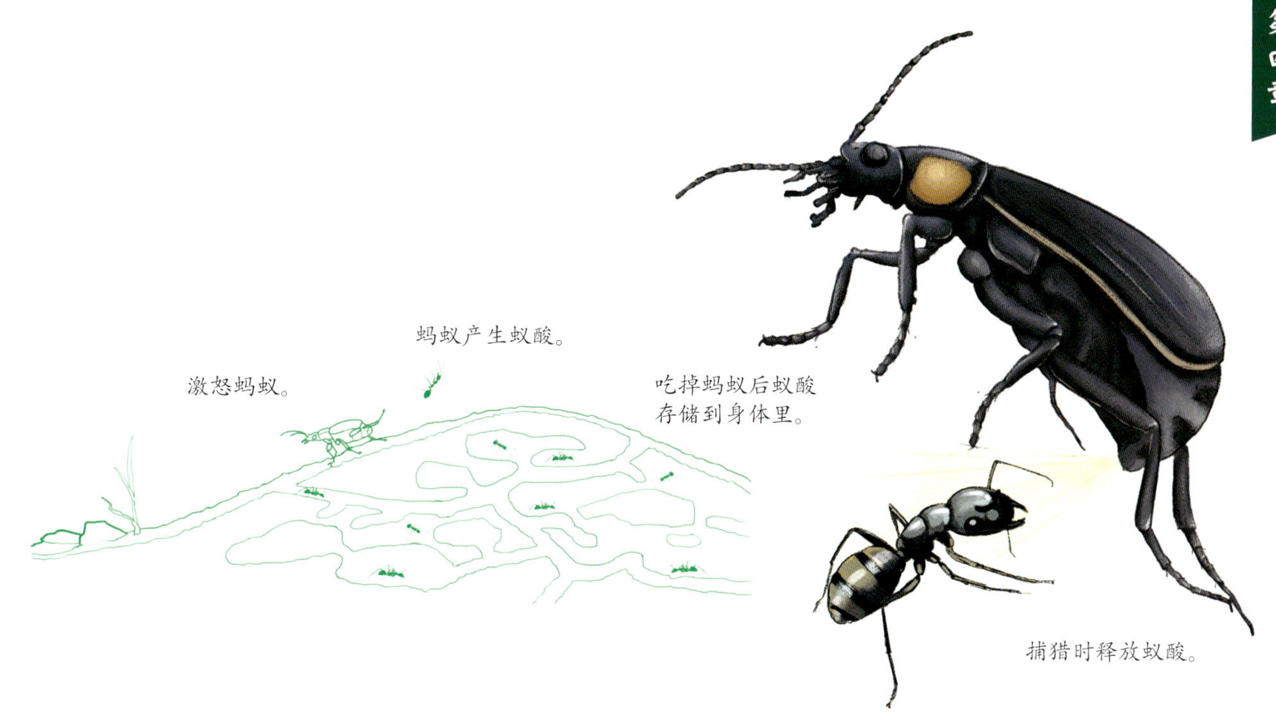

激怒蚂蚁

身为食肉甲虫的双斑气步甲对蚂蚁抱有很大的兴趣。在它们的食谱里，蚂蚁是排在第一位的。捕猎时，双斑气步甲会去骚扰蚂蚁巢穴，等兵蚁出来打算赶走或制服它们时，双斑气步甲就会用健壮的后腿把兵蚁一脚蹬飞，激怒对方，然后吃掉兵蚁。这是因为蚂蚁在生气时身体会主动释放出蚁酸，双斑气步甲吃了这些蚂蚁后，会将蚁酸储存在自己的身体里，等遭遇危险或捕猎时再喷射出去，对敌人造成伤害。

芽斑虎甲 *Cicindela gemmata*

芽斑虎甲看起来和步甲很像，但它们是两种不同的昆虫。芽斑虎甲有着相当强的运动能力，喜好肉食，是优秀的猎手，号称“昆虫中的猎豹”，平时生活在偏僻、潮湿的地方，因为那里有很多猎物。

辨认要诀 芽斑虎甲 >>>

芽斑虎甲体表多呈深褐色，个别成员的背部长有青色花纹；鞘翅很宽，上面长有长条斑纹与黄色圆点，身体底部基本为青色或者青紫色；头部较大，复眼突出，上颚锋利。

大　小	成虫体长15～19毫米。
栖息环境	山坡、田野
食　物	蚂蚁、蟋蟀等小虫
分布地区	中国

间歇性失明

芽斑虎甲成虫在追赶猎物的时候，偶尔会出现眼前一片漆黑、类似失明的情况。这是怎么回事呢？难道是它们的眼睛出了问题吗？其实这是因为芽斑虎甲在高速捕猎的过程中受复眼结构的限制，大脑处理能力不足，这时它们需要停下脚步，重新定位猎物，然后继续追捕。

引路？拦路？

芽斑虎甲虽然有翅膀，但更多的时候还是选择在地面爬行。人们行走在道路上时，经常可以看到它们在不远处安静地休息着。这时人们如果继续向前走，就能够发现原本歇息的芽斑虎甲忽然飞了起来，然后没飞几米就落下来，继续窥视着人们。芽斑虎甲这种行为会重复多次，看上去既像给人们带路，又像阻拦人们前进，因此人们还管芽斑虎甲叫“引路虫”或者“拦路虎”。

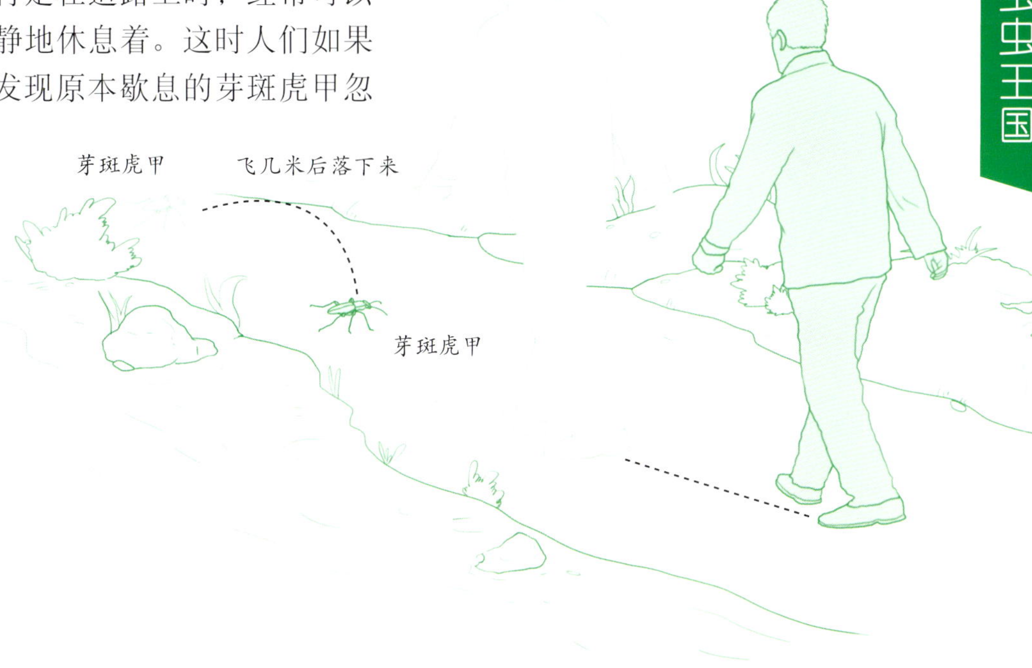

如此捕猎

芽斑虎甲的幼虫和成虫都是了不得的猎手。按道理，幼虫远没有成长起来，是如何做到顺利捕食的呢？原来，芽斑虎甲幼虫从出生起就住在地下坚固的洞穴中，对周围的环境了如指掌。每当有蚂蚁之类的小猎物靠近时，它们就会猛地跳出来拿下猎物，然后拖进洞里饱餐一顿。

捕食的芽斑虎甲幼虫

各种虎甲

◀目前，全世界已知的虎甲足有2000多种，中国的品种占了大约1/20。虎甲主要分为两大类：一类是狭板虎甲，主要分布在热带或亚热带地区；另一类是宽板虎甲，广泛分布于世界各地。

双斑葬甲 *Ptomascopus plagiatus* Menetries

双斑葬甲俗名“埋葬虫”，是一种食腐动物。它们清除了野外的动物尸体，避免了环境被尸体污染的可能，是大自然的清道夫。

辨认要诀 双斑葬甲 >>>

双斑葬甲整体呈黑色，鞘翅中部稍靠前的部位有两个方形的橙色斑纹，这也是它们名字的由来。其身体扁平柔软，适合在尸体下方爬行，头顶的一对触角相当于其嗅觉器官。

▼ 埋葬尸体的时候，如果费了半天力气也没能掘出坑洞来，双斑葬甲就会明白：这里的土质太硬，不适合挖坑。于是，这些家伙会齐心协力，把尸体搬运到合适的地方去埋葬。

大　小	成虫体长12～20毫米。
栖息环境	水边、田野
食　物	动物尸体
分布地区	国内分布较广

食物的好处

尸体在野外停放久了，不仅会腐烂，散发难闻的气味，还会滋生细菌、病毒，绝大多数动物不愿意接近它们。双斑葬甲则不同，对于这些“殡葬师”而言，腐烂的尸体就是无上的美味。这是为什么呢？原来，腐败的尸体里会滋生一种叫“肉毒胺”的毒素，是双斑葬甲必备的营养品。不过，人类或大多数动物是没办法接近这种危险的毒素的。

一切为了宝宝！

有人可能会有疑问：为什么双斑葬甲不立刻把尸体“清扫”干净，反而费了半天劲把它们埋起来呢？原来，双斑葬甲这是为了自己的后代准备粮食呢！双斑葬甲埋葬尸体时，会把卵产在上面，等虫卵孵化，虫宝宝们就不用担心没粮食吃了。

双斑葬甲把卵产在尸体上。

蜂拥而动

双斑葬甲的嗅觉非常敏锐，附近哪里存在尸体，它们很快能感觉到。它们赶到尸体所在的位置后，还会疯狂振动翅膀。这是召唤伙伴的信号。很快，大批感应到信号的双斑葬甲就会蜂拥而至，一起配合着“测量”尸体大小，然后齐心协力地挖坑，把尸体埋葬在地下。

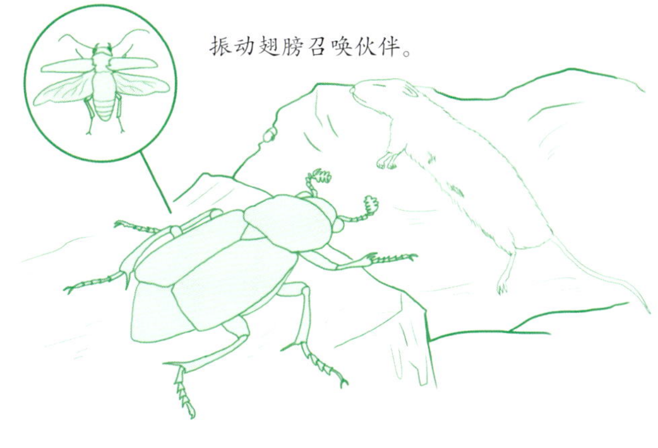

振动翅膀召唤伙伴。

木棉梳角叩甲 *Pectocera fortunei* Gandeze

木棉梳角叩甲是一种较为常见的昆虫，属于大型叩甲的一员。因为在遇到危险时经常会做出“磕头求饶”的动作，所以它们也被称为“磕头虫”“叩头虫”。那么，木棉梳角叩甲真的是遇敌就磕头的懦夫吗？

大　小	成虫体长约26毫米。
栖息环境	田野
食　物	植物
分布地区	国内分布较广。

辨认要诀　木棉梳角叩甲 >>>

木棉梳角叩甲体形较大，身体扁平，体色一般为棕褐色，鞘翅及背部具有不规则的浅色斑纹，头部小，复眼大而突出。触角是雌虫与雄虫最大的区别：雌虫的触角呈锯齿状；雄虫的触角第3～10节各部位都长着狭长形叶片，为栉齿状。

“叩头”的真相

前文提到木棉梳角叩甲在遇到敌人威胁时会一点儿骨气都没有，直接“磕头求饶”。这实在是大大地冤枉了它们。如果看到木棉梳角叩甲接下来的动作，你就会隐约明白它们“磕头”的意义了。木棉梳角叩甲“叩头”后，会突然向上弹起很高，在吓敌人一跳的同时，自己也逃离了险境。木棉梳角叩甲不仅在遇敌时“磕头”，遇到障碍也会“叩头”，就连向雌性求爱时也会如此。

遇障碍叩头

求爱叩头

原理何在？

木棉梳角叩甲足部纤细，短胳膊短腿，怎么会弹得那么高呢？真相就在它们不一样的身体构造中。原来，木棉梳角叩甲的前胸部位有一个古怪的小突起，当它插入胸口处的槽里时，二者就会组成一个奇特的机关。此时的木棉梳角叩甲在躺下的同时，把头部向后仰，然后把背部高高拱起，就会在身体下方形成一个空白区。最后，木棉梳角叩甲只要猛地伸直前胸，再用背部撞击地面，就会被强大的反作用力狠狠弹到半空去。

◀ 叩甲家族中的大部分成员是对农作物存在威胁的害虫。不过，木棉梳角叩甲不同。它们是一种有经济价值的昆虫，目前已经被收录在《国家保护的有益的或者有重要经济、科学研究价值的陆生野生动物名录》中，属于国家保护性昆虫。

圣蜣螂 *Scarabaeus sacer*

圣蜣螂因为以人或动物的粪便为食，所以也被称为“屎壳郎”或者“大自然的清道夫”。在庞大的蜣螂家族中，圣蜣螂的名气最大，许多影视剧和文学作品中提到的“圣甲虫”其实就是圣蜣螂的化名之一。

大　小	成虫体长 10 ～ 30 毫米。
栖息环境	田野、平原
食　物	人或动物的粪便
分布地区	北非、南欧、中亚、东亚

辨认要诀　圣蜣螂 >>>

圣蜣螂的身体呈扁平圆形，体色为黑色，光泽晦暗，足部形态十分适合挖掘；头部较宽，呈扇形，头部顶端的触角很短，呈鳃叶状，对它们的帮助很大。

▶ 由于圣蜣螂喜欢食用动物的粪便，因此许多畜牧业发达的国家会引进它们。这样不仅可以改善环境，而且能及时遏制寄生虫、苍蝇等害虫的泛滥，降低传染病发生概率，更能大大地减少清理成本。

将卵产在滚来的粪球里。

滚动粪球的方向几乎保持一条直线。

抢夺粪球。

滚粪球

圣蜣螂一旦发现新鲜的粪便，就会先冲上来围着粪便绕几圈，把苍蝇全赶跑，然后把自己扁平的头部当成铲子，将粪便从地面铲起，再用锯齿状的前腿不停拍打粪便，直到把原本形状不规则的粪便拍成一个圆球。制作完成后，圣蜣螂就会推着粪球来到一个安全的地点藏起来，慢慢享用美食。另外，雌性圣蜣螂会将卵产在粪球上，目的是雄性希望几天后幼虫出生时能够饱餐一顿。

我有姿势我自豪

圣蜣螂滚粪球的姿势和其他蜣螂没什么不同，都是转过身子，将中、后足搭在粪球上，倒退着滚动。它们行进时也许看上去磕磕绊绊、东倒西歪的，似乎十分吃力，但总体而言，圣蜣螂基本还是朝着一个方向滚动的，几乎可以保持一条直线。

打劫的强盗

如果你看到一只圣蜣螂在滚粪球，而它的同伴凑上来时，可千万别认为这是伙伴间的互相帮助。实际上，这是一种野蛮的抢劫行为。当滚粪球的圣蜣螂发现合适的地点，放松警惕，准备挖坑时，它的“伙伴”就会化身强盗，迅速夺取粪球，并扬长而去。

黄缘龙虱 *Cybister japonicus*

黄缘龙虱的成虫和幼虫都是昆虫界的游泳健将。不仅如此，成年的黄缘龙虱长有翅膀，这意味着它们是一种“入水能游，出水能飞”的全能型选手。

黄缘龙虱是一种大型昆虫，身体既圆又扁还平，体色主要偏向于褐色，鞘翅呈黑青色，在阳光下闪烁着金属光泽。鞘翅的边缘长有黄色的边，这也是黄缘龙虱名字的由来。

大　　小	成虫体长 35 ～ 40 毫米。
栖息环境	池塘、水洼、水田、沟渠
食　　物	鱼类、青蛙、螺类、其他昆虫
分布地区	国内分布广泛。

潜水能手

黄缘龙虱有一门绝技，那就是能够长时间生活在水下，不用浮上水面换气。这并不是因为黄缘龙虱肺活量好，毕竟昆虫没有肺，而是因为其腹部有两排贯通全身、长满刚毛的气孔，也就是气门。气门能将储存在鞘翅和腹部之间已经被过滤掉杂质的空气通过器官传输到体内。这样黄缘龙虱就像背了一个大氧气瓶，自然能够长久地潜水。

黄缘龙虱捕猎。

凶猛的捕食者

黄缘龙虱个头不大，但性格很凶猛。它们不仅经常捕食一些蝌蚪、小虫子、小虾来填饱肚子，甚至会攻击比它们大上许多的鱼类、青蛙。当青蛙或鱼类被黄缘龙虱咬伤，血腥味在水里传开后，许多黄缘龙虱会游过来朝可怜的猎物发起攻击，直到将它们咬死，然后分食掉。

◀ 以前，黄缘龙虱的数量非常多，人们很容易就能在田野间的水洼里、池塘中看到它们游动的身影。随着环境污染越来越严重，水质变得越来越差，黄缘龙虱渐渐变少。如今，它们已经成了濒临消失的珍稀昆虫。

水中死尸被黄缘龙虱分解进食。

水中清道夫

黄缘龙虱一般生活在比较浅的水域，尤其喜欢水草丛生的地方，因为那里的地形十分适合隐藏起来捕猎。除了捕食活着的猎物，它们还会对已经死去的水生动物下手，比如死鱼、死青蛙之类。由于清理了水中的死尸，保护了水体的清洁，因此黄缘龙虱也被称为“水中清道夫”。

尖突水龟虫 *Hydrophilus acuminatus*

尖突水龟虫和黄缘龙虱的外形有很多相似点，如果不仔细观察的话，很容易把这两种昆虫弄混。尖突水龟虫体形要比黄缘龙虱小一些，游动速度远不如黄缘龙虱快。

大　　小	成虫体长 35 ～ 40 毫米。
栖息环境	池塘、水田
食　　物	硅藻等水草、水面上的枯叶腐草
分布地区	中国、日本、朝鲜、缅甸

两种虫的差别

为了让大家能把尖突水龟虫与黄缘龙虱区别开来，这里简单说一下两者的差异：其一，尖突水龟虫背部隆起的弧度比黄缘龙虱更高；其二，尖突水龟虫的体色比黄缘龙虱更深、更黑；其三，尖突水龟虫善于在水中爬行，而黄缘龙虱更擅长潜水。

辨认要诀　尖突水龟虫>>>

尖突水龟虫的身体呈黑色或黑褐色，背部高高隆起，光泽明显，3对足十分灵巧；头部较小，触角很短，下颚长有细长的须，和触角的长度差不多。

水龟虫

龙虱

水龟虫

在水中游走

尖突水龟虫之所以能在水下顺利地游走，全靠自身独特的器官结构。它们短小触角的一边有一条浅槽，上面长满了小细毛。这些毛可不一般，有着不会被水打湿的特性，构成了一条管道。尖突水龟虫需要呼吸时，只要浮出水面，让空气从管道进入，储藏在那些短毛上，形成肉眼看不见的空气层，然后在运动的过程中把空气层吸入藏在鞘翅下方的气管和贮气腔内，同时用触角在水中换气就可以了。

“水下环卫工”

尖突水龟虫十分喜爱水中的腐烂草茎与粪便，一旦发现这些“美味”，就会呼朋唤友，一起将“美食”消化得干干净净。正是因为这种爱好，尖突水龟虫也被人们戏称为“水下环卫工”。

梨金缘吉丁虫 *Lampra limbata* Gebler

庞大的吉丁虫家族里大约有13000种成员，大多数成员的色彩非常绚丽。过去，贵族间十分流行用吉丁虫做装饰品。梨金缘吉丁虫就属于色彩艳丽的成员之一。

辨认要诀　梨金缘吉丁虫 >>>

梨金缘吉丁虫是吉丁虫家族里最漂亮的成员之一。绿色的外表闪烁着金色的金属光泽，上面还点缀着点点黑色斑痕；头部较小，顶端触角呈黑色锯齿状；前胸背板与鞘翅边缘都具有金红色纹带，看起来十分炫目。

大　小	成虫体长13～18毫米。
栖息环境	草地、林区
食　物	幼虫以树干皮层为食，成虫以枝叶为食。
分布地区	国内分布较广。

爆皮虫

雌性梨金缘吉丁虫完成交配后，会用口器将树皮撕咬开，把虫卵产在里面。虫卵孵化、幼虫出生后，就开始了对寄生树木的破坏之旅。这些幼虫会四处啃食树木枝干，吸收营养来使自己成长。长此以往，树木就会变得病恹恹的，严重的时候甚至会出现树皮爆裂的现象。因此，梨金缘吉丁虫在幼年时期也被称作“爆皮虫”。

梨金缘吉丁虫幼虫

装死技能

一如绝大多数鞘翅类昆虫，梨金缘吉丁虫也继承了源自血脉的装死能力。每当遇到不可力敌的危险时，它们就会收拢腿脚，“啪嗒”一下倒在地上，一动不动，假装自己已经被吓死。只要敌人一放松警惕，梨金缘吉丁虫就会立即开溜。

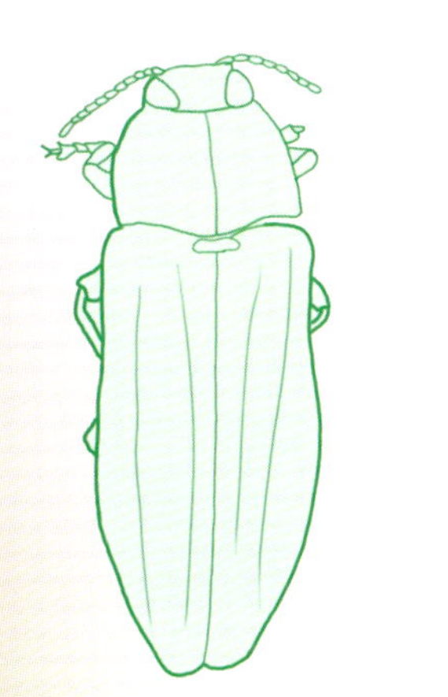

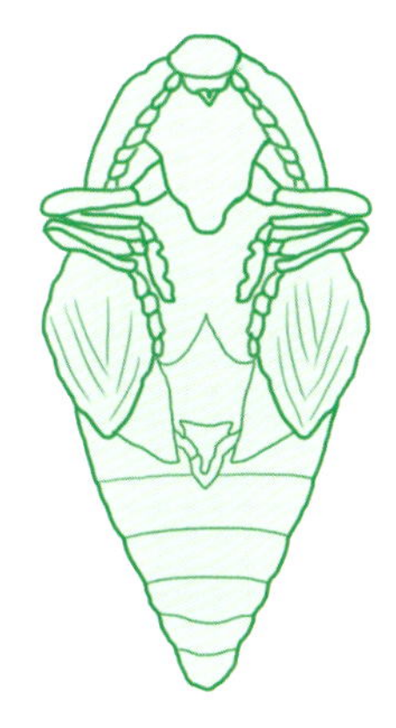

遇敌时收拢腿脚摔在地上装死。

▼ 在维多利亚时代，英国的上流社会将色彩绚丽的吉丁虫视作贵重的东西。日本更是将吉丁虫装饰升华为艺术，发展出了“玉虫涂”（涂：在日语里的意思类似漆器）。日本仙台市就有一家著名的“玉虫涂”工厂。

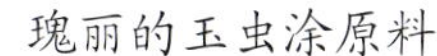

瑰丽的玉虫涂原料

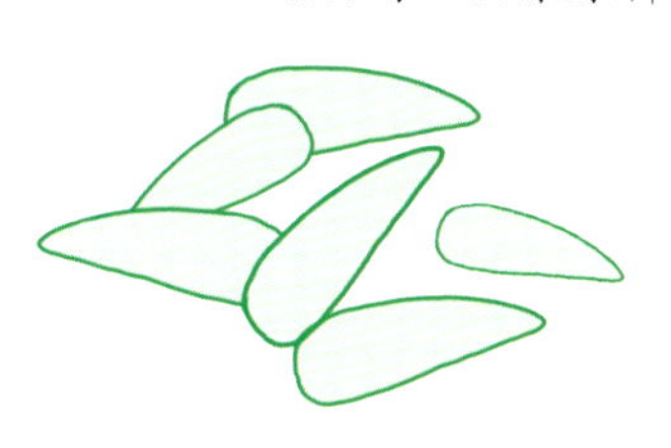

“白天鹅”的过去

虽然成熟的梨金缘吉丁虫看起来多姿多彩、美丽迷人，但有谁能想到它们幼年时期会是多么丑陋呢？梨金缘吉丁虫幼虫肤色惨白，无足无脚，前胸部位臃肿肥大，腹部却纤细瘦长，整个身材的比例显得特别不协调，十分难看。有谁能想到未来的它们会“丑小鸭变天鹅”，成为时尚界的宠儿呢？

红毛窃蠹 *Xestobium rufovillosum*

红毛窃蠹是一种臭名昭著的害虫。它们藏身于成熟大树的树皮里或者木质结构建筑中，将木材内部蛀蚀得千疮百孔、一塌糊涂，给人类带来经济与文化上较大的损失。

辨认要诀 红毛窃蠹 >>>

红毛窃蠹是鞘翅目窃蠹科的成员之一，是一种对人类有害的甲虫。它们的体色为深绯红色，黄色的鳞状毛发遍及体表（包括鞘翅）；头部较大，口器发达，能轻松咬穿木材。

大　小	成虫体长 5 ～ 7 毫米。
栖息环境	树木、木质建筑
食　物	木材
分布地区	亚洲、欧洲

“报死虫”的传说

据说很久以前，当某一个家族中有老人快去世的时候，老人的亲属都会陪在他的身边，让老人感受人间最后的温暖。这些亲属在陪伴的过程中，经常能听到房屋的木质墙壁里传出空洞的响声，就像有人敲打着墙壁一样。然而，他们去察看时却发现什么也没有。于是，他们惊恐地认为，这是墙壁里的幽灵在提醒老人时日无多了。后来，人们才发现这只是木墙里的蛀虫用头撞墙发出的声音。因此，人们把这种蛀虫称为“报死虫”，也就是红毛窃蠹。

红毛窃蠹幼虫在家里的墙壁为害。

敲墙的真相

发现红毛窃蠹以后，人们就开始了对它们的研究：这种小虫子为什么会用头撞墙？那种恐怖的“啪嗒啪嗒”声到底有什么意义？后来，昆虫学家终于破解了谜题。原来，红毛窃蠹幼虫寄生在木质建筑里到处啃食，在木材里钻出了许多隧道。到了求偶的时候，红毛窃蠹会用头部或大颚碰撞隧道发出声音，吸引异性前来交配。过去科学不发达，加上红毛窃蠹求偶的声音经常在深夜的房子内部发出，因此才被认为是预告死亡的声音。

红毛窃蠹幼虫所造成的破坏

▶成年的红毛窃蠹基本是一种无害的昆虫，其幼虫才是破坏木材的罪魁祸首。建议采取生物学的方式对其进行防治，比如用蜘蛛或特制的生物香水，这样既不会污染环境，也能达到防治的目的。

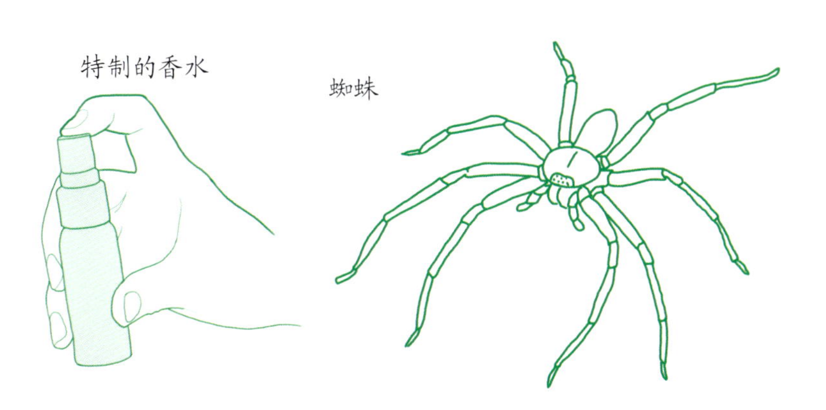

日本豉甲 *Gyrinus japonicus* Sharp

瞧，水面上漂着的是什么？它又黑又小，闪着锃亮的光泽，看上去有点像鸡蛋壳。呀，它还能动呢！原来，这是一种昆虫，叫作“日本豉甲”。

大　　小	成虫体长6～7毫米。
栖息环境	池塘、水洼、水田
食　　物	蚊子之类的小昆虫
分布地区	亚洲

辨认要诀　日本豉甲 >>>

日本豉甲背部高高隆起，体色漆黑，翅鞘边缘混杂着一些铜色，散发着光泽。其独特而精致的外表看上去像黑亮的鸡蛋壳。相比雄虫的美丽，雌虫要显得落魄许多。

眼睛还分上下?

在人们的印象中，大多数动物的眼睛只分左右。不过，日本豉甲却不同，其眼睛分为上眼和下眼。这两种眼睛都是为了帮助日本豉甲捕食而生的。其中，上眼用来观察在空中飞来飞去的昆虫，下眼用来注意水面上是否有昆虫落下。如果发现有虫子从空中落下，它们就会用自己粗壮结实的前足逮住对方。

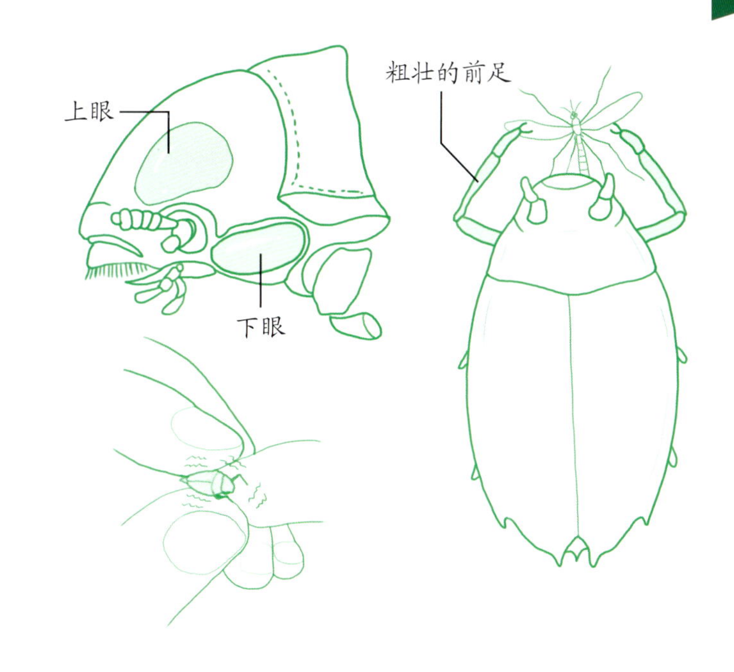

敌人来袭

遭遇敌人时，日本豉甲会迅速游到水底躲藏起来，直到对方离开，警报解除，才会从水下游上来。如果被敌人或者好奇的人类抓住，那么日本豉甲还会释放一种难闻的气味，迫使对方扔掉自己，然后逃之夭夭。

日本豉甲潜水躲避天敌。

快速游动

在波澜不惊的水面上，我们经常可以看到成群结队的日本豉甲伸展着足部，在水面上画圈。它们游动得非常快，经常在人们一个留神间就游出很远。这是因为日本豉甲的中足与后足长得既扁又平，像船桨一样，虽然有些短，但并不影响它们在水里的动作。

▶ 随着地球水质污染的加重，人们已经很难像过去那样见到大量结伴出行的日本豉甲。它们现在一般是单独在水面游动，或者最多两三只组成一个小队伍在水上“画圈”。

在水面盘旋的日本豉甲

杨叶甲 *Chrysomela populi*

在所有的叶甲虫里，杨叶甲是体形最大的品种之一。每年的春天到秋天是它们活跃的季节。从名字可以看出来，杨叶甲喜欢啃食树木，尤其对杨树情有独钟，是破坏树木“身体”健康的大害虫。

辨认要诀 杨叶甲 >>>

杨叶甲的外形和瓢虫非常相似：体形较大，背部向上高高隆起；身体呈黑色，鞘翅则为鲜亮的红色，在灯光下闪烁着艳丽的光泽；头部很小，触角较长，看起来像两根长线，上面长有分节。

大　　小	成虫体长约11毫米。
栖息环境	林地、田野
食　　物	树叶
分布地区	亚洲、北非、欧洲

糟糕的虫害

每年春末夏初，也就是5—6月，是杨叶甲活动最频繁的时期。成年的杨叶甲成功度过难熬的冬季后，会在初春产下虫卵，等到虫卵孵化后，大批幼虫就会出现。它们与成虫的食物都是树叶。被杨叶甲啃食过的树叶常常千疮百孔、惨不忍睹。因为数量众多，所以杨叶甲对林木的破坏与给人们带来的损失都是不可小觑的。

相同的反应

甲虫家族里的众多成员在面对危险时，腿脚好的选择溜之大吉；腿脚慢的假装自己已经死掉；脾气暴躁的会用自己的方式反抗敌人。同属于甲虫的杨叶甲在遇到威胁时也不外乎以上几种反应。不论是杨叶甲的成虫还是幼虫，如果被人抓住，都会作出一致的反应：一边散发难闻的异味，一边喷射有些恶心的灰色汁液。

装死

散发难闻的异味

▲在人们的印象里，昆虫是卵生动物，但世事无绝对，远在南美洲的巴西，昆虫学家就发现了一种直接产出活体幼虫的叶甲。难道它们真的是胎生吗？部分昆虫学家认为：这是一种伪胎生行为，即卵在雌虫身体内部发育成完整个体再产出体外，虽然类似胎生，但并没有像胎生那样与母体存在物质交换的关系。

麦长管蚜 *Sitobion avenae* Fabricius

绝大多数昆虫的食谱里有蚜虫，蚜虫几乎处在食物链最底端。但是，蚜虫却是啃食农作物、对农业造成破坏的害虫。麦长管蚜就属于这个族群。

辨认要诀 麦长管蚜 >>>

麦长管蚜不论雌雄，个头都非常微小，每只都和芝麻差不多大。其体形相对来说较为狭长，通身呈草绿、灰白以及橙红色。足部纤长，头部很小，触角较长，腹部末端长有一对黑色的腹管。

大　　小	成虫体长约3毫米。
栖息环境	田野
食　　物	农作物汁液
分布地区	国内分布较广泛。

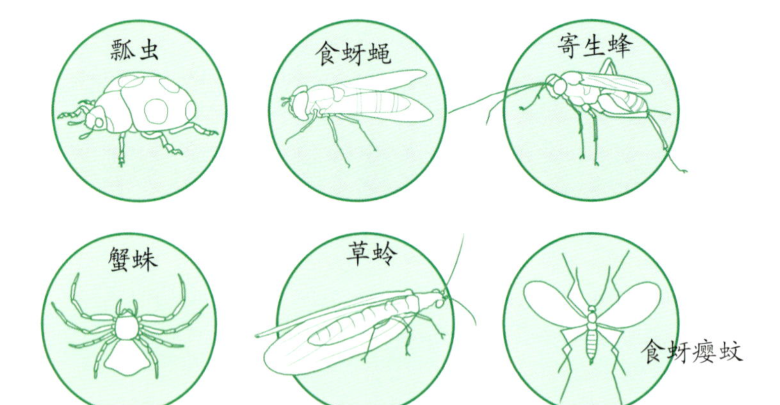

蚜虫天敌

强大的繁殖力

别瞧这些小不点一个个只有芝麻大，但架不住“虫多势众”啊！而且，它们的繁殖能力很强，一到繁殖期，雌虫就会产下一大堆虫卵。一只雌性麦长管蚜一年甚至可以繁殖10代！

带来的危害

看名字也能猜到，麦长管蚜是祸害麦类作物的“主力”之一。被它们寄生的麦类作物，尚未成熟的叶子会停止生长并干枯至死，而已经成熟的叶子也会变得干瘪枯萎，作物本身更会患上不得了的疾病，如果不及时治疗的话，只有死路一条。更糟糕的是：假如麦长管蚜扩散开，那么被影响到的就不局限于一块区域，而是整片田地。

温度和湿度带来的影响

麦长管蚜具有远距离飞行的能力，可以凭借自身的本领以及气流的携带作用而迅速扩散，危害一大片区域。据昆虫学家研究，这些小昆虫不仅能以吸食汁液的方式对麦类作物造成危害，而且可以靠自身携带的病毒来间接搞破坏。后来，昆虫学家又发现，麦长管蚜的飞行能力实际上会受到大自然温度与湿度的共同影响。这个重要发现将为防治麦长管蚜提供重大帮助。

蟪蛄 *Platypleura kaempferi*

蟪蛄是一种小型蝉类，和人们所熟知的“知了”属于同一个大家族。与那些强壮的同类比起来，蟪蛄身体很脆弱，叫声也不响亮，但它们对树木造成的伤害却一点儿也不弱。

辨认要诀 蟪蛄标本 >>>

蟪蛄全身覆盖着短短的绒毛，前翅长满云状的纹饰，后翅除边缘部分为透明外，大部分的颜色与背部相同，基本呈黑色，表面有“W”形纹路。

▼ 中国人对蟪蛄的认知已经有几千年的历史了。“朝菌不知晦朔，蟪蛄不知春秋”是战国时期著名思想家庄子的著作《南华经·逍遥游》中的一句话，说的是朝生暮死的菌类不知道月有阴晴圆缺，田间的蟪蛄不知道一年有四季，可以引申为人们受限于自己的眼界，见识都有极限。

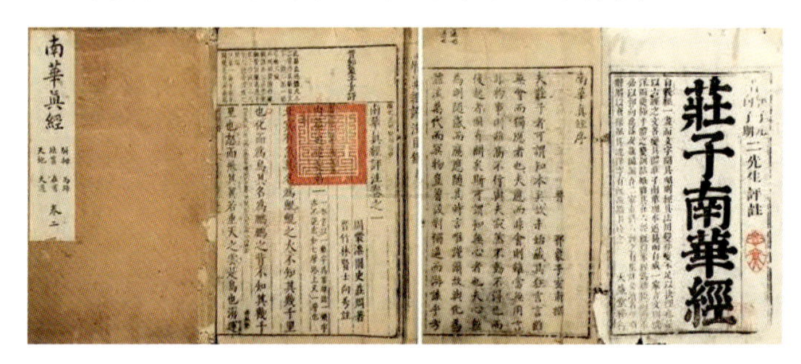

南華眞經

莊子南華經

庄子《南华经》书影，内含《逍遥游》。

绝妙的伪装

蟪蛄的身体和翅膀表面基本全是一些纹饰。这其实是它们的一种天然伪装。有了这些纹路的装点，趴在树干上的蟪蛄就显得一点儿也不突兀了。这种天然的伪装在很多时候帮助了蟪蛄，使它们生存的概率大大提高。

蝉在叫

蟪蛄刚完成蜕皮变为成虫的时候是不能鸣叫的，因为此时它们的发声器官还太过脆弱。几天以后，发声器官变得僵硬、结实，蟪蛄才会叫出声来。起初，蟪蛄的叫声并不大，随着时间的推移，声音会越来越响亮，直到达到一定程度。完全成熟的蟪蛄鸣叫时先是发出“吱吱”声，然后声音慢慢变低，又猛地拔高，如此反复。蟪蛄鸣叫是不分白天黑夜以及天气好坏的。另外，只有雄虫才能鸣叫，雌虫是天生的“哑巴”。

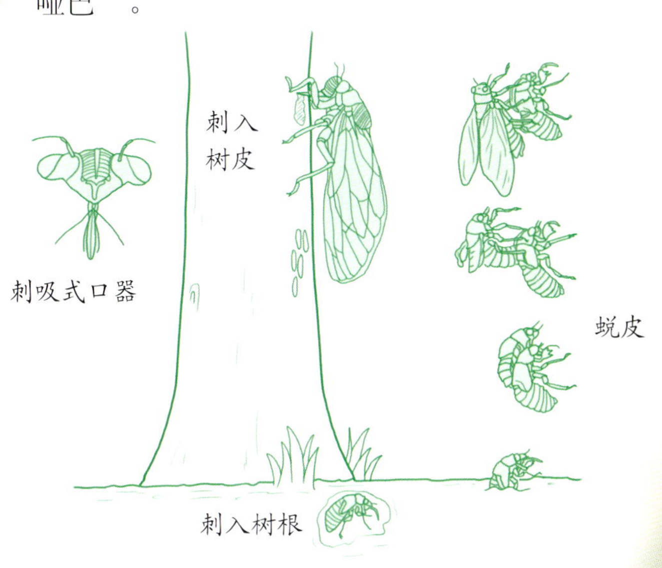

危害性

蟪蛄进食的时候会趴在树干上，把尖锐的口器插入树皮中吸食汁液。被它们吸食过的地方，汁液会流淌出来。当这些汁液与空气里的脏东西发生反应后，霉菌会大量滋生，致使树干变黑、生病。幼年的蟪蛄则待在地下，以吸收树木根部的营养为生。

大　　小	成虫从头顶算到翅膀末端长度为 35～40 毫米。
栖息环境	林地
食　　物	树木汁液
分布地区	国内分布较广泛。

鸣蝉 *Oncotympana maculaticollis*

“知了”是许多人童年时喜欢把玩的昆虫。它们的正式学名其实叫“鸣蝉”。

辨认要诀　鸣蝉标本 >>>

鸣蝉，也就是“知了”，主体呈黑色，体表有白色与绿色的花纹相互交织；背部的翅膀透明且呈淡淡的褐色，看上去几乎比身体还要长；背板有着绿色的纹饰，口器尖锐，能轻松插入树干中。

莫叫我停下来！

鸣蝉非常喜欢鸣叫，不管天气晴朗还是乌云密布，都不会停下伟大的“歌唱事业”。尤其是在晴空万里的白天，鸣蝉发出的叫声最洪亮。鸣蝉叫完一次就会转移，从一棵树上飞到另一棵树上。鸣蝉攀附的地方不局限于高大或者低矮的树木，有时候它们也会爬到其他地方，比如某些建筑物的墙壁上，继续叫个不停。

招蜂引蝶

昆虫学家认为，鸣蝉的叫声对同类有着吸引作用。昆虫学家曾做过一个简单的实验，发现当一只雄性鸣蝉叫完并飞离树木时，其他听到声音的雄性或雌性鸣蝉就会聚集到那棵树上。

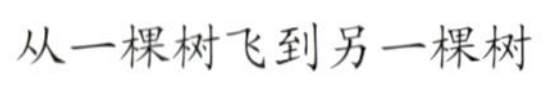

从一棵树飞到另一棵树

特别的叫声

鸣蝉既然被冠以“鸣”字的头衔，想必叫声一定是它们的特点之一。事实的确如此，与其他同类比起来，鸣蝉的叫声显得那么独特。一开始，鸣蝉先发出“吱吱吱”的声音，如此重复几次后，会以一声拉长的“吱——”作为结尾。

大　　小	成虫从头顶算到翅膀末端长度为 55 ～ 65 毫米。
栖息环境	林地、田野、山坡
食　　物	树木汁液
分布地区	国内分布广泛。

油蝉 *Graptopsaltria nigrofuscata*

油蝉是蝉类大家族中的一员，一般生活在山坡上或者田野上长得葱葱郁郁的树林里。油蝉并不像其他亲戚一样对“歌唱事业”那么热衷，起码不会成天到晚叫个不停。

辨认要诀 油蝉 >>>

油蝉的身体主要呈黑色，体表长有褐色的纹饰；背部有大大的、浅绿色的翅膀，长度超过虫身部分，上面有褐色与黑色混合的花纹；前足长得像耙子，3对足能够轻松攀爬树干；头部不大，复眼突出，口器尖锐。

大　小	成虫从头顶算到翅膀末端长度为50～60毫米。
栖息环境	林地、田野、山坡
食　物	树木汁液
分布地区	中国、日本、朝鲜

日常活动

每年盛夏时节，也就是 7—9 月，是油蝉全年最活跃的时间段。即便如此，油蝉也不会白天黑夜地不停鸣叫。白天，油蝉精神不算太好，只会偶尔叫上那么一两声；等到太阳落山，油蝉就会马上变得生龙活虎起来，到处飞来飞去，大声地叫个不停。

昼伏夜出

名字的由来

油蝉之所以得名，不是因为它们以油为食，也不是因为它们生活在油里，而是因为它们独特的叫声。油蝉鸣叫时，先会发出一阵粗而缓慢的“咯吱”声，然后声音慢慢变得高昂、迅速起来，最后逐渐放慢速度、减弱声音，直到停下为止。因为油蝉发出的鸣声和锅中滚油沸腾的声音很像，所以它们才有了这个名字。

汁液真好喝

一般情况下，油蝉喜欢生活在橡树、梨树、松树等林木上。与其他蝉类一样，油蝉的成虫及幼虫都以甜甜的树木汁液为食，只不过前者依附在树干上进食，后者则生活在地下，吸食树木根部的营养成分。

吸食树汁的油蝉

▶油蝉趴在树干上吸食汁液时，会有树浆顺着它们吸食的树木“伤口”流出来。汁液里面有较高的糖分，非常容易吸引其他喜爱甜食的昆虫过来，比如苍蝇、金龟子、蚂蚁等等。其中，蚂蚁是经常和油蝉抢夺树汁的“恶客”。

长鼻蜡蝉 *Fulfora candelaria*

长鼻蜡蝉虽然名字里带有一个“蝉”字，但严格来讲，它们和那些成天喜欢在树上鸣叫的蝉是两种不同的昆虫，顶多算是近亲。两者的差别不仅体现在外观上，也体现在生活习性上。

辨认要诀 长鼻蜡蝉 >>>

长鼻蜡蝉体色异常鲜艳，前翅斑纹交错，十分美丽。它们最引人注目的还要数那艳红色、半透明的长鼻子，长度几乎和身体相等。

龙眼鸡

长鼻蜡蝉是正式的学名，民间一般少有人知。在中国，长鼻蜡蝉更多被提及的应该是它们的俗名——龙眼鸡。这是因为人们发现长鼻蜡蝉经常取食龙眼的汁液，加上它们自身属于高蛋白食物，营养价值比鸡还高，所以就被这么称呼了。

香港长鼻蜡蝉邮票

▲ 2000 年，香港特别行政区曾经公开发行了一套以昆虫为主题的邮票。邮票一共有 4 枚，其中一枚上面描绘的正是世界上最美丽的害虫之一——长鼻蜡蝉（龙眼鸡）。其余 3 枚分别是条点沟龟甲、香港裳凤蝶、黄点大蜻。

意外的美食

长鼻蜡蝉虽然是人人喊打的大害虫，却有着非常高的营养成分，是一种高蛋白昆虫。在中国的南方地区，经常有农家或商户去捕捉一些长鼻蜡蝉，或油炸，或椒盐，炮制后是一道很好的美味。

是个祸害！

长鼻蜡蝉生活在果园里，经常把长长的“鼻子”戳进果树的树干里吸食汁液与营养物质。长此以往，原本健康的果树就会被长鼻蜡蝉害得干枯萎缩，甚至就此死亡。而且，不管是长鼻蜡蝉的成虫还是幼虫，都寄居在果树上，以吸取汁液为生，并给果树带来严重危害。就连长鼻蜡蝉留在树上的排泄物也会诱发疾病，伤害果树。

大　　小	成虫体长 20 ~ 23 毫米。
栖息环境	果园
食　　物	龙眼、荔枝、杧果、柚子、橄榄等
分布地区	中国南方及东南亚各国十分常见。

斑衣蜡蝉 *Lycorma delicatula*

如果说长鼻蜡蝉与我们印象里的蝉还算有些相似的话，那么斑衣蜡蝉从外形上就和“蝉”差了十万八千里，倒是像飞蛾的地方更多一些。

大　小	成虫体长 14 ～ 22 毫米。
栖息环境	林地
食　物	臭椿、葡萄、爬山虎等植物汁液
分布地区	国内分布广泛。

辨认要诀 像飞蛾的斑衣蜡蝉 >>>

斑衣蜡蝉体色灰黄相间，腹部与背面各有一些黑色斑纹；前翅基部大部分呈灰褐色，散布有几十个小小的黑点；后翅黑、红、白三色混杂，上面也长有一些小黑点。

▲成年的斑衣蜡蝉一般会选择群居生活。因此，我们经常能在新生的树梢上看见几十只斑衣蜡蝉聚在一起，排列成一条直线吸食汁液。它们这样的行为会使林木发生煤烟病、嫩梢萎缩、畸形等严重病变。

虚张声势

在面对即将出现或者已经发生的危险时，昆虫们有各自的保命手段，比如装死、喷射臭气（液）、直接逃跑等。当发现危机来临时，成年的斑衣蜡蝉不会选择飞走或逃跑（它们的飞行能力并不好），而是猛地张开翅膀，露出颜色鲜艳的后翅耀武扬威，试图吓跑敌人。

猛地张开翅膀

有害与有益

斑衣蜡蝉最喜欢吸食植物汁液，经常流窜于各种植物上，吸取它们的养分，是多种果树以及经济林木上的重要害虫之一。不过，斑衣蜡蝉虽然是害虫，却有着相当大的药用价值，晒干后可以入药，被称为“樗鸡”。

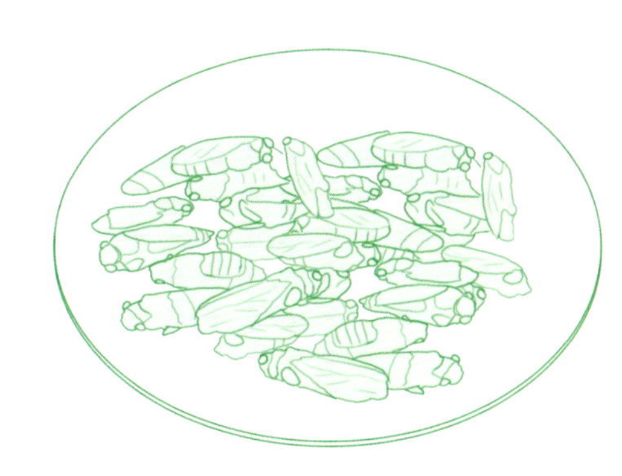

晒干的樗鸡

特别的外表

斑衣蜡蝉因为其五颜六色的外表，有了许多别名，比如花蹦蹦、花姑娘、灰花蛾等。斑衣蜡蝉虽然和其他蝉类同属于半翅目，但不管雌虫还是雄虫，既没有印象中蝉的外表，也不会像蝉那样鸣叫。可是，如果说它们更接近鳞翅目的蛾，却没有蛾的习性，也不会掉“粉”。这真是令人感到惊奇。

紫胸丽沫蝉 *Cosmoscarta exultans*

和之前那些奇形怪状的“蝉”相比，紫胸丽沫蝉显得正常多了。除了体色比较艳丽，它们的外表还是比较接近“蝉”的。

大　　小	成虫体长约 14 毫米。
栖息环境	灌木、田野
食　　物	植物汁液
分布地区	国内分布广泛。

辨认要诀　紫胸丽沫蝉 >>>

紫胸丽沫蝉的体色主要为紫黑色；头部颜面隆起，两侧有横沟，呈黑色；前胸背板为黑色，带有光泽；前翅从基部的红色渐变为顶端的白色，翅膀上长有很多大的黑斑。

▲ 紫胸丽沫蝉有着不逊于跳蚤的跳跃能力。它们的后腿非常强健，可以在弹跳前积蓄足够的能量，并在起跳的瞬间全部释放出来。因此，它们能跳起相当可观的高度。此外，紫胸丽沫蝉还能够连续弹跳。

撒尿成雨

有时，人们站在一棵树下，会忽然感觉头顶一湿。是下雨吗？可是抬头一瞧，晴空万里。也许这是树上的紫胸丽沫蝉在作怪。它们进食大量植物汁液后，身体无法消化，就会将体内不需要的水分和糖分排出体外。树上聚集的紫胸丽沫蝉多了，那些堆积的排泄物就会“哗啦啦”一齐落下，就像下雨一样。不过请放心，这种排泄物对于人和植物是无害的。

幼虫用泡沫包裹自己。

泡泡虫

在完全演化为成虫前，紫胸丽沫蝉的若虫是生活在灌木上以吸食汁液为生的。此时的若虫因为发育不完善，身体还十分娇嫩、脆弱，经不起大风大浪。为了保护自己，若虫从出生开始就吮吸寄居植物的营养，然后从体内分泌出一种像清洁剂的泡沫物质，并从肛门排泄出来。渐渐地，大量具有一定黏性的泡沫包裹了若虫，在其体外形成一层保护膜。有了这些湿润泡沫的保护，若虫不仅避免了干渴至死的命运，还让捕食者因为其外观与难闻的气味而难以下手。

中华虎凤蝶 *Luehdorfia chinensis*

中华虎凤蝶是国家二级保护动物，也是中国独有的一种野生蝶，因独特性和珍贵性被昆虫学家称为“国宝”。

短暂的生命

这里所说的短暂，指的是中华虎凤蝶身为成虫时期的生命，并不包括它们的蛹期。其蛹期长达 300 天。中华虎凤蝶破茧化蝶的时间一般在每年的 3 月上旬。到 3 月底 4 月初，绝大多数雄蝶会死亡。雌蝶的寿命也仅仅比雄蝶多出一周时间，为的只是产下后代。

大　小	成虫体长 13 ～ 18 毫米，翅展 43 ～ 63 毫米。
栖息环境	林地、田野
食　物	蒲公英、紫花地丁、油菜花等植物的汁液
分布地区	中国（江苏、浙江、安徽、江西、湖北、河南、陕西等地）

珍贵的品种

中华虎凤蝶数量很少，是中国二级野生保护动物。那么，它们数量稀少的原因是什么呢？昆虫学家经过研究发现：中华虎凤蝶“身娇体弱”，喜欢生活在光线强、湿度不大的林缘地带，而且飞行能力很差，只在特定狭窄的区域飞行，加上它们还是一种狭食性动物（指食物选择范围小的动物），种种限制条件叠加在一起，就造成了中华虎凤蝶的珍稀。

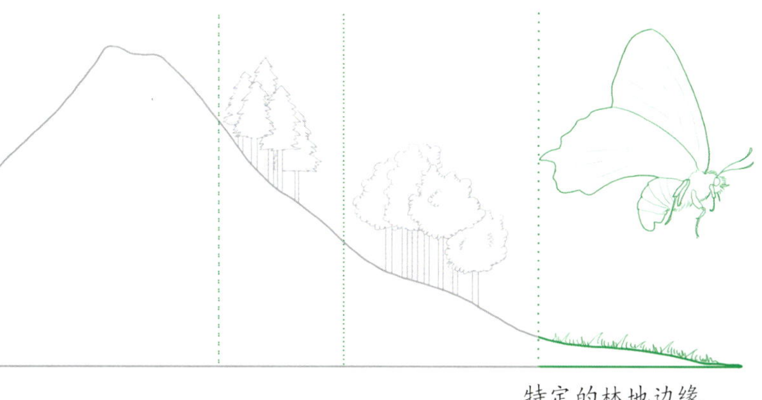

蒲公英

紫花地丁

油菜花

辨认要诀　中华虎凤蝶 >>>

中华虎凤蝶的名字源于其翅膀上黑色的横条纹，这些黑条纹与黄色的底色交相辉映，看起来很像老虎身上的斑纹。因此，中华虎凤蝶被称为“虎凤蝶”或者“横纹蝶”。另外，中华虎凤蝶的体表长有黑色鳞片与细长鳞毛。

雌多雄少

因为化蝶后的中华虎凤蝶寿命很短暂，所以雄蝶刚一破茧就会寻找雌蝶进行交配，繁殖后代。中华虎凤蝶雄性与雌性的比例达到了 1:4。这说明雌蝶的数量是雄蝶的 4 倍之多。因此，雄蝶可以和不同的雌蝶进行多次交配。

▶ 中华虎凤蝶作为中国昆虫学界的“国宝”，十分具有代表性。1989 年建立的南京科教蝴蝶博物馆就以其为馆徽标志。中国昆虫学会蝴蝶分会也以中华虎凤蝶作为会徽图案。

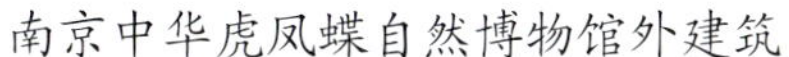

南京中华虎凤蝶自然博物馆外建筑

菜粉蝶 *Pieris rapae*

菜粉蝶及其幼虫——菜青虫是对农业生产造成很大危害的常见昆虫。目前菜粉蝶在中国分布十分广泛，对农业生产、生活造成了严重危害。

辨认要诀　花丛上的菜粉蝶 >>>

菜粉蝶的体色一般为白色或者黄色。它们的前翅为白色，表面长有星星点点黑色的部分。夏天出生的菜粉蝶比春秋出生的更大，颜色也更鲜明。

大　　小	成虫体长 17～20 毫米，翅展 45～65 毫米。
栖息环境	田野
食　　物	白菜、萝卜、甘蓝等植物的汁液
分布地区	整个北温带，包括美洲北部直到印度北部。

春来蝶现身

菜粉蝶通常以蛹的形式躲在树干、篱笆或石头缝中越冬，然后在春天破茧化蝶。另外，菜粉蝶喜欢在白天活动。因此，我们经常能在春天的农田菜地里看到它们飞来飞去的身影。

造成危害的幼虫

菜粉蝶的幼虫被称为“菜青虫”，是臭名昭著的农业害虫。菜青虫刚从卵中孵化的时候，体色为黄色。随着成长发育，菜青虫的体色会随之发生变化，变为和叶片相近的绿色。它们最爱啃食枝叶肥厚的作物，比如白菜、甘蓝等等。它们一般先在叶片上弄出个小洞，然后慢慢把叶片吃光，只留下光秃秃的叶脉，对农作物造成了破坏。

哪里去了？

菜粉蝶喜欢在大白天活动，清晨和傍晚则会悄悄躲起来。你如果在清晨或傍晚翻找低矮的草丛与阴暗的枝叶，就能够看到它们的身影。因为体色和白菜很像，所以菜粉蝶有时很难被发现。不过，如果认真观察菜粉蝶排泄的粪便，一般就能够判断出它们的大概方位了。

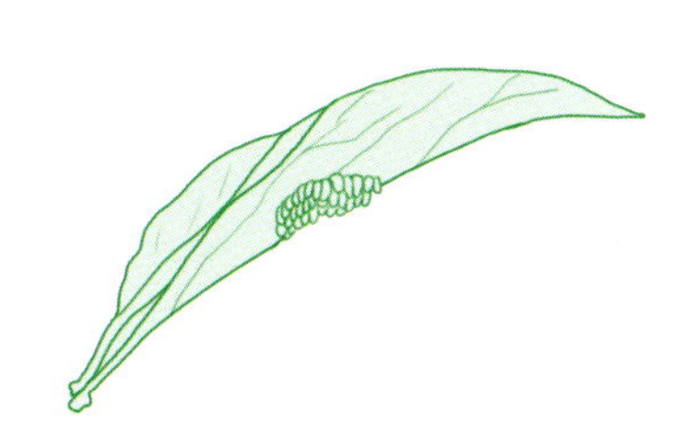

叶子背面菜粉蝶的卵

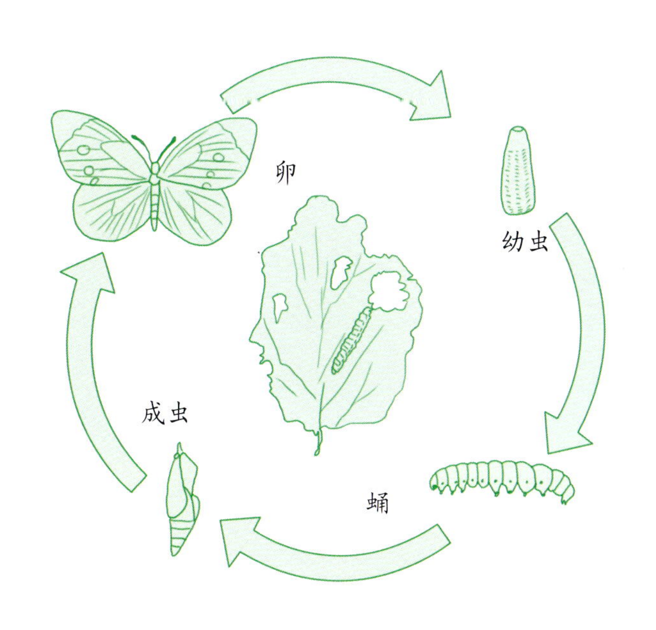

▲菜粉蝶的成虫一般只能存活10天左右，因此它们破茧化蝶后的主要活动就是进行繁殖。菜粉蝶的卵呈淡黄色，又长又小，基本都位于叶子背面。

中华枯叶蝶 *Kallima inachus* Swinhoe

中华枯叶蝶双翅合并后的样子和干枯的叶子十分相似，所以它们才有了现在的名字。除此之外，中华枯叶蝶还有木叶蝶、枯叶蝶、木叶蛱蝶、中华枯叶蛱蝶等名称。

辨认要诀　美丽的中华枯叶蝶 >>>

中华枯叶蝶的外观异常美丽，蝶翅表面依次由褐色、橙黄色以及金属蓝色分为3个部分，后翅基部为金属蓝色，边缘呈褐色。它们的双翅合并后与枯叶十分相似。

大　小	成虫体长30～40毫米，翅展85～110毫米。
栖息环境	森林、草地、山区
食　物	花蜜、树汁、腐果
分布地区	中国南方、南亚、东南亚

胆小鬼

中华枯叶蝶一般生活在海拔900米以上的山区，喜欢迎着阳光飞舞在悬崖峭壁之上、花草树木之间，觅食渗出的植物汁液。中华枯叶蝶胆子很小，或者说警惕性很高。一旦感觉危险来临或受到惊吓，它们就会迅速飞走，然后躲藏起来。如果实在来不及躲藏，中华枯叶蝶会靠化身“枯叶”的本领隐匿起来，使敌人很难发现自己。

食物

花蜜

树汁

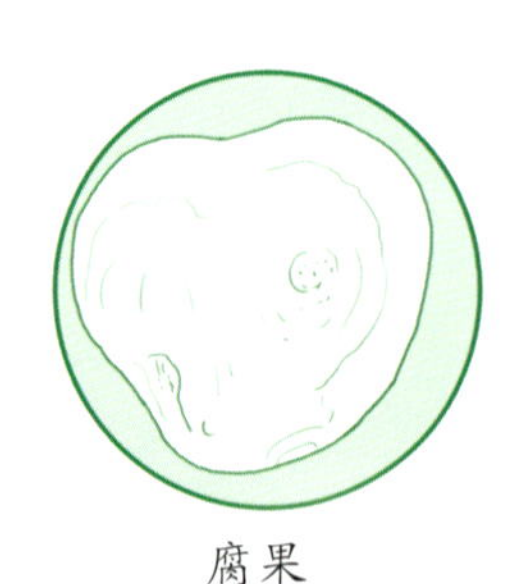

腐果

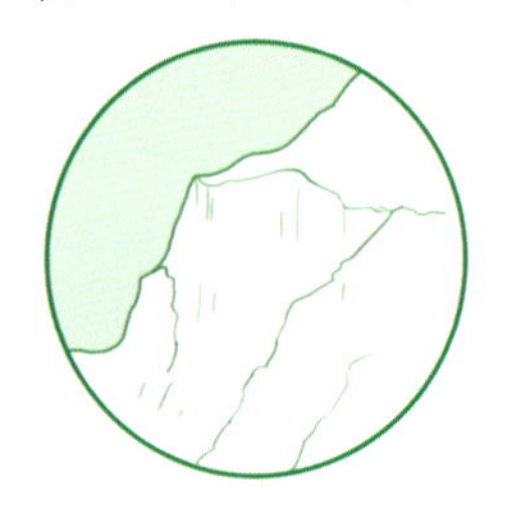

海拔900米以上的山区

迎着阳光的峭壁

花草树木之间

化身枯叶隐匿

栖息地

拟态专家

别瞧中华枯叶蝶平时色彩鲜艳、外表光鲜亮丽，其实它们是昆虫界鼎鼎大名的伪装大师。每当遭遇危险时，中华枯叶蝶就会合起自己的翅膀，变成一片枯叶。中华枯叶蝶拟态出来的枯叶不仅与普通枯叶的颜色、形状十分相似，就连叶脉、叶柄、叶斑甚至破损的地方也“模仿”得惟妙惟肖。

色彩鲜艳的枯叶蝶翅膀背部

伪装后的枯叶蝶

拟态下的枯叶蝶

防空迷彩伪装

▲枯叶蝶不仅具有很高的收藏价值，而且有着重要的科研和实用价值。在1941年的列宁格勒保卫战中，苏联著名的蝴蝶专家施万维奇就根据枯叶蝶的拟态设计了一整套防空迷彩伪装，有效地防御了德军的进攻。

天堂凤蝶 Papilio ulysses

天堂凤蝶因为其美丽的外表被许多人视为来自天堂的使者，所以才有了如今的名字。它们是凤蝶属的代表品种，具有很高的审美价值，是昆虫爱好者的必备藏品之一。

辨认要诀 天堂凤蝶 >>>

天堂凤蝶美丽的翅膀主要由蓝、黑两色构成。其中，黑色位于前、后翅的边缘地带，蓝色则位于内部。另外，它们的后翅还长有黑色的尾突，翅背面为棕褐色，体表部分长有鳞毛。雌雄之间存在一定差别。

大　　小	成虫体长 30 ～ 40 毫米，翅展 100 ～ 140 毫米。
栖息环境	热带雨林
食　　物	吴茱萸属和马樱丹属植物的花蜜
分布地区	澳大利亚、印度尼西亚、巴布亚新几内亚、所罗门群岛

▼ 澳大利亚的昆士兰有一处专门的蝴蝶保护区。这里生活着大约 1500 种热带蝴蝶，是澳大利亚最大的蝴蝶保护区。天堂凤蝶就是昆士兰的旅游象征物。

痴迷蓝色

天堂凤蝶对蓝色的“痴迷”与“执着”是我们人类难以想象的。在澳大利亚等热带国度的繁茂花园里，人们经常可以看到美丽的天堂凤蝶落在蓝色的建筑、装饰、花朵上面，有时它们甚至还会特意落在穿着蓝色衣服的人身上。于是，人们根据天堂凤蝶这种特性，常常用蓝色纸片或布匹来吸引、捕获它们。

天堂凤蝶的标本

趣闻轶事

相传在18世纪，英国与法国争夺澳大利亚时，法国人率先登陆，连国旗都没来得及插就被天堂凤蝶吸引了。就在他们去追天堂凤蝶时，英国人登陆，抢占先机插上了国旗，夺取了殖民地。不过，这也为法国人赢来了“浪漫”的美名。

有缘千里来相会

天堂凤蝶的成虫期不算太长，因此它们破茧成蝶后的第一时间就会开始寻找合适的配偶，繁衍后代。如果附近没有符合“心意”的配偶该怎么办呢？不论是雄性还是雌性的天堂凤蝶，成熟后都会向外释放一种信息素。这种信息素能够传达到几千米以外。同类接收到信息素后，就会立刻赶过来，与雄蝶或雌蝶进行交配。

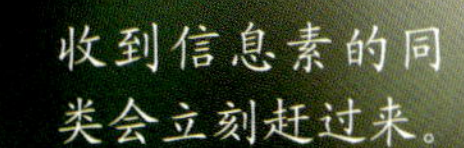

成熟后释放的信息素能够传达到几千米以外。

绿带燕凤蝶 *Lamproptera meges*

在热带和少数亚热带地区丛林中的沼泽地带，有这样一群“丛林精灵”：它们颜色清新，体态轻盈，自由自在地穿梭于丛林之间。它们就是绿带燕凤蝶。

辨认要诀 绿带燕凤蝶 >>>

绿带燕凤蝶的体形非常特别：它们的触角比较长，头宽，胸粗，尾突折叠细长。身体大部分呈黑色，翅端透明。

大　小	成虫翅展 44 ～ 47 毫米。
栖息环境	林区沼泽地带近水处
食　物	花蜜、水，幼虫食使君子科植物。
分布地区	中国南部以及部分东南亚国家

卵　幼虫　蛹　破茧　等待翅膀变干

美丽的生命轮回

绿带燕凤蝶完全没有幼时丑陋的烦恼，是从小美到大的生物。它们的卵多寄生在青藤上，大致呈球状，泛着淡淡的绿色光泽。渐渐地，这些卵长成了间杂着黑点的绿色幼虫，然后变成蛹等待蜕变。它们的蛹通身青翠欲滴，背上凸起，前端有两条明显的黄线。这两条黄线的一端延伸到头部，另一端延伸到胸下方。耐心等待一些时日后，它们就可以蜕变成蝶，翩翩飞舞在丛林间。

不为食物而停留

绿带燕凤蝶和其他蝴蝶一样爱花蜜，常常穿梭在花丛中，在花朵旁做“空中停飞”，却从来不在任何一朵花上停留。

▼ 绿带燕凤蝶是爱喝水的蝴蝶。它们喜欢贴近地面快速飞行，飞到水边悬停着喝水，直到喝饱为止。最有趣的是：有时它们一不小心喝多了，水就会从它们的肛门有节奏地一点点喷出来。

玉带凤蝶 *Papilio polytes*

玉带凤蝶是比较常见的蝴蝶品种，因雄蝶横贯全翅的斑纹而得名。雌蝶与雄蝶相比，形态变化多样，斑纹也不够规则。不论雌雄，玉带凤蝶都是非常美丽的。人们总是容易因为它们美丽的外表而忽略其对农业生产的破坏。

辨认要诀 玉带凤蝶 >>>

雄性玉带凤蝶最突出的特征就是前翅外侧有一排白斑，后翅中部有7个黄白色斑点，后翅外侧有红色斑点。雌性玉带凤蝶斑纹各异，不以雄蝶特征为标准判断。

大　小	体长25～28毫米，翅展44～47毫米。
栖息环境	市区、山麓、稀疏的林地、花圃等
食　物	花蜜、水，幼虫食芸香科、木兰科植物。
分布地区	中国西、南部以及东南亚、东欧等地区

善于模仿的雌蝶

雌性玉带凤蝶可以称得上“伪装大师”。它们为了躲避天敌的追杀，将自己伪装成红珠凤蝶等有毒蝴蝶的样子，借此来麻痹敌人。在这样的自我伪装下，雌性玉带凤蝶得以生存繁育。这让玉带凤蝶成为常见的优势种群。

有毒的红珠凤蝶

美丽要预防

玉带凤蝶固然美丽，但我们不能忽视它们对农业生产的危害，必要时需要对它们进行人工捕捉，或利用杀虫药进行驱除。很多益鸟和益虫是它们的天敌，所以保护益鸟和益虫也是防治它们的重要手段。

雄性玉带凤蝶

雌性玉带凤蝶

黑脉金斑蝶 *Danaus plexippus*

黑脉金斑蝶是正式的学名，除此之外，它们还有一个十分霸气的别名叫“帝王蝶”。黑脉金斑蝶是北美地区数量最大的蝴蝶之一，因此人们在日常生活中经常会见到它们的身影。

辨认要诀 黑脉金斑蝶 >>>

黑脉金斑蝶的翅膀表面呈橙黄或黄褐色；翅脉与边缘部位呈黑色，最边缘部位有两排小小的白色圆斑。雄蝶的体形要比雌蝶大上一些，两者的颜色也存在细微的差别。

大　　小	成虫体长 30 ～ 40 毫米，翅展 89 ～ 102 毫米。
栖息环境	森林、草地
食　　物	幼虫以马利筋为食，成虫则以乳草属植物为食。
分布地区	北美洲、南美洲及西南太平洋地区

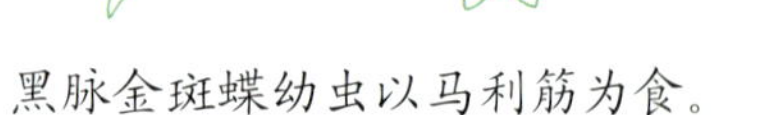

黑脉金斑蝶幼虫以马利筋为食。

成虫以乳草植物为食。

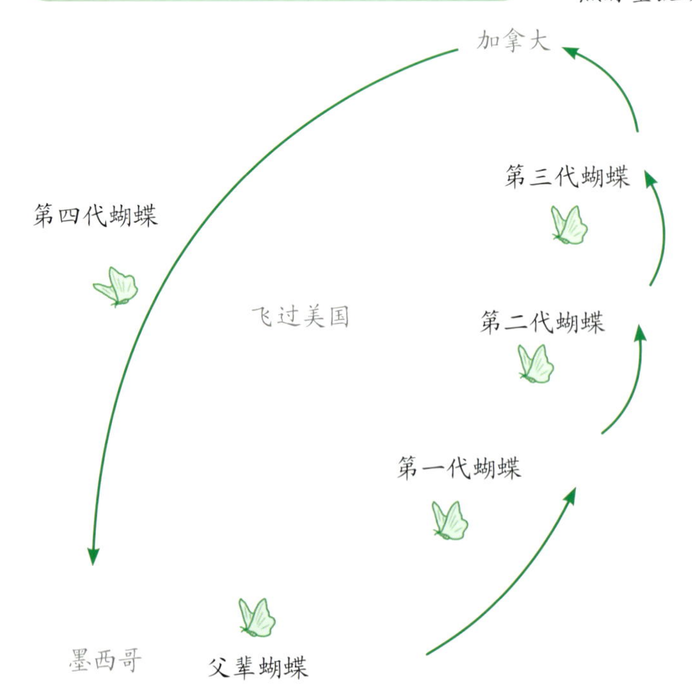

长途旅行家

黑脉金斑蝶是目前发现的世界上唯一的迁徙性蝴蝶。每当冬天来临之际，它们就会结伴而行，一齐从寒冷的加拿大出发，扇动着翅膀飞到温暖的中美洲过冬，等到春天再飞回来。这个旅程的距离足有4500 千米。黑脉金斑蝶成熟后的寿命不到 2 个月，因此从中美洲回归的蝴蝶们已经不是最初的一代，而是它们的后裔。

身体有毒

黑脉金斑蝶是一种十分特殊的昆虫。它们在幼虫时期就专门食用有毒植物马利筋，从而在身体里积累毒素，让捕食者对它们难以下口。蜕变成蝶的黑脉金斑蝶仍然没有摒弃食用有毒植物的习惯，以乳草属植物为食，在体内积累高浓度的化学毒素，避免捕食者的侵袭，是昆虫界少有的以食用有毒植物来保护自身的物种。不过，道高一尺，魔高一丈。虽然黑脉金斑蝶的身体有毒，但毒素主要累积在腹部与翅膀，因此一些聪明的掠食者会避开这些部位，去吃其他的部分。

▼ 一直以来，昆虫学家十分好奇黑脉金斑蝶是如何进行大规模、远距离的迁徙行为的，难道它们随身携带导航仪吗？直到最近，昆虫学家才发现，指引黑脉金斑蝶迁徙的“导航仪”其实就在它们的触须上。

阿波罗绢蝶 *Parnassius apollo*

18 世纪中期，瑞典著名博物学家卡尔·林奈发现了一种外表奇特的蝴蝶。它们的后翅上长有两对橙红色的大圆斑，看上去就像太阳的光晕一样。于是，林奈以希腊神话里太阳神的名字将它们命名为“阿波罗绢蝶”。

大　　小	成虫体长 20 ～ 30 毫米，翅展 70 ～ 84 毫米。
栖息环境	山地、草甸、草原
食　　物	花蜜、树汁、水中溶解的矿物质
分布地区	中国新疆、欧洲部分地区

辨认要诀　阿波罗绢蝶 >>>

阿波罗绢蝶是一种非常珍贵的大型绢蝶，体色主要为灰白色，前翅呈现圆滑的弧度，表面长有许多黑点、灰白斑及无鳞透明区。后翅表面长有两对十分显眼的橙红色斑点，边缘为浅黑色环带。

一生一次

阿波罗绢蝶的寿命很短。一般雄蝶在与雌蝶交配后 2 ～ 3 天就会死去。雄蝶完成交配后，尾部末端的腺体会分泌出一种黏液。这种黏液风干后会在雌蝶尾部形成一层坚硬的角质物，像一个罩子一样遮住雌蝶的尾部，从根本上杜绝其他雄蝶与这只雌蝶再次交配的可能性。另外，雌蝶产卵后也会力竭而死。所以，无论阿波罗绢蝶是雌是雄，它们短暂的一生里只会和唯一的伴侣交配一次。

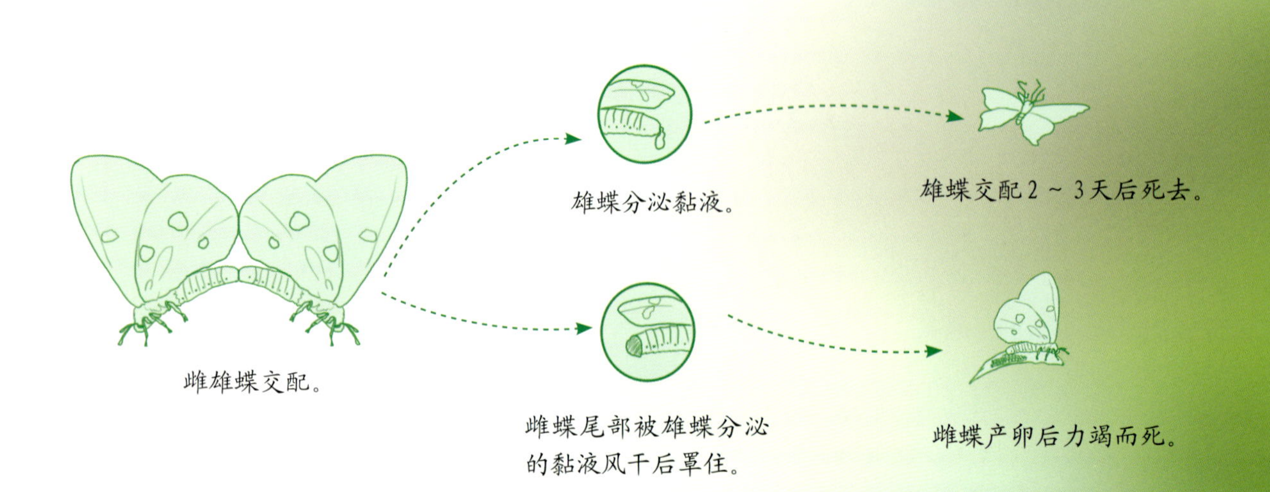
雌雄蝶交配。
雄蝶分泌黏液。
雄蝶交配 2 ~ 3 天后死去。
雌蝶尾部被雄蝶分泌的黏液风干后罩住。
雌蝶产卵后力竭而死。

甩你没商量

当不想交配的雌性阿波罗绢蝶遭遇几只狂热的“追求者”时，它们通常会采取“敌进我退”的战术。首先，雌蝶会振翅飞上高空，吊着雄蝶的“胃口”，让它们紧紧跟随，然后猛地一顿，瞬间改变动作，急速降落，看上去就像突然消失在雄蝶面前一样。最后，趁着雄蝶一片茫然、摸不到头脑的时候，雌蝶就会翩翩飞走。

阿波罗绢蝶十分耐寒。

▲ 阿波罗绢蝶是冰河期残留的耐寒物种，虽然现在仍在高山雪线上缓慢飞行，但它们的生存状况已经不容乐观。波兰与西班牙的阿波罗绢蝶已经彻底灭绝。如今只在欧洲部分地区和中国新疆还有阿波罗绢蝶残留。

稻眼蝶 *Mycalesis gotama* Moore

稻眼蝶是一种十分常见的农业害虫。从它们的名字就能看出，稻眼蝶主要危害的是水稻等农作物，给农民的生产、生活造成严重的损害。

大　　小	成虫体长 15 ～ 17 毫米，翅展约 47 毫米。
栖息环境	田野、草地
食　　物	水稻、甘蔗、竹子等作物
分布地区	亚洲东、南部

辨认要诀 稻眼蝶 >>>

稻眼蝶的体色没有其他同类那么鲜艳，显得灰扑扑的；前翅表面有两个类似蛇眼睛一样的小小的黑色圆斑；后翅反面则长有5～6个蛇目斑，其中有一个格外大。

水稻杀手

稻眼蝶在国内的名声很大，但并不是什么好名声。它们属于突发性猖獗性害虫。成虫把卵散乱地产在水稻等作物的叶片上。这些幼虫孵化出来后，为了及时补充营养、顺利长大，会沿着叶片边缘啃食，留下不规则的缺口。随着幼虫慢慢成长，它们胃口越来越好，严重时甚至会把叶片吃光，只留下主脉，以至于严重影响水稻的成长发育，造成水稻发育停滞、减产等后果。

如何防治

由于稻眼蝶对农业的危害不容小觑，因此昆虫学家针对它们的弱点，研究出了防治的方法。防治的策略大致可以分为农业防治、化学防治以及生物防治3种。农业防治指的是多多清理田间地垄里的杂草，科学施肥，减少稻眼蝶的产卵数量，间接减少幼虫数量；化学防治就是选择合适的药剂向农田喷洒，杀死虫卵或幼虫，是最直接、最见效的防治手段之一；生物防治则是灵活利用稻眼蝶的天敌，既能避免化学药剂造成的污染，也能在很大程度上抑制稻眼蝶的危害。

稻眼蝶幼虫的头部与猫的头很像。

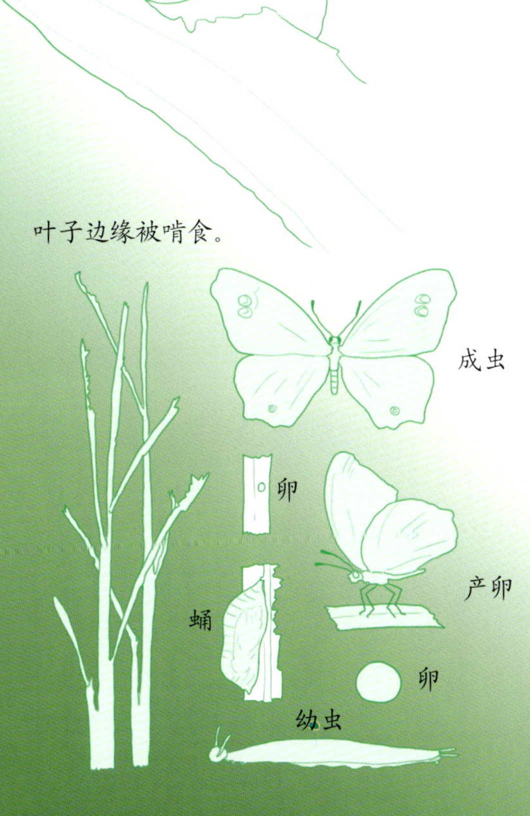

从幼虫到成虫都会危害庄稼。

朴喙蝶 *Libythea celtis*

朴喙蝶是一种外表相对来说比较“朴素”的蝴蝶。它们没有五颜六色的外观，最大的特点就是向外突出的嘴部下方，看上去就像长着长长的胡须一样，因此人们也把朴喙蝶叫作“长须蝶”。

辨认要诀 朴喙蝶 >>>

朴喙蝶长着一双大眼睛，嘴巴向外突出，很像鸟喙。从侧面看，朴喙蝶和老鼠颇有几分相似。它们的翅膀反面呈灰色，与地面颜色非常接近，翅膀正面却有一抹亮眼的橙黄色。

大　小	成虫体长约 15 毫米，翅展 40 ～ 50 毫米。
栖息环境	林地、山谷
食　物	花蜜、腐烂水果等
分布地区	世界各地

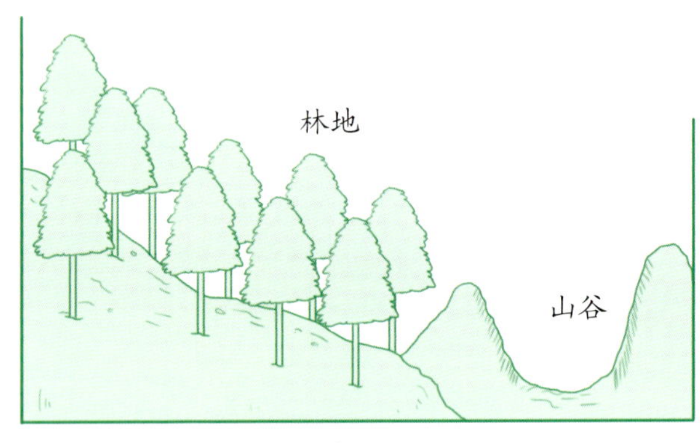

栖息地

古老的蝴蝶

目前昆虫学界有一种观点认为“朴喙蝶是最古老的蝴蝶种类之一”。这种观点并不是无的放矢。早在 20 世纪 70 年代初，人们就在美国科罗拉多州的远古地层中发现了许多古老的蝴蝶化石。在这批化石里，有一块保存比较完好的喙蝶化石。昆虫学家经过研究发现，这块距今 2000 万年的喙蝶化石和现代喙蝶的差别并不明显，甚至可以说基本相同。

古老的蝴蝶化石

▲ 蝴蝶化石非常稀少，十分宝贵。除了美国科罗拉多州，中国甘肃的酒泉市也出土过一具珍贵的蝴蝶化石。据考证，该化石的年代已经超过了 1 亿年。

长寿蝶

通常来讲，蝴蝶成年后的寿命很短暂，一般是 1 个月左右，短一点的也就能活上 10 多天。当然，也有一些天赋异禀的成年蝴蝶能活上几个月，朴喙蝶就是如此。据昆虫学家观察，朴喙蝶成年后，排除人力等外在因素，基本都能轻松越冬。有人甚至认为，朴喙蝶的寿命长达 1 年，是蝴蝶界的“老寿星”。

强盗式的求爱

朴喙蝶在繁殖期追求异性的手段十分粗暴，一点儿也没有其他蝴蝶求爱时婉转的模样。它们通常一动不动地埋伏在路边的杂草上，警觉地注视着路过的异性，一有发现就立刻冲上去死缠烂打、穷追不舍，活脱脱一副土匪模样。

蓝闪蝶 *Morpho menelaus*

蓝闪蝶也叫“蓝摩尔福蝶”，是闪蝶科中数量最多的一个种类，属于热带蝴蝶。它们的名字很梦幻，来自希腊词“Morph”，这是美神阿芙洛狄忒的称号，意味着美丽与美观。

辨认要诀 蓝闪蝶的正反两面 >>>

蓝闪蝶被誉为热带雨林里的“蓝精灵”。它们最大的特点就是翅膀上表面呈现绚丽夺目的蓝色，而下表面则是枯枝败叶一般的枯黄色。另外，蓝闪蝶的翅膀相对较大，能使它们敏捷地飞行。

大　小	成虫体长约 15 毫米，翅展 130 ～ 170 毫米。
栖息环境	热带雨林
食　物	水果、粪便等汁液
分布地区	南美洲和中美洲

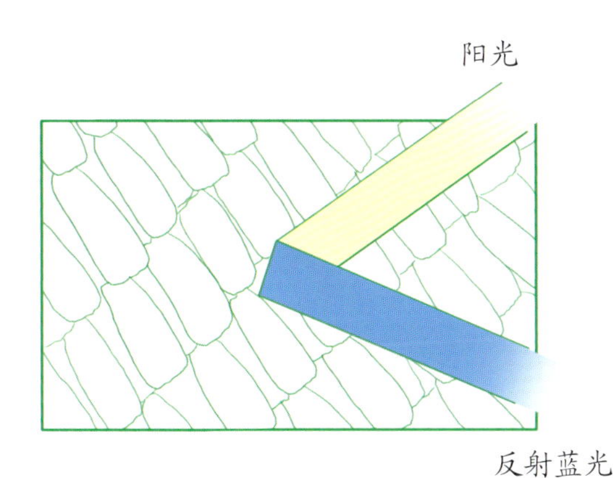

鳞片反射蓝光示意图

蓝色藏在哪？

人们发现美丽的蓝闪蝶以后，就一直有一个打算——直接从它们的翅膀上提取蓝色素，但尝试了许多次都以失败告终。那么，蓝闪蝶的颜色藏在哪里呢？昆虫学家把蓝闪蝶放到电子显微镜（可放大 20 万倍）下才终于找到了答案。原来，蓝闪蝶的翅膀有着非常复杂的鳞片结构，当光线照射到翅膀上时，这种鳞片结构会产生一系列光学现象，把入射光中绝大部分的蓝光反射回去。这才造成了人们看到的“蓝色幻影”的瑰丽景象。

色彩护身

蓝闪蝶美丽的外表不仅看上去赏心悦目，还能为其提供有效的保护。蓝闪蝶感觉到捕食者接近的时候，会快速地扇动翅膀，虚张声势，利用产生的闪光现象把对方吓唬住。

魅蓝幻影

热带雨林里，一群蓝闪蝶正在半空中飞舞。一缕金色的阳光透过树枝的遮掩照射在追逐嬉戏的蓝闪蝶身上，立刻闪耀出蓝色金属光泽。那美丽的场景如梦似幻，让人深深沉醉。

电子显微镜下的蓝闪蝶翅膀鳞片结构

◀ 其实，关于蓝闪蝶翅膀的颜色问题，学术界已经把它称之为“结构色”。这是一种有别于色素色的“颜料”，不存在褪色问题，颜色可以永久保存，而且不会对环境和人体产生伤害。

孔雀蛱蝶 *Inachis io*

孔雀蛱蝶外表十分艳丽，具有很高的欣赏与收藏价值。它们还因为自身味道的鲜美而成为鸟类的最爱。关于如何应对那些麻烦的天敌，孔雀蛱蝶有着独到的经验。

大　　小	成虫体长 10～20 毫米，翅展 50～60 毫米。
栖息环境	林地、花田
食　　物	花蜜、树汁
分布地区	国内分布较广泛。

孔雀蛱蝶幼虫

▲孔雀蛱蝶的卵一星期后基本就会孵化出细长的黑色幼虫。随着时间的推移，大吃特吃的幼虫变得越来越肥，成为鸟类的最爱。不过，幼虫体表的肉刺会让捕食者难以下口。

辨认要诀　孔雀蛱蝶 >>>

孔雀蛱蝶号称“世界上最漂亮的蝶类之一”，体表颜色很鲜艳，红、蓝、黑等颜色相互交杂，美丽的翅膀上长着 4 个类似眼睛的图案，全身的斑纹看起来像孔雀开屏一样华丽。

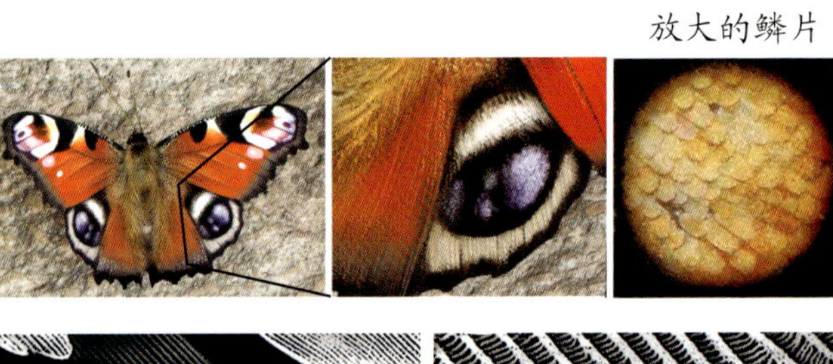

放大的鳞片

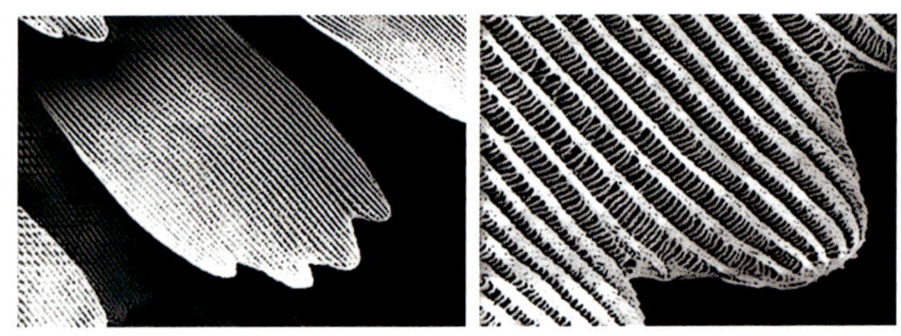

鳞片结构防水

重要的鳞片

如果把孔雀蛱蝶的翅膀放到放大镜下仔细观察的话，我们就可以发现它们的翅膀表面分布着满满当当的细小鳞片。千万别小看这些鳞片，它们不仅装饰了孔雀蛱蝶的翅膀，而且有着像荷叶一样不沾水的功能，避免出现孔雀蛱蝶的翅膀被水打湿、飞不起来的糟糕情况。

翅膀背面

翅膀另一面

双面佳人

一般情况下，人们只会看到孔雀蛱蝶光鲜亮丽的表面，而不会注意到它们灰暗、枯黄的背面。孔雀蛱蝶落在花朵上，把翅膀一合，露出灰暗的背面时，就像一名衣着光鲜的佳人蜕去华丽的外表，展露不为人知的一面一样，带给人们不同的感受。

防鸟小妙招

孔雀蛱蝶是鸟类最爱的美食之一。它们的飞行速度远远不如鸟类。为了保护自己，孔雀蛱蝶只好另辟蹊径，发挥自己的特长。感觉到鸟类来袭时，孔雀蛱蝶先是果断地倒地装死，吸引好奇的鸟类走近，然后突然张开翅膀，露出表面的 4 个“大眼斑”，把毫无准备的鸟类吓得落荒而逃。

黄钩蛱蝶 *Polygonia c-aureum*

黄钩蛱蝶也叫“黄蛱蝶”“金钩角蛱蝶”，是种群众多的蝴蝶家族里并不起眼的一员。它们的外表和同属蛱蝶类的白钩蛱蝶很相似，所以两者经常被人们弄混。

▼ 昆虫触角功能很多，其表面有很多不同类型的传感器。曾经有昆虫学者用电子显微镜对黄钩蛱蝶的触角表面进行了扫描，发现其触角上共有 7 种不同形态的感器（星形感器、毛形感器、刺形感器、腔形感器、腔锥形感器、芽孢形感器与鳞形感器）。

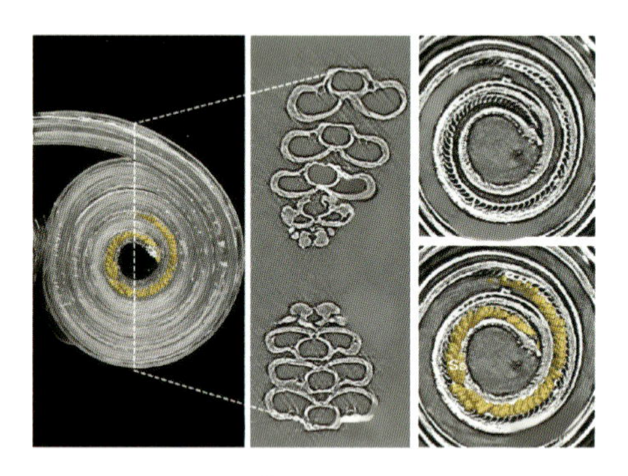

电子显微镜下的黄钩蛱蝶触角表面

辨认要诀 黄钩蛱蝶 >>>

黄钩蛱蝶的翅膀外侧边缘参差不齐，存在棱角。它们的翅膀还可以细分为夏季型和秋季型：夏型翅呈黄褐色，秋型翅呈红褐色。而且，秋季型的翅膀要比夏季型的更加棱角分明、尖锐锋利。

少 1 对足？

昆虫的定义是：身体分为头、胸、腹 3 部分，成虫一般还有 2 对翅和 3 对足。不过，乍一看黄钩蛱蝶，我们会惊讶地发现：它们只有 2 对足。那 1 对足哪去了？不要着急，我们如果仔细看一看，就会发现那“丢掉”的 1 对足正好好地长在黄钩蛱蝶的身体上呢！原来，黄钩蛱蝶和其他昆虫一样长着 3 对足，只不过 1 对前足因为长期用不到而渐渐变小了。这才使我们产生了“黄钩蛱蝶只有 2 对足”的错觉。

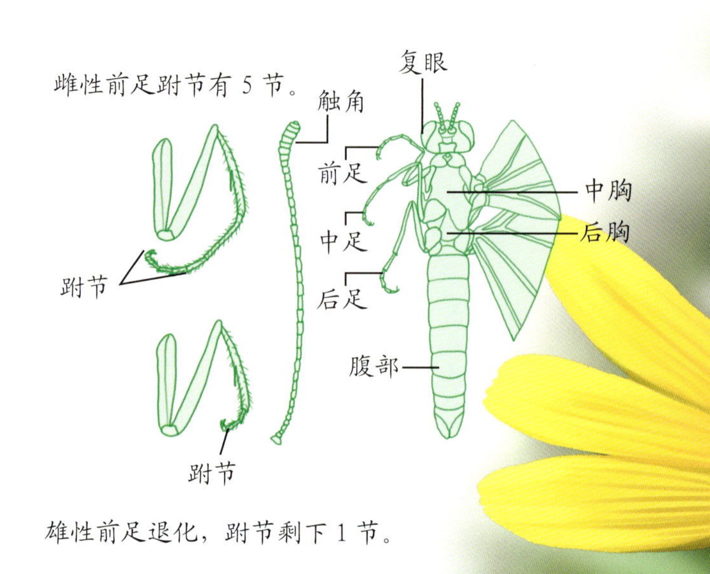

雄性前足退化，跗节剩下 1 节。

深居简出

黄钩蛱蝶非常谨慎，即便是刚孵化不久的幼虫也是如此。幼虫为了躲避鸟类等天敌的猎杀，会第一时间躲到自己栖身的叶片背面，然后把叶子掰弯，弄成类似雨伞的模样，将其当成巢穴，只有觅食时才离开。

冬天的生活

在冬天这个万物凋零的季节，黄钩蛱蝶是以成虫的形式度过的。通常情况下，它们会一动不动地缩在稻草堆中、枯叶里、屋檐下甚至石头缝中越冬。不过，假如冬天的气温足够高，黄钩蛱蝶也会出来晒晒太阳、放放风。

大　　小	成虫体长 10 ～ 20 毫米，翅展 42 ～ 47 毫米。
栖息环境	河流边、森林、山地
食　　物	花蜜、腐烂水果
分布地区	中国、日本、朝鲜、俄罗斯、越南等国

大鸟翼蝶 *Ornithoptera alexandrae*

大鸟翼蝶全名叫“亚历山大女皇鸟翼凤蝶”。大鸟翼蝶在体形普遍娇小的蝶类里堪称“巨无霸”，是世界上最大的蝴蝶之一。

大　小	成虫体长约 80 毫米，翅展最大达 310 毫米。
栖息环境	热带雨林
食　物	花蜜、嫩叶
分布地区	巴布亚新几内亚

传奇的名字

20 世纪初，有一位英国的昆虫学家来到巴布亚新几内亚探险。他在当地的热带雨林里发现了大鸟翼蝶，感到非常惊讶，于是抓了几只带回英国。英国方面认为只有高贵的名字才能配得上这些巨大的蝴蝶，于是为它们起了现在这个名字。

辨认要诀 大鸟翼蝶雌性（左）与雄性（右）>>>

雌蝶体形要比雄蝶大，翅膀的形状也更加圆润、宽阔。雌蝶翅膀通常呈褐色，有白色斑纹，身体呈乳白色，胸部局部有红色的绒毛。雄蝶的小翅膀有虹蓝光泽及绿色斑纹，腹部为鲜黄色。

“毒”是护身符

蝴蝶的幼虫没有什么自保能力，但大多数大鸟翼蝶却可以安然长大。昆虫学家猜测这可能与雌蝶将卵产在马兜铃上有关。马兜铃含有一定毒性，而幼虫孵化后又以马兜铃为食，这就导致幼虫成了“毒虫”，令捕食者们望而却步，幼虫得以安然成长。

幼虫以马兜铃为食。

▼由于大鸟翼蝶动作灵活，飞得很高，用常规方法根本无法捕捉到，于是那位昆虫学家只好用猎枪把它们打了下来。他带回英国的大鸟翼蝶都是带有弹孔的。

濒临灭绝

大鸟翼蝶虽然抵抗了捕食者的袭击，却无法抵御人类的猎杀。它们的珍稀性引来了无数收藏家、商人和偷猎者的觊觎，结果大鸟翼蝶被大量捕杀，加上人类乱砍滥伐，破坏了大鸟翼蝶的栖息地，它们数量越来越少，如今已经成为濒临灭绝的物种。

柑橘凤蝶 *Papilio xuthus*

柑橘凤蝶的名字很特殊，我们可以直接从名字看出它们的食性。它们也是凤蝶类里唯一与自己的食物同名的蝴蝶。柑橘凤蝶是一种害虫，对柑橘、山椒等作物有着严重威胁。

辨认要诀 柑橘凤蝶 >>>

柑橘凤蝶的翅膀大体为浅黄色，上面有很多黑色的条纹，看上去和老虎身上的条纹很像。雌蝶翅膀的颜色要比雄蝶的更黄。另外，柑橘凤蝶前后翅外缘有黑色宽带，宽带中有月形斑。

人耳只能听到 16 ~ 20000 次的翅膀振动声波。

寂静无声

在野外，柑橘凤蝶经常扇动着翅膀在半空中飞来飞去。不过，同样是挥动翅膀，苍蝇、蚊子、蜜蜂都会发出声音，柑橘凤蝶却悄然无声。这是怎么回事呢？原来，昆虫发出的声音都是由它们的翅膀振动产生的。人耳只能听到每秒 16 ～ 20000 次翅膀振动产生的声波，但柑橘凤蝶每秒振翅最多只有 10 次，振翅的频率太低，我们根本听不到。

柑橘凤蝶幼虫臭角伸出（上）
柑橘凤蝶幼虫平时姿态（下）

幼虫的御敌手段

柑橘凤蝶幼虫十分喜欢吃臭橘树、花椒树、黄柏树、橘子树等树木的叶子。由于这些树叶都具有强烈的刺激性气味，幼虫吃了它们以后，就会把气味储存在体内。当捕食者靠近或者危险出现时，幼虫就会立刻释放出积蓄好的大量刺激性气味，赶跑天敌。

大　　小	成虫体长 21 ～ 30 毫米，翅展 60 ～ 120 毫米。
栖息环境	田野、山坡、草地
食　　物	花蜜、腐烂水果等
分布地区	中国、日本、朝鲜

▲ 柑橘凤蝶幼虫在完全成熟的阶段长有用来驱逐捕食者的臭角。这种黄色的小角平时隐藏在头顶，当敌人出现时才会伸出来，一口气喷发出积攒在体内的刺激性气味，把敌人赶跑。

凤蝶　凤蛾
触角
腹部
静止状态
作息规律

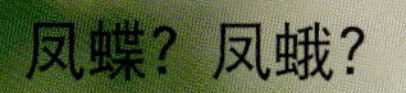

凤蝶？凤蛾？

柑橘凤蝶的外形和同样属于鳞翅目的一些凤蛾很像。那么，如何区分凤蝶和凤蛾呢？只要分别从它们的触角、腹部、静止时翅膀的姿态以及行为上分辨就可以了。

鬼脸天蛾 *Acherontia lachesis*

鬼脸天蛾不仅名字古怪，而且外表长得很有特色。乍一看它们的背部，我们可以发现上面的图案很像一个骷髅头外加两根交叉着的骨头棒，就和海盗的标志差不多。这也是鬼脸天蛾名字的由来。

大　小	成虫体长 50 ～ 60 毫米，翅展 100 ～ 120 毫米。
栖息环境	林地、田野
食　物	茄科、豆科等植物，蜂蜜
分布地区	广泛分布于亚洲各国。

鬼脸天蛾身体粗壮，外观呈梭形，触角末端有钩，体色黄黑交替，翅膀表面斑驳，背部长有很像骷髅图案的斑纹，腹部呈黄色，各节之间长有黑色横带。

鬼面护体

鬼脸天蛾与绝大多数蛾类一样，白天躲在树丛中或者叶片下睡大觉，休养生息，等到晚上再出来活动、觅食。它们的背上天生长着一副冷森森的鬼面。靠着这副皮囊，鬼脸天蛾吓跑了许多打算把它们当成食物的敌人，比如小鸟、蜘蛛等等。

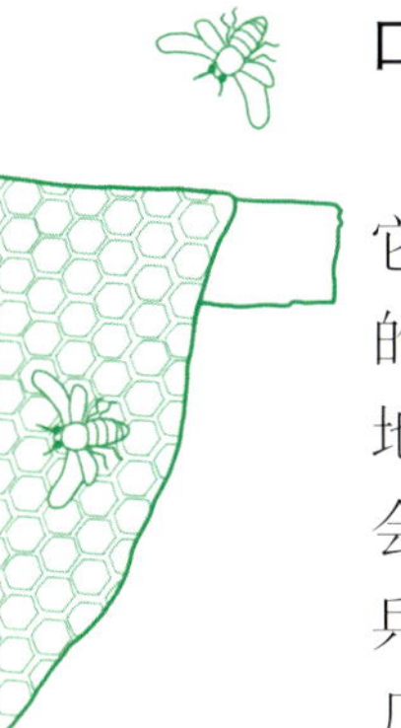

鬼脸天蛾模拟蜂王声音偷蜜。

口技盗蜜

鬼脸天蛾还有一种特殊的本领，那就是"口技"。它们靠摩擦腹部发出独特的"嗡嗡嗡"声，模仿蜂王的声音，然后当着守卫蜂房的"卫兵"的面大摇大摆地飞进去，享用美味的蜂蜜，直到吃得飞不动时，才会晃晃悠悠地从蜂巢里飞出来。其实这并不怪蜜蜂卫兵们不小心，实在是鬼脸天蛾太狡猾了，模仿的声音几乎与蜂王一模一样。等蜜蜂卫兵们反应过来时，鬼脸天蛾早就已经吃饱喝足，逃之夭夭了。

▲ 在蒙昧时代，鬼脸天蛾这种大型的蛾子会因为其诡异的外表而为人们所恐惧。事实也是如此，鬼脸天蛾过去一直被误认为冥界的使者。直到现在，有人依旧把鬼脸天蛾当作死亡的预兆。

巧立功勋

二战时，两国军队对峙许久，始终没有结果。后来，一国的士兵发现了鬼脸天蛾这种诡异的昆虫，于是捕捉了大量鬼脸天蛾，把它们当成"撒手锏"。当铺天盖地的鬼脸天蛾飞向敌军时，敌人们被吓坏了，把这种昆虫当成魔鬼的使者。结果释放鬼脸天蛾的一方获得了胜利。

多尾凤蛾 *Urania ripheus*

在英国的维多利亚时代，贵族女性之间流行用一种色彩异常艳丽的飞蛾翅膀做首饰。这种飞蛾就是多尾凤蛾，也叫“太阳毒蛾”，是人们公认的所有蛾类中最华丽的品种之一。

大　　小	成虫体长 12 ～ 16 毫米，翅展 80 ～ 90 毫米。
栖息环境	林地、草地
食　　物	植物
分布地区	主要分布于马达加斯加地区。

辨认要诀　美丽的多尾凤蛾 >>>

多尾凤蛾的外观非常美丽，翅膀表面的颜色如同太阳照射出来的光芒五彩缤纷，十分惹人喜爱。其后翅末端长有3对延伸出来的“尾巴”，看起来娇俏可爱。

多尾凤蛾幼虫

鳞翅的作用

鳞翅目昆虫最大的特点就是它们的翅膀全都由一片片细小密集的鳞片组成。多尾凤蛾作为鳞翅目家族的一员，自然也是如此。它们翅膀表面的鳞片不仅能起到防潮作用，还可以发出奇妙的光芒，形成各种美丽的图案。多尾凤蛾身上的美丽色彩就是由鳞翅上的荧光色素生成的。我们看到多尾凤蛾在空中飞舞时闪闪发光，是因为它们的鳞翅结构具有特殊的光学性质，能够从不同的方向散射光线。

鳞翅结构从不同的方向散射光线。

被明码标价的多尾凤蛾标本

▲多尾凤蛾因为数量稀少、体色华丽，被称为“世界上最珍贵的蛾之一”。世界上许多收藏家对它们的标本有着浓厚的兴趣，而高昂的利润也使得一些人铤而走险，选择走私标本。

剧烈的毒

多尾凤蛾还有一个“太阳毒蛾”的别名。由此可见，多尾凤蛾是有毒的，而且身上颜色越艳丽的部位毒性越强。

警告与自保

多尾凤蛾颜色美丽，看上去赏心悦目，但对于大多数以其为食的动物而言，多尾凤蛾华丽的外表则是赤裸裸的“警告”：我含有剧毒，谁有胆子就来试试！担心中毒的捕食者会因此投鼠忌器，放弃捕杀多尾凤蛾。

绿尾大蚕蛾 *Actias selene ningpoana*

绿尾大蚕蛾因为有着清冷神秘的外表，被人们冠以“月神蛾”的美丽称号。可是，对于部分植物来说，它们做的事情可一点儿都不美丽。

辨认要诀 采食花瓣的绿尾大蚕蛾 >>>

绿尾大蚕蛾的身体呈豆绿色，翅膀呈粉绿色，前后翅上分别长有4个椭圆形眼斑，前翅的外沿有一条褐色的线，翅膀末端还拖着两条长“尾巴”，那是由它们的后翅延伸出来的。

大　　小	成虫体长32～38毫米。
栖息环境	林地
食　　物	树叶
分布地区	中国大部分地区及俄罗斯远东地区

人类眼中的“月神”

绿尾大蚕蛾高贵浪漫的外貌让很多人为之着迷。有人选择饲养绿尾大蚕蛾做观赏用。绿尾大蚕蛾食性很广，食物常见，很好养活，所以很受欢迎。

植物眼中的“瘟神”

绿尾大蚕蛾喜欢把卵产在叶背上，卵成长为幼虫后会吃掉自己所在的叶子，只留下叶柄，再去吃其他叶子。这些幼虫都是行动迟缓的“大胃王”，一条幼虫可以吃下100多片叶子，枫香、柳树、樟树等树木的叶子都是它们爱吃的食物。

幼虫在弱小时伪装有毒的样子。

绿尾大蚕蛾幼虫

绿尾大蚕蛾用树叶包裹蛹茧。

破茧成蛾

绿尾大蚕蛾结茧时会用枯叶裹住自己，以这样的伪装躲过敌人的攻击。10天左右，它们就会破茧而出。如果恰好在冬天，它们就会老实地躲在茧里度过寒冬。刚刚冲破蛹茧的绿尾大蚕蛾显得很臃肿。它们这时还不会飞，翅膀还没有展开，需要拖着笨重的身体爬到高处，等翅膀变得坚挺之后，才敢抖动翅膀尝试飞翔。

桑尺蠖 *Phthonandria atrilineata* Butler

桑尺蠖是尺蛾类昆虫的幼虫，属于毛毛虫大家族的一员。它们外表丑陋，让人望而生厌。

大　小	体长约 20 毫米。
栖息环境	林地
食　物	桑树等植物
分布地区	中国、日本、朝鲜

桑尺蠖主要寄生在桑树上，有着圆筒一样的身体，前细后粗，体色为褐色。腹部下方长着两对足，背面分散地生长着一些小黑点。

名字的由来

桑尺蠖身体细长，爬行的时候需要把身体像拱桥一样向上拱起，才可以一曲一伸地缓慢前进。在人们看来，桑尺蠖这样的动作很像人在用手丈量尺寸，所以它们才有了“尺蠖”的名字。又因为桑尺蠖一曲一伸时活像一座微缩的拱桥，所以人们还给它们起了一个“造桥虫”的别名。

“吊死鬼”与拟态

桑尺蠖休息的时候会像一名技艺高超的体操运动员一样，做出一个高难度动作：将身体的上半部分直挺挺地朝斜上方昂首挺立着，一动不动，就像在树上“吊死”了一样。其实这是警惕性很高的桑尺蠖的一种拟态。因为它们的体色呈褐色，与树皮、树枝颜色相近，所以它们干脆真的装作树枝，瞒过那些贪婪的捕食者。

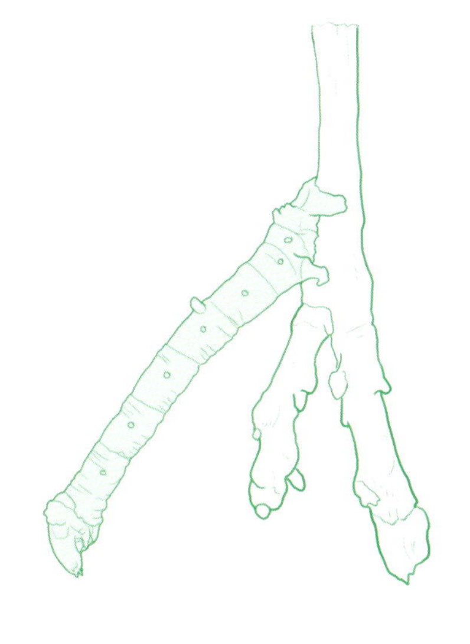

尺蠖吊在树上装死。

桑尺蠖成虫桑尺蛾

尺蠖要经过几次蜕变才会变为成虫。

有没有骨头？

桑尺蠖行动缓慢，身体柔软，前进的时候总要一曲一伸地爬行，看上去就好像身体里没有骨头一样。那么，桑尺蠖真的没有骨头吗？其实是有的。像桑尺蠖这样的昆虫与哺乳动物不一样，它们没有生长在身体内部的骨骼，有的是长在体表的外骨骼。

长有毒刺的马鞍毛毛虫

▲毛毛虫家族里除了桑尺蠖这样拟态成树枝的，其他毛毛虫也各有神通：有的从植物里摄食毒素，使自己长出毒刺；有的装作无比凶狠的样子恐吓捕食者；还有的干脆一动不动地装死。

桑蚕 *Bombyx mori* Linnaeus

桑蚕也叫“家蚕”，是蚕蛾的幼虫时期。它们刚刚孵化出来的时候，身体黑瘦小巧，看上去和蚂蚁很像，所以这个时候的它们也叫“蚁蚕”。它们只有不断地吃东西，才会慢慢变成我们印象里白白胖胖的蚕宝宝。

大　　小	体长 60 ～ 80 毫米。
栖息环境	家庭常温
食　　物	桑叶、柘树叶、榆叶、蒲公英等
分布地区	温带、亚热带和热带地区

辨认要诀 蚕宝宝们 >>>

桑蚕的身体呈圆筒形，体色一开始为黑色，长大后渐渐变白。不长的身体一共分为头、胸、腹 3 部分，头部外包灰褐色的骨质外壳，胸部 3 个环节各有 1 对胸足，腹部的 10 个环节有 4 对腹足和 1 对尾足。

谁能辨蚕是雄雌?

如何分辨蚕宝宝的性别呢？只要等桑蚕成长到一定阶段，变得白白胖胖时，仔细观察它们的腹部就可以知道了。如果在桑蚕腹部的第 8 和第 9 节处发现 4 个透明的小点儿的话，那么它就是一只雌蚕；如果在桑蚕腹部的第 9 节中央发现 1 个透明小点儿的话，那它就是雄蚕。

结茧的差别

桑蚕吃饱喝足、变得成熟以后，就会进入吐丝结茧的阶段。以往摄取的食物全都变成了积聚在其体内的物质，以便桑蚕用来吐丝结茧。雌蚕能利用的体内物质要比雄蚕少很多，因为雌蚕体内的物质除了结茧用，还有一部分变成了器官。雄蚕就不会有这种变化，所以它们结的茧要比雌蚕结的厚上很多。

两头粗，中间细

桑蚕吐丝结成的茧总是两头粗，中间细。这是为什么呢？原来，桑蚕在结茧时，头胸一直不停地做“S”形或者“8”字形的摆动，每织上 20 多个丝圈就会挪动一下身体的位置，然后继续织茧，一边织好再织另外一边。

雄蚕
雌蚕
蚕
蛹
蚕蛾
古人对已经结茧的桑蚕抽丝剥茧时，会选择蚕蛹没有破茧而出的时期，用沸水烫死蚕蛹，用热水泡一会儿蚕茧，让蚕茧变得容易拆解，然后用一根细一点的铁丝就可以像卷毛线一样把蚕丝卷出来了。
雪白的蚕茧

鹰翅天蛾 *Ambulyx ochracea*

鹰翅天蛾的体形要比其他同类大上一些，翅膀的颜色更加鲜亮，纹路也更加美丽。它们的名字来源于其像老鹰一般的翅膀。

辨认要诀 鹰翅天蛾标本 >>>

鹰翅天蛾的翅膀和身体为土黄色，胸部、后背和肩膀上有黑褐色的清晰纹路。翅膀上也有一些模糊的黑褐色条纹。腹部与靠近身体的部位还有一些深褐色的斑点。

擅长飞行

与一些飞行能力不强的蛾类比起来，鹰翅天蛾算是一个例外。它们的翅膀相对较大，有着三角形的弧度，末端的形状像是尖钩一样，还真有几分鹰翅的意思。它们的身体足够长、足够圆，使得鹰翅天蛾能够在半空中急速飞翔。

大　小	成虫体长 60 ～ 80 毫米，翅展 91 ～ 99 毫米。
栖息环境	山地
食　物	花蜜
分布地区	中国、日本、印度

以倒吊姿势吸食花蜜的鹰翅天蛾

晚间觅食

鹰翅天蛾白天基本不怎么活动，一到晚上就变得精神奕奕，飞来飞去，到处活动、觅食。它们对花蜜情有独钟，总是凭借嗅觉去寻找各种野花，吸食花蜜。每当找到合适的对象，鹰翅天蛾就会用像钩子似的跗节爪钩住花瓣，以倒吊的姿势用长长的嘴去吸食花蜜。

机智应敌

在绝大多数蛾类看来，鸟类是绝对的天敌。这点对于鹰翅天蛾也不例外。每当饥饿的鸟儿来捕食时，鹰翅天蛾就会将翅膀微微向上抬起，竖起触角，抖动着身体，使谨慎的鸟类没办法靠近，从而保护自己。

◀ 鹰翅天蛾具有很强的趋光性。一到晚上，只要感受到光源，它们就会前赴后继地赶过去。这点和绝大多数蛾类一样。成语“飞蛾扑火”正是对蛾类趋光性的最好形容。

灯光下的鹰翅天蛾

石蚕蛾 Caddisfly announcement

虽然石蚕蛾的名字里有一个“蛾”字，但它们和鳞翅目蛾类之间已经没什么关系了。它们是毛翅目家族的一员，一向以筑巢精巧闻名于世。19 世纪伟大的昆虫学家法布尔曾在著作《昆虫记》中描写了它们。

辨认要诀　建巢的石蚕蛾幼虫 >>>

石蚕蛾幼虫是一种水栖性昆虫，成年后才会离开溪水。它们是昆虫界鼎鼎大名的建筑家，经常就地取材，用草根、树茎、叶片甚至矿石建造独一无二的巢穴。

大　　小	成虫体长约 20 毫米，翅展约 60 毫米。
栖息环境	干净的溪水
食　　物	小型昆虫或水中的微生物
分布地区	国内分布广泛。

造房巧匠

昆虫学家发现，生活在水中的石蚕蛾幼虫是能工巧匠。它们可以用水中那些被水浸湿后脱落下来的植物根皮编织成一个个大小适中的精巧巢穴。筑巢的时候，石蚕蛾幼虫先用牙齿把被水泡湿的植物根皮撕扯成一缕缕粗细合适的纤维，然后吐丝将这些纤维缝合成足够自己栖身的巢穴。除了被水浸泡过的草根树皮，石蚕蛾幼虫还能用很小的贝壳、米粒、沙石等材料拼凑出一个个小小的、温馨的窝。

石蚕蛾在巢穴里。

石蚕蛾抛弃巢穴。

抵御伤害

石蚕蛾幼虫建筑的巢穴不仅能供自身居住，还可以起到抵御捕食者的作用。假如遇到危机，它们就会果断抛弃巢穴，悄悄从水中溜走，只留下一个空壳迷惑敌人。

简易“救生圈”

石蚕蛾幼虫不会一直待在水下，当它们想浮到水面上时，就会先拖着“房子”爬上芦梗，然后伸出一半身子，让小窝的后部留出一段流入空气的缝隙。这样石蚕蛾幼虫就能像套上“救生圈”一样浮上水面。

石蚕蛾遗弃的巢穴

◀巢穴不会跟随石蚕蛾幼虫一辈子。当幼虫成熟化蛹、即将羽化时，预成虫会用上颚咬破蛹壁游到水面，再爬到石头或枝条上破蛹羽化成虫。此时它们就会抛弃以往视若珍宝的巢穴。

圆跳虫 *Sminthuridae*

圆跳虫是一种低等的原始昆虫。虽然其外表比较像跳蚤，但它们和跳蚤属于不同的种类。跳蚤属于蚤类家族，而圆跳虫是弹尾目家族的成员。它们因为相对圆润的体形被称作“圆跳虫”。

辨认要诀 圆跳虫 >>>

圆跳虫身体呈圆球形，体色一般为红色、黄色、粉色或褐色等，有的品种还带有些许花纹。它们的体表为细颗粒状，长有稀疏的刚毛，身体分节不明显，各节之间的缺刻或无色的条纹是分节的痕迹。

圆跳虫的其他品种

大　　小	成虫体长小于3毫米。
栖息环境	枯木或腐殖质的地表
食　　物	植物叶片或者无脊椎动物
分布地区	世界各地

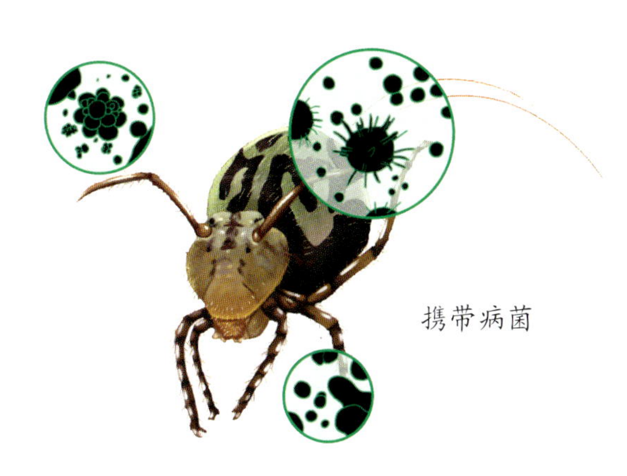

携带病菌

生活环境

圆跳虫并不爱干净。看看它们的居住环境吧——垃圾堆、排水沟、下水道等。其实这也是没办法的事情，谁让圆跳虫是以高度腐败的动植物残骸、腐殖质、细菌、真菌为食的呢？

蹦蹦跳跳

圆跳虫属于弹尾目的一员，有着发达的弹器，所以也可以叫作“弹尾虫”。弹器长在圆跳虫的腹部，是它们重要的身体器官。如果被捕食者骚扰或者感觉到危险，圆跳虫就会利用腹部的弹器高高跳起，一蹦一跳地逃离危机。

对人无害？

圆跳虫和跳蚤长得这么像，是不是也和跳蚤一样会给人带来麻烦呢？其实，圆跳虫就算跳到人的身上也不会咬人，对人无毒无害。不过，圆跳虫跳到人的皮肤上时，人们会觉得有些瘙痒，如果一不小心抓破了皮肤，那就不太乐观了，因为圆跳虫身上携带着大量病菌，很容易引起细菌感染。

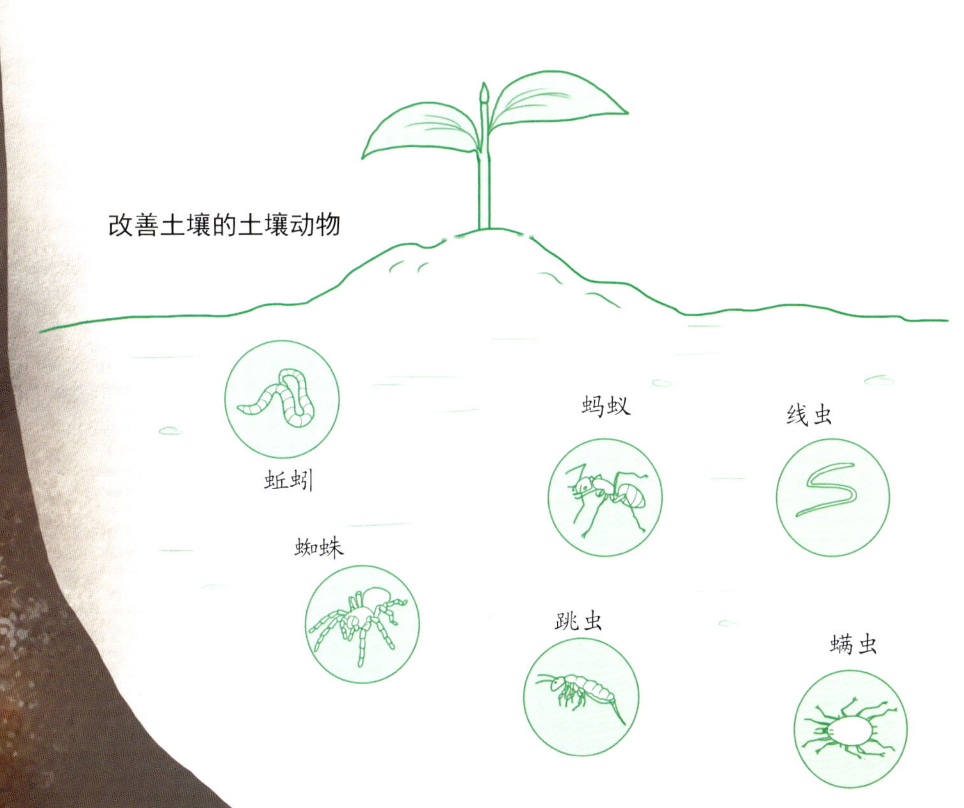

◀ 圆跳虫在土壤生态系统中扮演了十分重要的角色，不仅参与了土壤物质的循环，而且提高了土壤肥力，在改善土质、污染检测等方面起到了重大作用，和线虫、螨类共同构成了三大土壤动物。

科氏乔球螋 *Timomenus komarovi*

科氏乔球螋是蠼螋大家庭里的一员。它们的名字源于一位俄罗斯科学家。虽然这位科学家并不是第一个发现蠼螋的人，但他为昆虫学的发展作出了重要的贡献，因此人们便用他的名字命名这种昆虫。

大　小	成虫体长 15 ～ 22 毫米。
栖息环境	树木缝隙或地面潮湿环境中
食　物	一些小虫和植物叶片
分布地区	国内分布较广泛。

辨认要诀　科氏乔球螋 >>>

科氏乔球螋的身体呈有光泽的深褐色；前翅为红褐色，长度几乎达到身体的一半；头部为五角形，顶端长着一对如同丝线一样的触角。另外，与其他蠼螋一样，科氏乔球螋的腹部末端也长着一对“钳子”。

对敌手段

遭遇危险时，科氏乔球螋不会立刻逃窜、躲避，而是舞动起自己腹部末端像蝎子尾巴一样的大“钳子”进行攻击与防御，看上去就像一名英勇无畏的将军。如果一不小心被人抓住，科氏乔球螋还有另一项绝活，那就是发出一种又酸又臭的气味，让人不得不放手。

“钳子”的作用

这里说的“钳子”指的是科氏乔球螋腹部末端一对细长的尾铗。它们由科氏乔球螋的尾须演化而来，有着捕食、攻击、防御、交配等功能。不过，科氏乔球螋很少用它们来攻击，除非遇到非常不好对付的敌人。

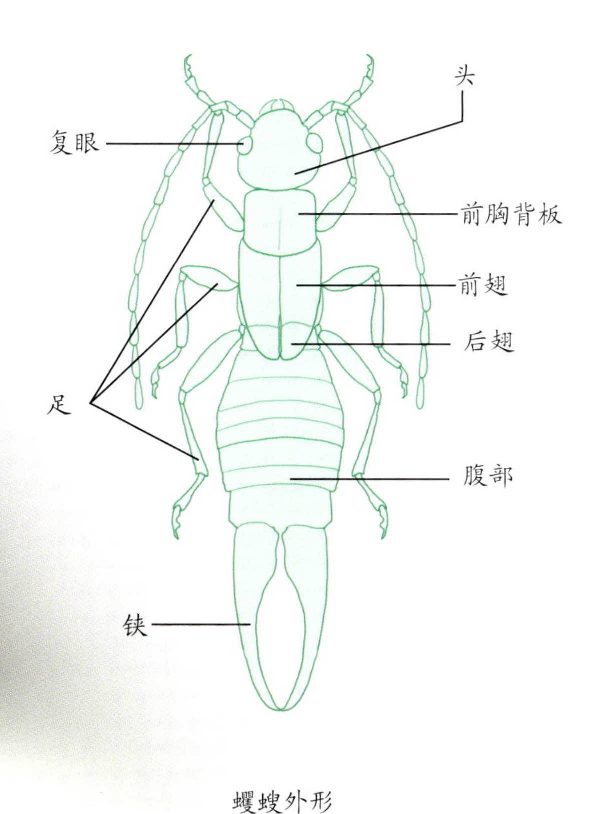

蠼螋外形

翘起尾铗的蠼螋

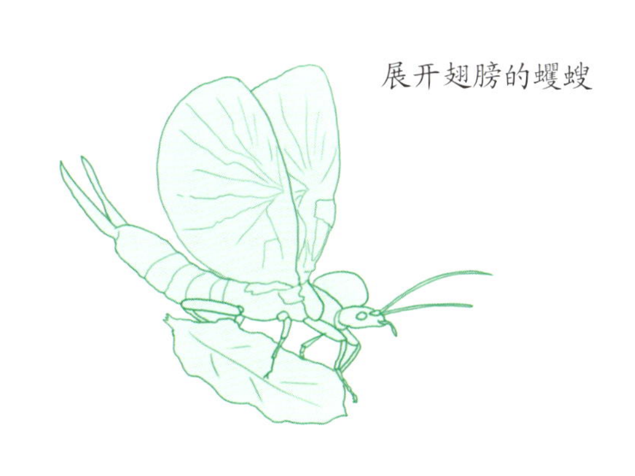

展开翅膀的蠼螋

▲长久以来，一直流传着一个谣言：蠼螋会趁人们睡着的时候从耳朵钻进去，咬破鼓膜，甚至钻进人的大脑。事实上，这是不正确的，因为人脑周围有许多坚硬骨头的保护，虫子根本钻不进去。

独特的蠼螋

科氏乔球螋俗名叫“黑腿剪刀虫”，是一种特别的昆虫。和绝大多数蠼螋不同，科氏乔球螋不光在夜晚出没，白天也偶尔会出来活动。而且，它们产卵时并不是在地下挖出深坑来当巢穴，而是直接爬到树上，在树叶上建巢产卵。另外，科氏乔球螋腹部末端“钳子”的长度即使在整个蠼螋家族里也是数一数二的。

蚁狮 *Myrmeleon formicarius*

蚁狮别名“沙猴”“沙牛”等，是蚁蛉的幼虫。它们性情凶残，喜欢捕食其他昆虫，就像猛兽雄狮一样，所以才被人们称为“蚁狮”。

大　　小	体长约 15 毫米。
栖息环境	干燥的土地
食　　物	蚂蚁、潮虫、叶虫等小虫
分布地区	亚洲、欧洲、北美洲

辨认要诀　沙土上的蚁狮 >>>

蚁狮主要生活在干燥的沙地上。它们全身颜色灰暗，呈沙灰色或者暗黄色，体表长有鬃毛，长着大大的、方形的头部，嘴部长着镰刀状的大颚，口器发达，前胸形成可动的颈部。

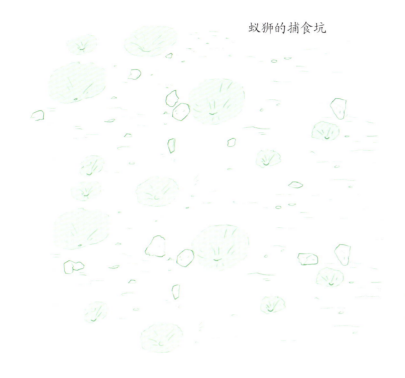

蚁狮的捕食坑

“蚂蚁地狱”

蚁狮捕猎的时候非常有特色。它们会在沙地上一边旋转，一边向下钻，构建出一个漏斗状的陷阱，然后藏在“漏斗”陷阱的底端，静静等待猎物的到来。因为蚁狮藏在陷阱底部的沙土里，所以一些路过的昆虫根本发现不了它们。一旦路过的蚂蚁掉入陷阱里，原本静止不动的蚁狮就会暴起发难，用上颚掀翻沙土，让惊慌失措的蚂蚁不停在原地摔倒，没办法逃出来。因此，蚁狮的陷阱被人们称为“蚂蚁地狱”。蚁狮没有肛门，所以并不会在陷阱里排泄。这样就省却了蚁狮在陷阱里的卫生问题。

猎物的末日

当猎物失足跌落进蚁狮精心构造的陷阱里后，蚁狮会迅速用大颚钳制住猎物，向猎物的身体里注入消化液，吃干净后再把猎物的空壳扔到陷阱外面，继续等待新猎物的到来。

蚁狮捕食蚂蚁。

其他捕猎方式

不是所有蚁狮都用陷阱来捕食、坑害猎物的。有的蚁狮会采取“守株待兔”的办法来捕猎。它们都是高明的伪装大师，会乔装打扮，融入周围的环境中，使自己变得毫不起眼。只要有猎物经过，这些蚁狮就会猛地窜出，给予猎物致命一击。

◀ 成年后的蚁狮叫“蚁蛉”。它们的外观和蜻蜓很像，因而经常有人把两者弄混。蚁蛉喜欢生活在树林里阴暗的角落，触角很粗，和人的眉毛有点像。另外，它们的翅膀摸起来手感很好，就像丝绸一样顺滑。

桑氏丝蚁 *Oligotoma saundersii*

足丝蚁因为外形接近蚂蚁，而且可以从足底向外喷吐丝线，所以才被起了这个名字。目前全世界只发现了几百种足丝蚁，国内只有 8 种。桑氏丝蚁就是我国现有品种之一。

大　　小	成虫体长约 9 毫米。
栖息环境	森林
食　　物	植物碎片、地衣、苔藓等
分布地区	中国（广东、海南）

辨认要诀　桑氏丝蚁雄虫 >>>

桑氏丝蚁通体呈黄褐色，头部接近椭圆形，一对复眼大而突出，上颚小巧，触角细长。雄性桑氏丝蚁长有翅膀，前翅大约长 5 毫米，雌蚁则没有翅膀。

给大树“织新衣”

桑氏丝蚁有着像蜘蛛一样喷吐丝线的能力。它们的第一对足上密密麻麻地生长着好几百个“丝线喷射器”。桑氏丝蚁在大树上爬上爬下时，这些器官就会喷吐出丝线。没多久，一个隧道式的巢穴就编织成了。别瞧这个“丝线巢穴”很薄，它不仅密不透风，而且能防水。在这样舒适的巢穴里，桑氏丝蚁就能舒舒服服地享用美食了。

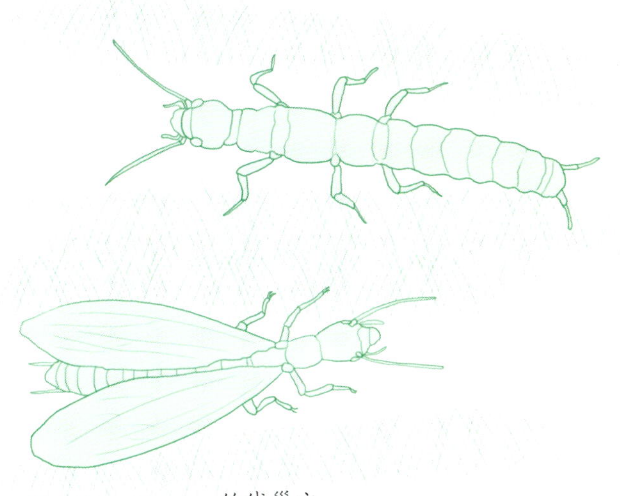

丝线巢穴

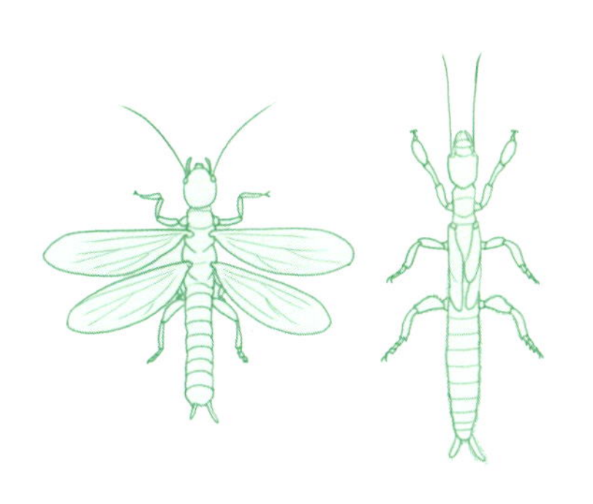

雄性（左）与雌性（右）桑氏丝蚁

▲桑氏丝蚁喜欢群居，一个群体里通常包括几只雌虫以及不同龄、不同大小的后代。它们喜欢昼伏夜出，虽然以植物为食，但对植物的破坏性并不大。如果发生食物危机的话，饥饿的桑氏丝蚁常常会互相吞食。

“宅男宅女”

桑氏丝蚁不喜欢外出活动，总是待在巢穴里不肯出来。除非有人把“丝线巢穴”全都破坏掉，否则它们是不会离开的。当然，已经长出翅膀的雄虫除外。

雌雄之别

和大多数昆虫一样，桑氏丝蚁的雌虫和雄虫有很多区别：首先，雄虫在进入成熟期以后，就会长出两对狭长的膜质翅膀，前、后翅外形相同，后翅比前翅略小；雌虫则始终不会长出翅膀。其次，雄虫第 10 腹节的背板从中间裂开，分为左右两个不对称的背板；雌虫的背板则左右对称。最后，雄虫的 2 节尾须左部膨大，两方不对称；雌虫的 2 节尾须则十分对称。

中华缺翅虫 *Zorotypus sinensis*

缺翅虫又叫“天使虫”。放眼昆虫界，它们不仅是类别最少的一个种类，而且是人们了解最少的一个种类。1913 年，意大利昆虫学家希尔维斯特里第一次发现缺翅虫。国内直到 1974 才正式发现第一种缺翅虫，即中华缺翅虫。

辨识要诀 中华缺翅虫 >>>

中华缺翅虫其实还可以细分为有翅型和缺翅型。前者体色为黑褐色，后者的体色则比较淡。两者体表都有稀疏的刚毛，头部都比较大，略呈三角形，触角都呈念珠状。有翅型长有单眼和复眼，缺翅型则没有。

大　小	成虫体长 3 ~ 4 毫米。
栖息环境	阴暗潮湿的原始森林
食　物	真菌孢子以及螨类
分布地区	仅在中国西藏发现。

缺翅？有翅？

刚刚提到过，中华缺翅虫还分为有翅型和缺翅型。可能有人觉得奇怪：既然都叫“缺翅虫”了，怎么还会出现“有翅”的呢？这其实要从头讲起。1913 年，意大利学者希尔维斯特里在给新发现的昆虫起名字时，考虑到自己发现的昆虫都是无翅的类型，所以才将其命名为“缺翅虫”。1920 年，美国昆虫学家考德尔发表了一篇在昆虫学界掀起轩然大波的论文——《缺翅目并非一个缺翅的目》。直到这时，人们才知道，原来缺翅虫基本分为两个类型——缺翅型和有翅型。中华缺翅虫也是如此。但是，根据国际命名法则的规定，缺翅虫的名字已经无法更改了。

有趣的发现

中华缺翅虫通常都躲在原始森林的枯树朽木下面过着群居生活。由于它们的体形太小，因此很少有人注意到它们。昆虫学家发现：这些小家伙基本都是缺翅型的，但当种群数量达到一定程度时，缺翅型的群体中会突然出现部分有翅型个体。这些有翅型个体一般会选择主动离开种群，到其他地方繁衍生息。不过，它们太柔弱，只能进行短距离迁移。有意思的是：当有翅型迁飞到新的居所之后，它们的翅膀就会自行脱落。

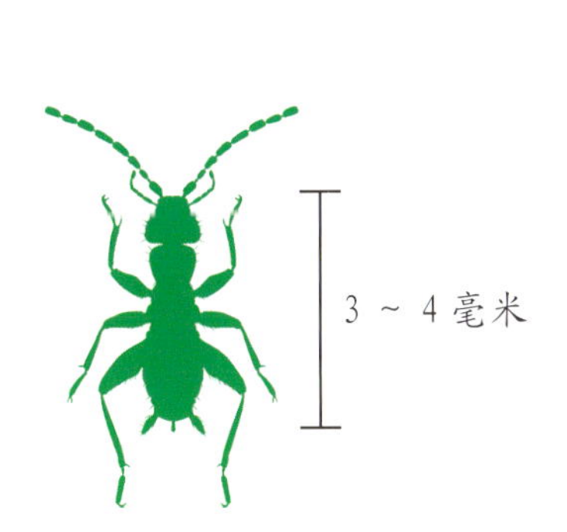

▲ 中国著名昆虫分类学家杨集昆教授在他写过的“昆虫分目打油诗”系列里对缺翅目是这样描述的：“触角九节缺翅目，一节尾须二节跗。无翅有翅常脱落，隐居高温高湿处。”

第五章

好帮手VS坏家伙

吸血恶魔

在庞大的昆虫家族里，有这样一群家伙：它们嗜血如命，“牙”尖嘴利，分布广泛，虫多势众，不管是人类还是动物都饱受其害。如果要评选“最令人讨厌的昆虫种类”，这些家伙一定榜上有名。它们就是贪婪的吸血鬼——吸血昆虫。

这些不同种类的吸血昆虫外形不一，体形有大有小，就连生活的环境也有差别，但它们彼此之间还是存在一些共同点的：

1. 以血液为食，人类和动物血液皆可。
2. 口器为刺吸式口器。
3. 或多或少会传播一些疾病。
4. 给人类与其他动物的日常生活带来很大困扰。

吸血昆虫在昆虫家族中虽然算不上主流，但数量、种类也不算少。目前昆虫学家发现的吸血昆虫主要隶属于半翅目、双翅目、虱目以及蚤目。

一、双翅目

双翅目里吸血昆虫的种类是四大目中最多的，占据了吸血昆虫这个“黑恶势力”的半壁江山。

蚊科

蚊子可以说是我们的“老朋友”了，是所有吸血昆虫中最为人们所熟悉的一类。

蚊子

蚊子长有尖锐的刺吸式口器。它们落到人们身上准备进食的时候，一般会用口器刺入皮肤，“挖”出通道，在皮肤下来回抽插、拉锯组织，每隔10秒就会重新插入组织一次，直到找到细细的血管为止。

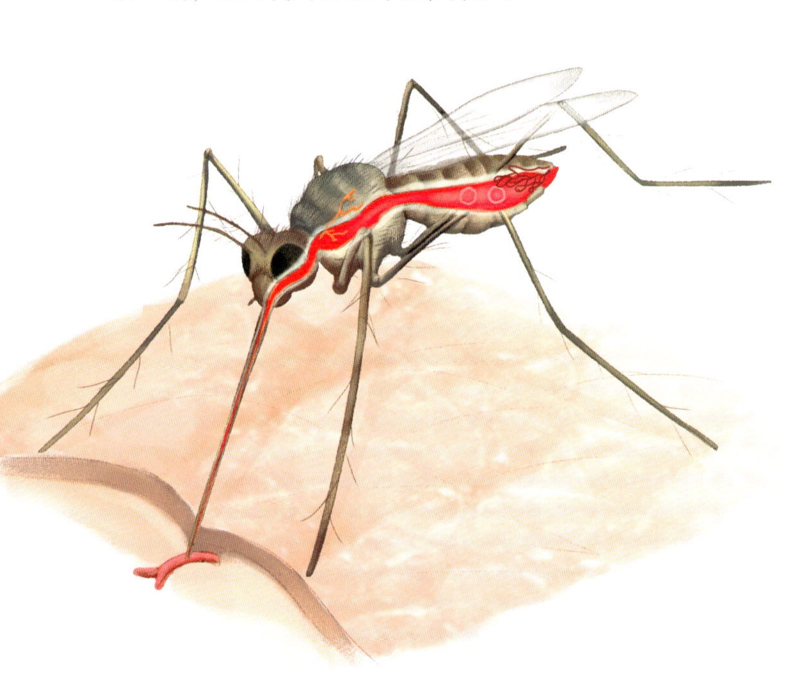

蚊子口器插入皮肤组织。

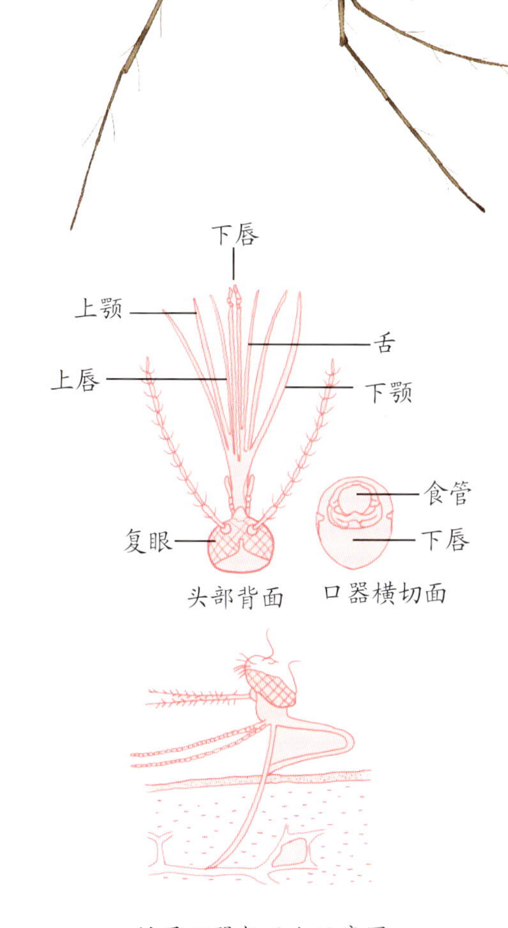

蚊子口器与吸血示意图

并不是所有的蚊子都靠吸食血液生存。在绝大多数蚊子种类里，雌蚊才是真正的“嗜血狂魔”，而雄蚊只以花蜜等植物汁液为食。另外，还有一些种类的蚊子不论雌雄都不嗜血，甚至靠捕食同类生存。

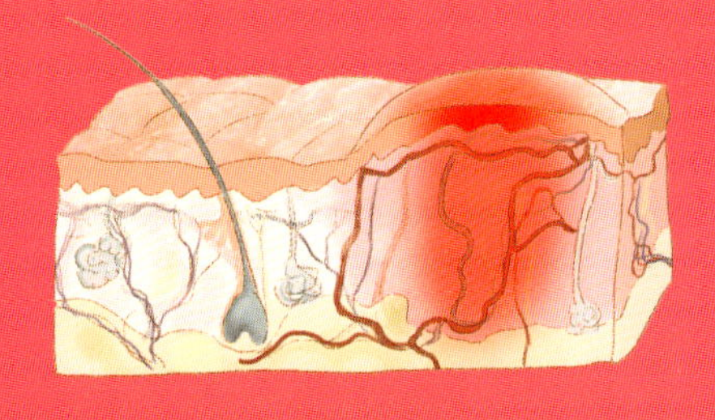

蚊子叮咬后形成的丘疹

你知道吗？

蚊子的唾液里含有一种防止血液凝固的物质，人体的免疫系统为了抵抗这种外来物质，会主动释放一种叫“组胺”的化学物质，引起被蚊子叮咬部位的血管扩张，在皮肤表面形成丘疹（被蚊子叮出的包）；同时刺激皮肤的神经末梢，使人感到瘙痒。

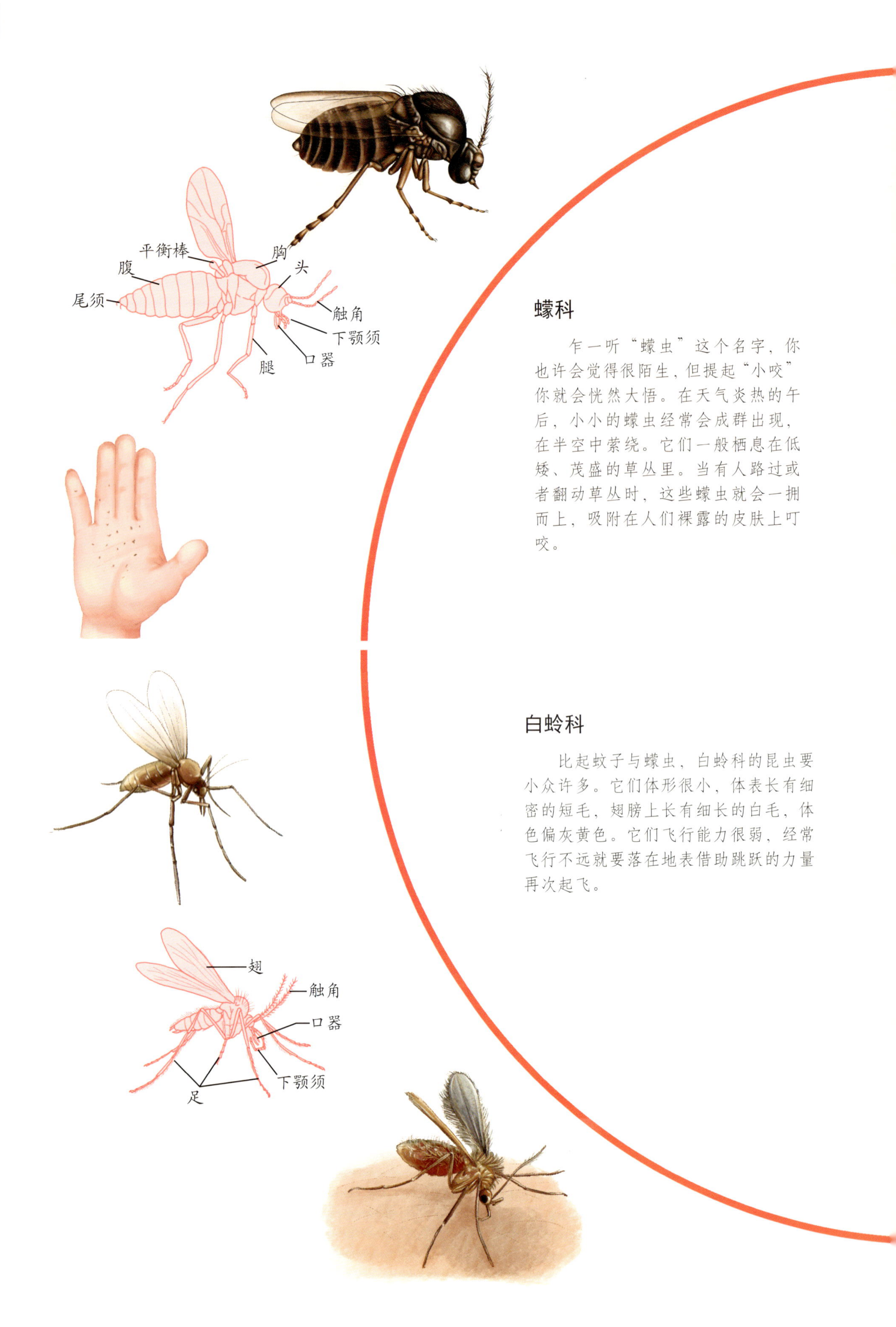

蠓科

乍一听“蠓虫”这个名字，你也许会觉得很陌生，但提起“小咬”你就会恍然大悟。在天气炎热的午后，小小的蠓虫经常会成群出现，在半空中萦绕。它们一般栖息在低矮、茂盛的草丛里。当有人路过或者翻动草丛时，这些蠓虫就会一拥而上，吸附在人们裸露的皮肤上叮咬。

白蛉科

比起蚊子与蠓虫，白蛉科的昆虫要小众许多。它们体形很小，体表长有细密的短毛，翅膀上长有细长的白毛，体色偏灰黄色。它们飞行能力很弱，经常飞行不远就要落在地表借助跳跃的力量再次起飞。

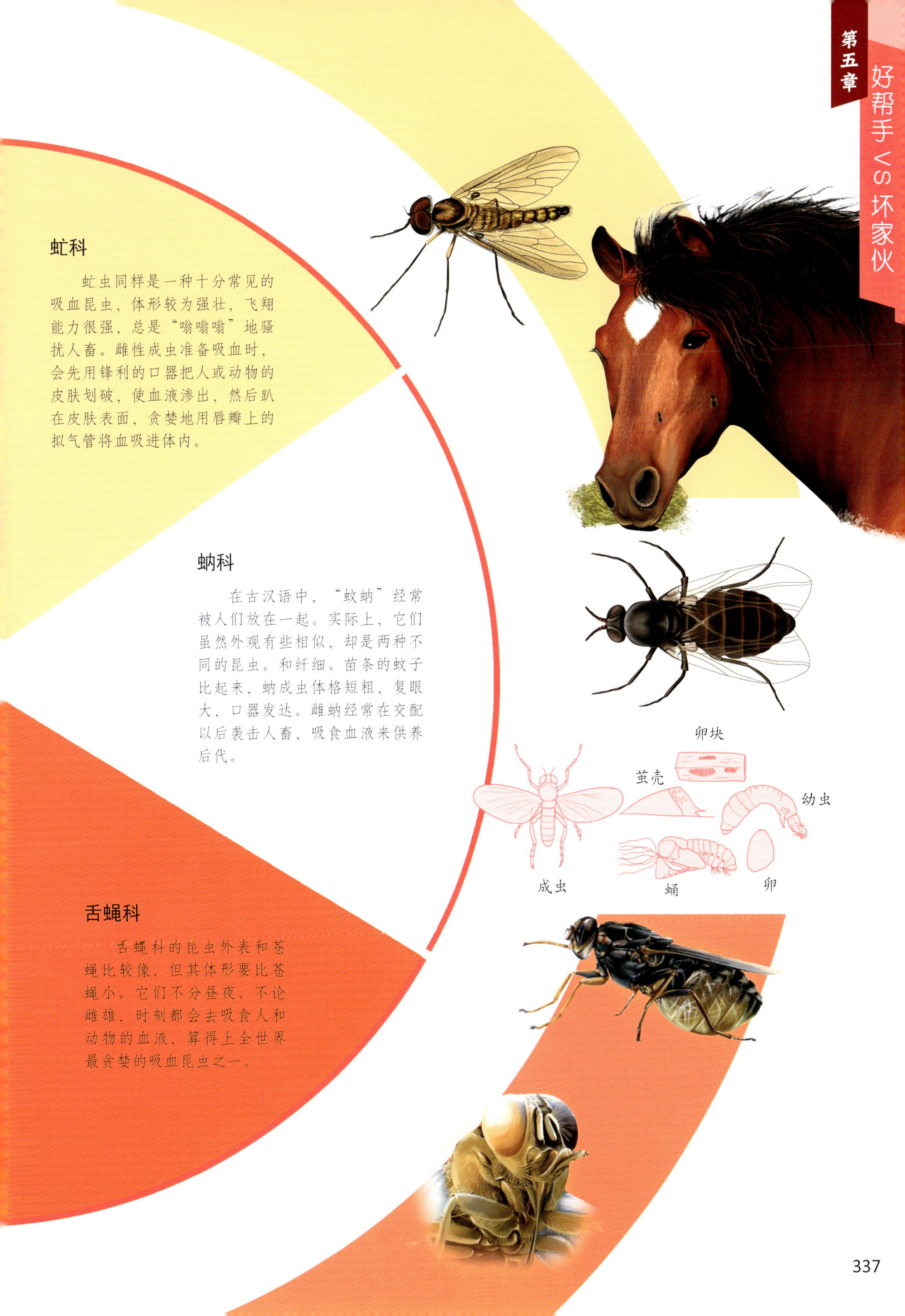

虻科

虻虫同样是一种十分常见的吸血昆虫，体形较为强壮，飞翔能力很强，总是"嗡嗡嗡"地骚扰人畜。雌性成虫准备吸血时，会先用锋利的口器把人或动物的皮肤划破，使血液渗出，然后趴在皮肤表面，贪婪地用唇瓣上的拟气管将血吸进体内。

蚋科

在古汉语中，"蚊蚋"经常被人们放在一起。实际上，它们虽然外观有些相似，却是两种不同的昆虫。和纤细、苗条的蚊子比起来，蚋成虫体格短粗，复眼大，口器发达。雌蚋经常在交配以后袭击人畜，吸食血液来供养后代。

舌蝇科

舌蝇科的昆虫外表和苍蝇比较像，但其体形要比苍蝇小。它们不分昼夜、不论雌雄，时刻都会去吸食人和动物的血液，算得上全世界最贪婪的吸血昆虫之一。

有翅的小虱蝇

无翅的羊虱蝇

虱蝇科

虽然虱蝇科的昆虫名字里带着“蝇”字，但它们的生活习性更像寄生动物。有翅的类型寄生在鸟类身上，无翅的类型寄生在羊、牛等哺乳动物身上，以吸食恒温动物的血液为生。

二、半翅目

与双翅目比起来，半翅目里的吸血昆虫不论是种类还是数量都要逊色许多。

1. 臭虫科

这是一群“臭”名昭著的家伙，身体扁平，长着大肚子，翅膀已经基本退化消失。它们畏惧光亮，因此白天总是藏身于各种缝隙中，比如床单、枕头、墙壁、天花板等场所，直到夜间才出来活动，吸食恒温动物（包括人类）的血液。

臭虫

2. 猎蝽科

它们的头部比较小，形状尖长，颈部纤细，整个身体和锥子很像。它们是一群贪婪的“吸血鬼”，不论雌雄都对血液有着强烈的渴望与追求。不过，绝大多数猎蝽只对蝙蝠和鸟类的血液感兴趣，吸食人血的品种很少。

圆斑荆猎蝽

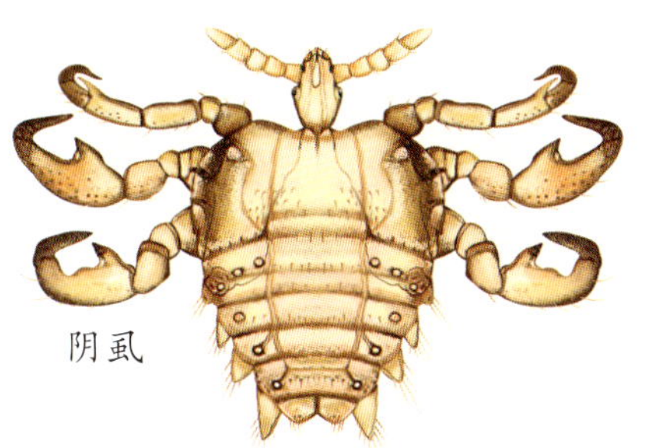
阴虱

三、虱目

这些家伙也就是我们常说的“虱子”。它们属于寄生动物，终生都需要寄生在人类或其他动物的身上，以吸食血液为生，一旦脱离寄主，很快就会死亡。虱子有很多种，光是寄生在人体的虱子就分为3种——体虱、头虱和阴虱。寄生在动物身上的种类就更多了。

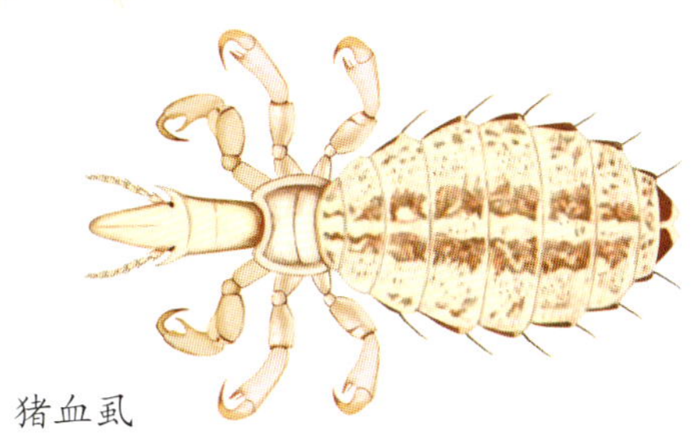
猪血虱

鸟虱

四、蚤目

这些小家伙就是人们非常熟悉的跳蚤，个体很小，没有翅膀，擅长跳跃。它们是一种令人困扰的寄生性昆虫。据目前昆虫学家的发现，跳蚤成虫不是寄生在哺乳动物（包括人类）身上，就是寄生在鸟类身上，以其血液为食。

人蚤

印鼠客蚤

猫栉首蚤

疾病传播者

病原体离开传染源以后，想要感染新的宿主，需要在外界环境中经过一系列复杂的过程。这个过程被称为“传播途径”。多年来，随着医学的发展，人们已经探明了许多疾病的传播途径。其中，昆虫扮演了非常不光彩的角色，是很多恐怖传染病的重要媒介。

你知道吗？

传染病的传播途径：

1. 直接接触；
2. 飞沫传播；
3. 血液传染；
4. 性接触；
5. 食物及水污染；
6. 昆虫媒介；
7. 动物咬伤。

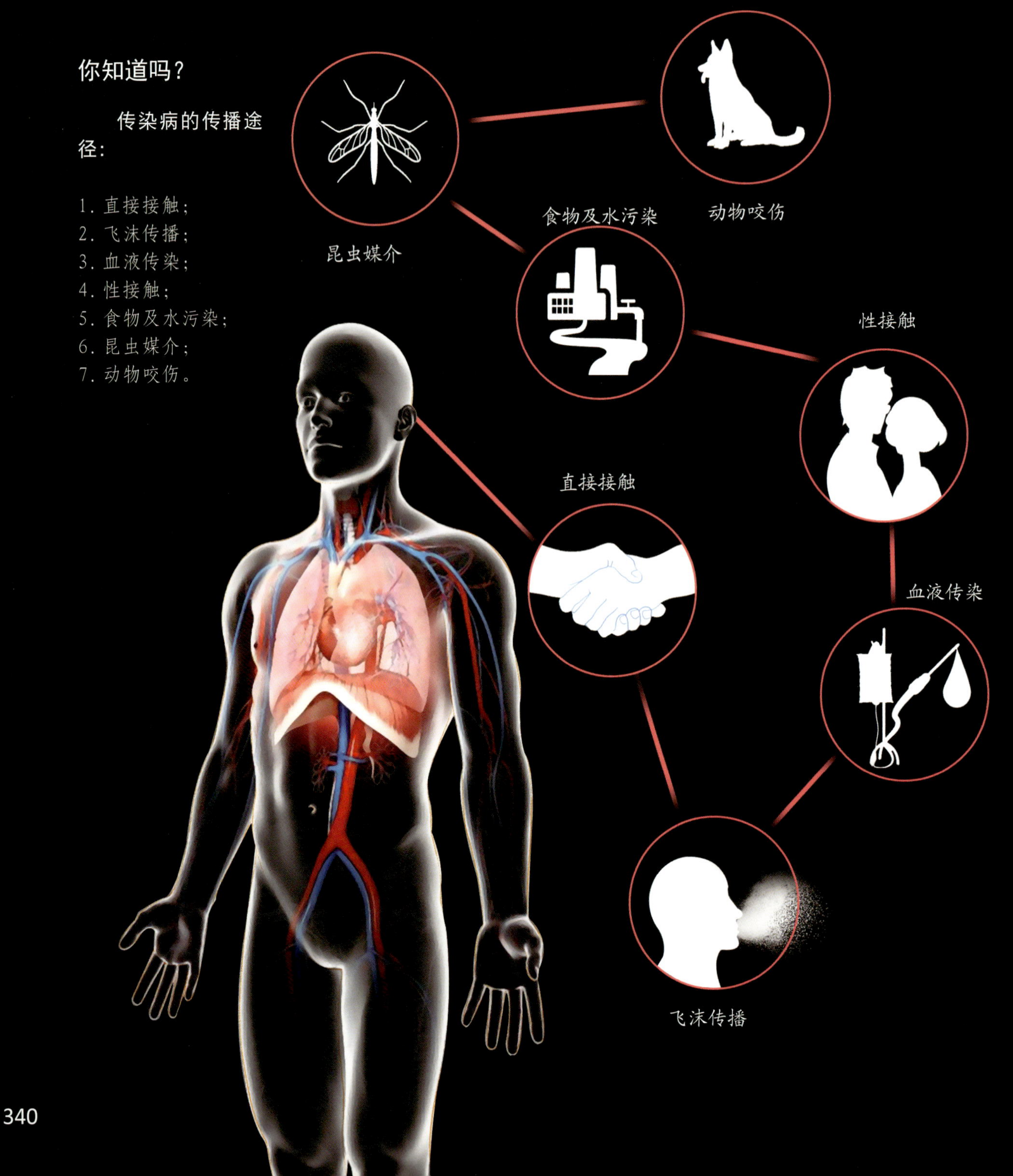

一、疟疾

疟疾也叫“打摆子”，是一种严重危害人体健康的传染病。它的传播媒介正是那些贪婪的“吸血鬼”——蚊子（按蚊）。

疟疾发作起来，患者首先感觉身体发冷，全身控制不住地发抖，甚至连牙齿都在打战（这正是“打摆子”名称的由来），之后会觉得全身发热，汗水止不住地往下淌。症状就是冷热交替，备受煎熬。疟疾长期多次发作，还会引起患者贫血以及脾脏肿大。

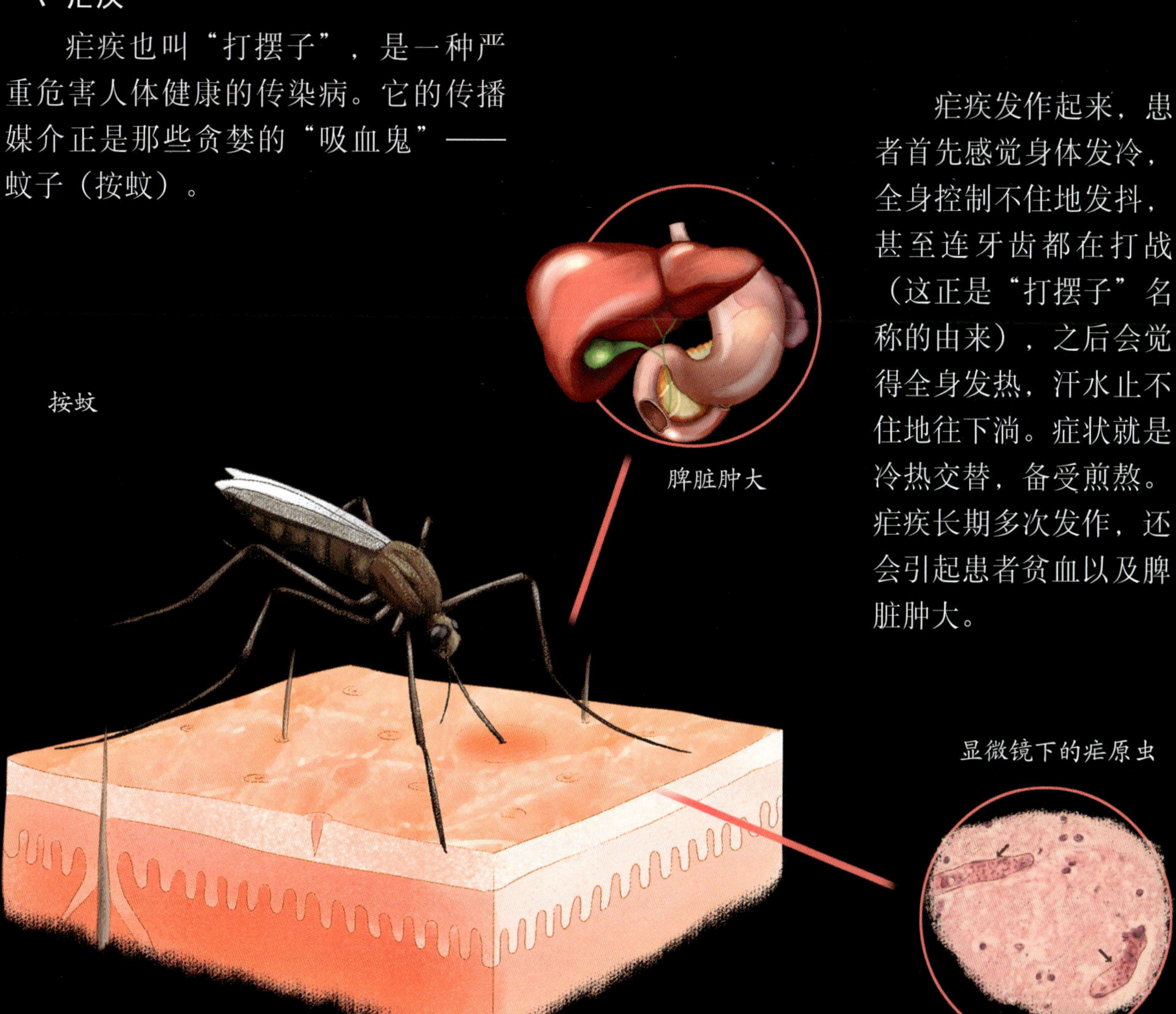

疟疾的源头可以追溯到疟原虫上。它是一种可以寄生于人类和蚊虫体内的病原体。当按蚊吸食了带有疟原虫的血液后，疟原虫的配子母细胞就会在按蚊体内分裂成雄、雌配子。两者交配以后就会变为能够自主运动的合子，然后穿过按蚊的胃壁，在胃壁外膜下方附着，成为囊合子，并且在内部发育出很多孢子体。这些孢子体成熟后，就会进入按蚊的唾液腺里。因此，当按蚊吸食人血的时候，唾液腺里的孢子体就会进入人体，与血液混合，感染人们。

值得一提的是，如果按蚊吸食了疟疾病人的血液之后，立即去叮咬一名健康人，那么这名健康人是不会患上疟疾的。

疟疾在医疗水平低下的国家和地区有着居高不下的发病率。患者不仅饱受痛苦折磨，而且很容易因为得不到及时的救治而死亡。据统计，在新中国成立前，中国大约每年有3000万人染上疟疾。在20世纪30年代的泰国，每年因为疟疾死亡的人口超过5万。即便是在文明的21世纪，世界上仍有许多国家和贫困地区受到疟疾的威胁。

二、鼠疫（黑死病）

鼠疫也被称为“黑死病”，是世界历史上鼎鼎大名的传染病，属于恶名昭著的“刽子手”，曾经造成无数人死亡。它的传染力非常强，病情凶险，致死率较高。直到现代社会医疗卫生水平提升以后，鼠疫才渐渐隐于幕后。

鼠疫的传播途径很多，像人与人之间的飞沫传播、与传染源进行直接接触等。我们在这里要说的是跳蚤传播。

吸血是跳蚤摄取食物与营养的唯一途径，而将鼠疫传播给人类也是通过这种方式达成的。简单来讲，跳蚤传播鼠疫的过程应该是这样的：鼠类患病→跳蚤寄生、染病→跳蚤叮咬人类→人类染病。

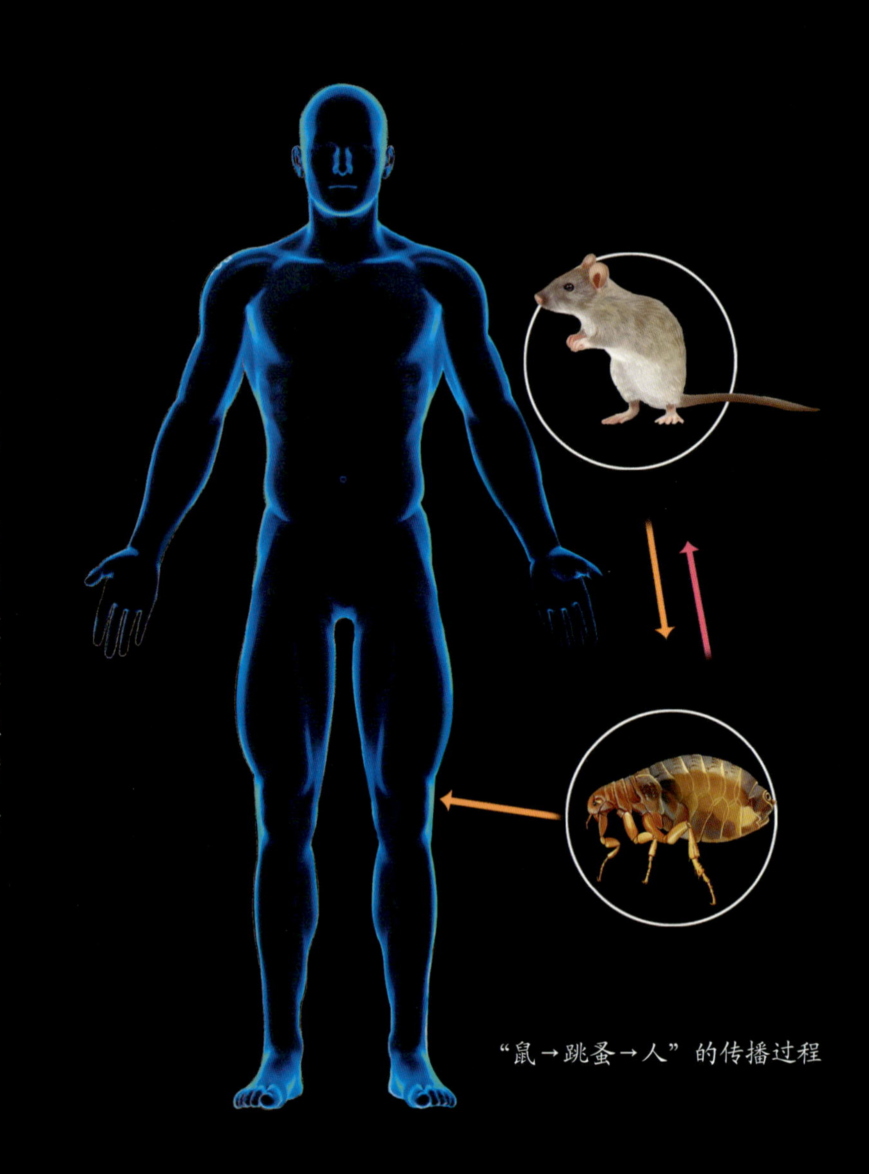

“鼠→跳蚤→人”的传播过程

你知道吗？

昆虫学家在对一只被琥珀封存2000多万年的跳蚤进行观察时，意外在其体内发现了一种细菌。经过比对，他们发现这种细菌和现代鼠疫杆菌有很大的相似性。这说明它很有可能是鼠疫病菌的远古分支。

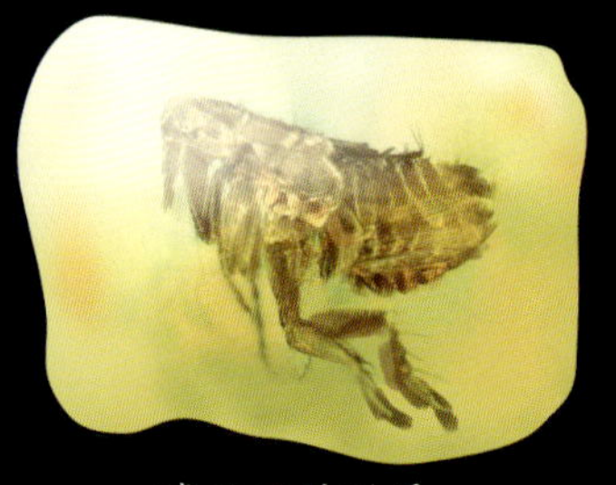

琥珀里的跳蚤

罪魁祸首——鼠疫杆菌

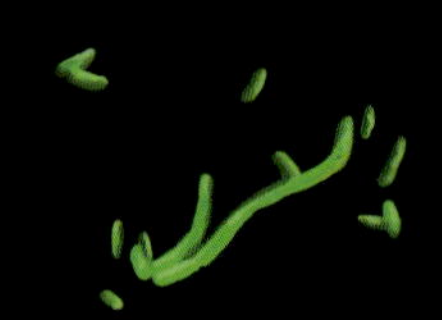

三、流行性斑疹伤寒

流行性斑疹伤寒是一种比较可怕的传染病，体虱则是其传播的重要媒介。它的病原体是普氏立克次氏体，对低温和干燥耐受力较强，但很害怕高温与化学消毒剂，一般寄生在人的血管内皮细胞质中。当体虱叮咬患者后，病原体也会感染体虱并寄生在体虱的肠壁上皮细胞内。

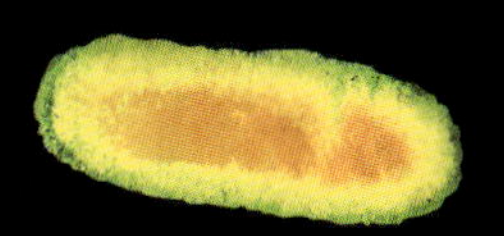
普氏立克次氏体是伤寒的病原体

传播流行性斑疹伤寒的重要虫媒——体虱

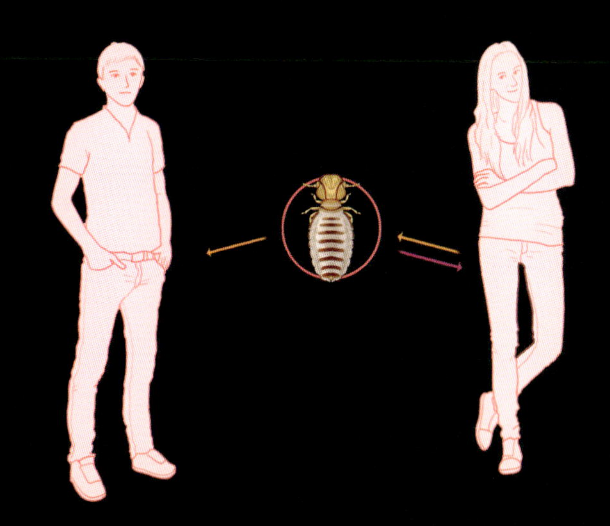
流行性斑疹伤寒传播示意图

流行性斑疹伤寒的传染性很强：当已感染的体虱叮咬一个健康人后，这个人一般很快就会患病，而且如果得不到及时的治疗，患者将很快死亡。一旦流行性斑疹伤寒在人口密集、昆虫繁盛的环境内大爆发，所带来的结果将如同噩梦一般。

面对昆虫传播疾病，我们应该做到：

1. 搞好卫生，从根源上杜绝蚊虫滋生的环境。
2. 做好个人防护，避免昆虫叮咬。
3. 野外作业人员要做好必要防护，最好穿防护服。
4. 野外休憩要准备防虫、驱虫的药物。
5. 去非洲等疫情高发区要服用预防药。
6. 要时刻关注自身健康情况，一旦发病，及时治疗。
7. 有发热、斑疹等症状必须及时就医。

植物“杀手”

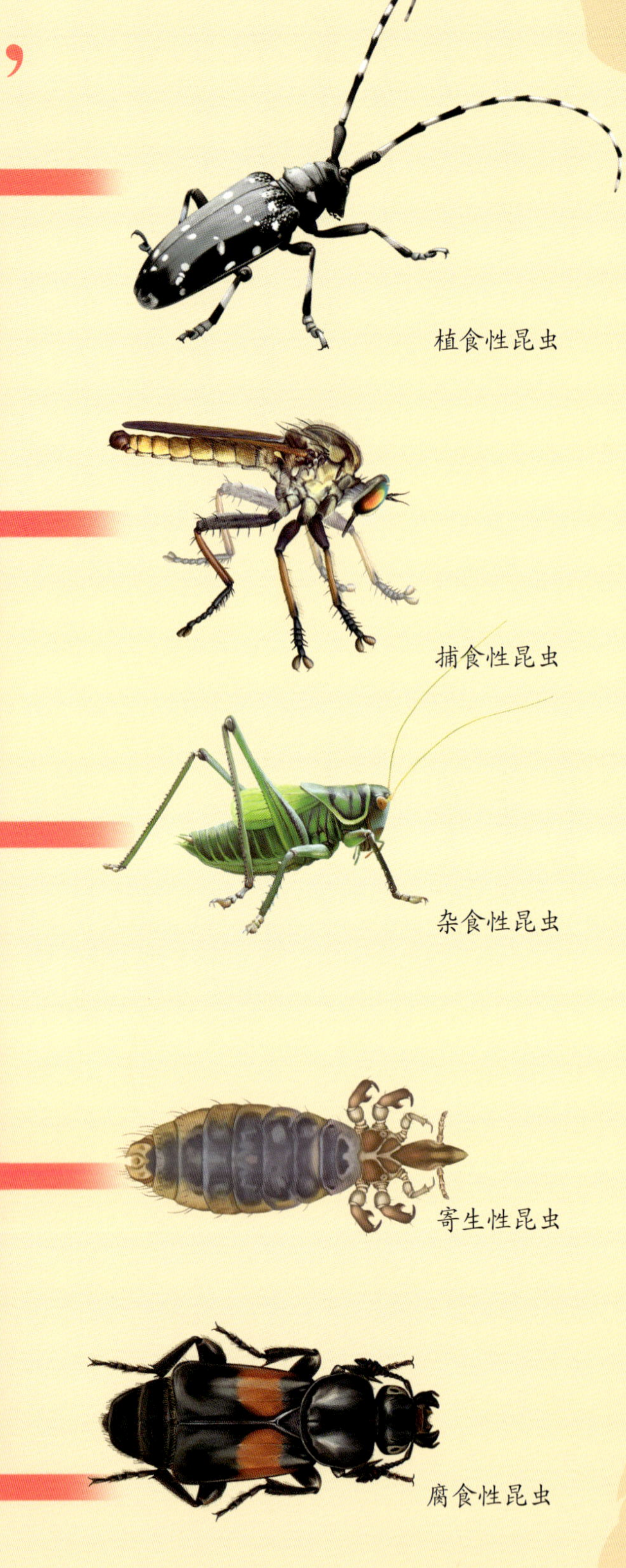

昆虫家族成员众多，其口味也是五花八门：有喜欢素食的，也有偏爱腐食的，还有喜好杂食的。这样看来，如果昆虫家族打算聚餐，恐怕“一起吃什么”将成为令它们头痛的难题。

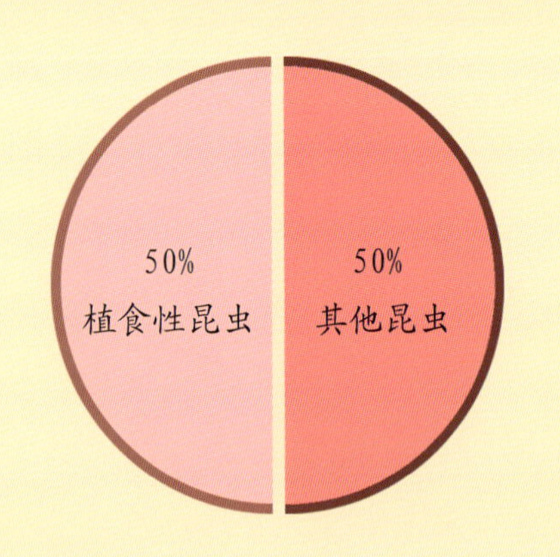

据昆虫学家分析，全世界有上百万种昆虫，其中素食主义者的种类和数量非常可观，几乎占据了昆虫家族总数的一半。它们把绿色植物当成食物，用来维持生命与繁衍后代，是植物的破坏者。另外，由于许多植食性昆虫爱吃的植物类型差不多，因而经常会出现同一种植物被几种甚至几百种昆虫危害的情况。

这些植食性昆虫食量大、数量多，不管是对农作物，还是对花草树木，都会造成很大的破坏，给人类带来十分严重的损失，是名副其实的“植物杀手”。

一、蝗虫

农业对于一个农耕国家来说至关重要。铺天盖地的蝗灾则会对农业生产造成致命的打击。

密密麻麻的蝗虫

早在春秋时期，中国人就已经认识到蝗虫是农作物的重要敌人，甚至在著名的《诗经》里留下了关于蝗灾危害庄稼的诗句。多少年来，古人一直将蝗灾视为与洪灾、旱灾并列的三大自然灾害。

蝗灾常常发生于干旱的年份，史书上甚至有“旱极而蝗”的记载。那么，蝗灾和干旱之间又有什么联系呢?

原来，蝗虫会将卵产于土壤中，而干燥的环境对这些虫卵的孵化很有帮助。如果遇到多雨、湿润的年份，蝗虫的生长与繁殖就会受到很大的影响，甚至连虫卵都会被过于湿润的环境直接杀死。两相对比，难怪蝗虫会对干燥的环境情有独钟。

蝗灾形成的原因：

1. 干旱使水域面积缩小，为蝗虫产卵提供了合适的场所。
2. 温暖干燥的环境促使蝗虫产卵数量以及密度大大增加。
3. 大量幼虫孵化出来后，以在干旱中生长的植物为食，生长速度飞快，繁殖力变强。

你知道吗?

很久以前，昆虫刚刚诞生在地球上的时候，种类还很少。后来开花植物出现，植物种类不断增加，昆虫的种类也渐渐丰富起来。它们开始为植物授粉，同时以植物为食。由此可见，植物与昆虫的演化是齐头并进的。

石氏道虎沟古蝉化石（左）与开花植物的化石（右）

蝗灾是可怕的。据昆虫学家统计，在 2000 多年时间里，中国发生的大规模蝗灾超过 800 次，平均下来差不多每隔 3 年就要发生一次。即便是在近代化的 20 世纪，中国也曾发生数次大规模的蝗灾。

1922 年，江苏暴发了大蝗灾，数量巨大的蝗虫甚至将当时的沪宁铁路全部遮盖。

1944 年，山西 23 县均遭受蝗灾侵袭。当地政府曾发动群众主动灭蝗，捕捉蝗虫 1200 多亿只。倘若将这些蝗虫头尾相连，全长能绕地球一圈多。

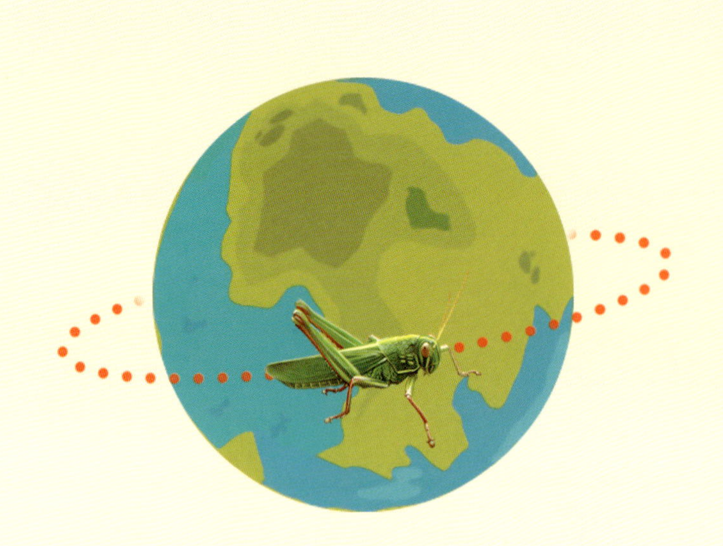

你知道吗？

《毛诗注疏》对《诗经·小雅·大田》里的诗句“去其螟螣，及其蟊贼”作出了更加细致的解释，认为“食心曰螟，食叶曰螣，食根曰蟊，食节曰贼”，将危害作物的 4 种害虫清楚地区分开来。

二、螟虫

《诗经·小雅·大田》里有这样一句话：“去其螟螣，及其蟊贼，无害我田稚。”其大致意思是：只要消灭了螟、螣、蟊、贼这些害虫，就能保证庄稼的健康。诗里所说的螟螣其实是两种古老的农业害虫——螟虫与蝗虫。

周尧先生在他编著的《中国早期昆虫学研究史》里认为，螟虫是国内危害性仅次于蝗虫的另一大害虫。螟虫类型众多，以玉米螟虫为例，虽然它们残害的农作物主要是玉米，但实际上它们的食性非常广泛，仅在国内记载的就已经有超过 50 种植物在它们的“菜谱”上。

水稻螟虫更是几千年来中国种植水稻不可忽视的大敌。一旦放任水稻螟虫成长，那么这群贪婪的家伙就会对庄稼造成难以挽回的损失。

三、桑螨

20 世纪 20 年代，曾有人记录过这样一段文字：“幼虫食欲旺盛，脉叶俱食，每当仲夏，满园桑叶，尽成黄脉……其受残害者，宁掘桑株，转艺农作……”其大概意思是说有一种害虫对桑叶的破坏非常严重，甚至迫使植桑养蚕的人把桑树全掘了，转行种庄稼。

究竟是什么样的害虫有这样的破坏力呢？答案就是桑螨。

桑螨

桑螨幼虫

桑螨的一生

中国著名昆虫学家祝汝佐先生在 20 世纪做过一个调查：1929 年，仅江苏吴江县一地就因遭受桑螨之害损失了约 28.8 万元。1932 年，江苏吴江、无锡及浙江杭州、嘉兴四县因桑螨肆虐共折损 240 多万元。

桑螨是鳞翅目蚕蛾科的一种害虫。别看桑螨成虫一副人畜无害的样子，它们在幼虫时期可是无法无天的“大盗贼”，专门和蚕抢桑叶吃。而且，桑螨的胃口非常大，被它们啃食过的桑叶基本连叶柄都不会剩下。被抢食的蚕由于食物不足，不是饿死，就是变得营养不良，结茧的数量大大降低，给蚕农造成严重损失。

珍贵的药用价值

很久以前，中国就有用动物入药的历史记载。作为动物界中最大的类群，昆虫自然逃脱不了这样的命运。

《神农本草经》里的昆虫药：

蜂子、柞蚕、蛴螬、白僵蚕、樗鸡、木虻、蜚虻、蜚蠊、䗪虫、蠮螉、班苗（斑蝥）、石蚕、雀瓮、蜣螂、蝼蛄、地胆、萤火、衣鱼、露蜂房……

《周礼》中有“以五味、五谷、五药养其病”的记载。东汉末年的大儒郑玄为“五药”写注，将其进一步解释为：“五药，草、木、虫、石、谷也。”这也许就是国内关于昆虫入药最早的文字记录之一。

东汉郑玄注释的儒学经典——《周礼》

被誉为“现存最早的中药学著作”——《神农本草经》

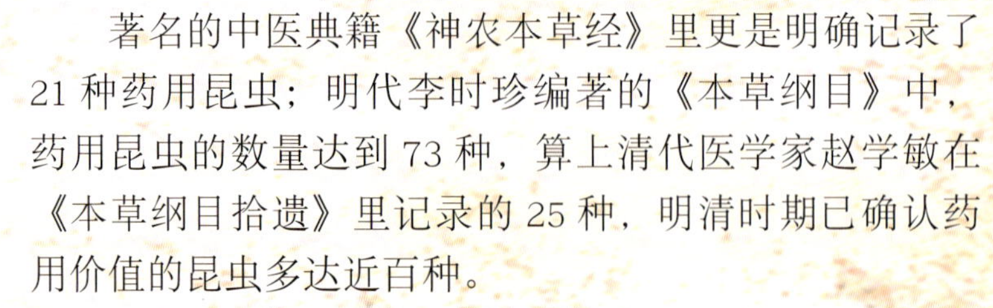

著名的中医典籍《神农本草经》里更是明确记录了21种药用昆虫；明代李时珍编著的《本草纲目》中，药用昆虫的数量达到73种，算上清代医学家赵学敏在《本草纲目拾遗》里记录的25种，明清时期已确认药用价值的昆虫多达近百种。

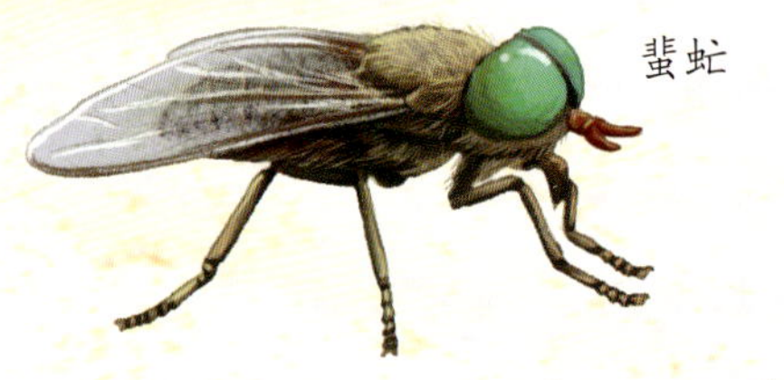

进入20世纪以后，现代科学在中国迅速发展。各种科学手段的引入使药用昆虫的分类、药效描述变得更加科学、严谨，促进了人们对药用昆虫的全面认知和评价。1982年，权威的《中国药用动物志》出版，其中收录的药用昆虫数量达到13目51科143种。

改革开放后，中国经济高速发展，人民生活水平日渐提高，医疗卫生进入高速发展的快车道，人们越来越重视养生、保健，因此对药用昆虫的研究进入一个新阶段。更多的昆虫被发掘出药用价值，截至目前，已知的药用昆虫已经达到大约300种。

更重要的是，现代化的科学手段使药用昆虫人工养殖成为现实，甚至“变废为宝”，将原本有害的昆虫成功转变为对人有益的药用昆虫资源，使药源的问题在一定程度上得到解决。

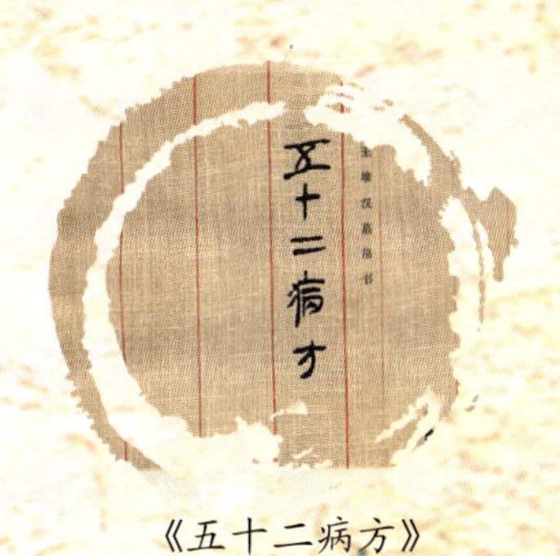

《五十二病方》

你知道吗？

1973年，考古工作者在湖南长沙马王堆汉墓中发现一件帛书，上面写满了医方，是目前中国已知最早的医方著作，被命名为《五十二病方》。此帛书上不仅提及了用昆虫入药，还明确指出了几种药用昆虫——蚕、蜂、地胆虫与蜣螂等。

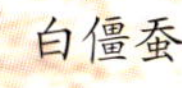

昆虫的种类、形态千奇百怪，拥有药用价值的部位也各不相同。经过 2000 多年来的探索与实践，人们总结了药用昆虫各自可以入药的部分：

蝼蛄

芫菁

蟋蟀

1. 昆虫成虫整体入药

这是最常见的昆虫入药方式，大多数昆虫成虫整体都具有药用价值。

代表昆虫：蝼蛄、芫菁、蟋蟀等。

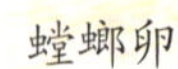

2. 虫卵入药

昆虫的其他部分药用价值不高或者没有药用价值，只有经过处理的虫卵才具备不错的药效。

代表昆虫：螳螂等。

刺蛾蛹

3. 虫蛹入药

虫蛹是幼虫向成虫过渡的一种形态，具有很高的营养价值与药用价值，不仅被一些地方视为餐桌上的美味，也被当成治病救人的良药。

代表昆虫：刺蛾等。

4. 昆虫幼虫入药

一些昆虫在幼虫阶段进食丰富，胖乎乎的，柔嫩多汁，具有很高的营养价值和药效。

代表昆虫：丽蝇、金龟子等。

丽蝇幼虫

金龟子幼虫

5. 昆虫的分泌液入药

除了昆虫本体，它们的一些衍生物也具有药用价值，比如现在提到的分泌液。这类药材虽然不算多，但也比较常见。

代表昆虫：白蜡虫、蜜蜂、紫胶虫等。

虫白蜡（白蜡虫产物）

紫胶（紫胶虫产物）

蜂王浆

蜂胶

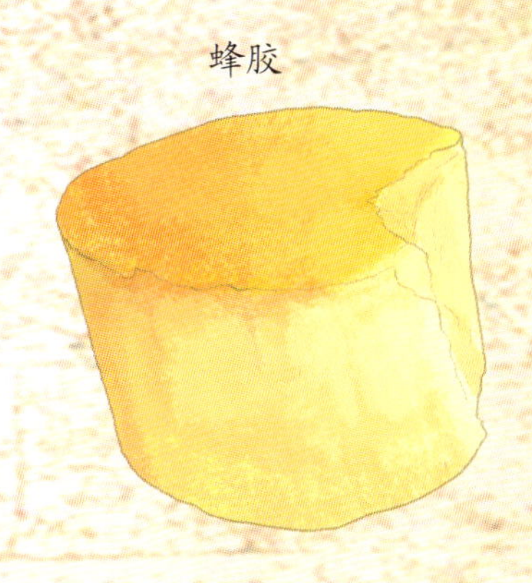

6. 昆虫“附属物”可入药

昆虫具有完整的内部组织、器官、系统以及整体的机能。它们在生命活动过程中往往会产生一些“附属物”，这些附属物虽然对昆虫来说弃之无用，但对于我们来说却是良药。

代表昆虫：蝉蜕等。

蝉蜕

7. 昆虫排泄物入药

虽然听上去让人感觉有些不适，但一些昆虫的排泄物的确有着不错的药用价值，能治疗很多疾病。

代表昆虫：桑蚕、化香夜蛾等。

桑蚕

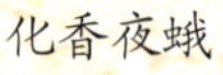

化香夜蛾

8. 昆虫病理产物入药

一些昆虫患病（比如被寄生、被感染等）后产生的物质对它们自己来说也许是催命的“毒物”，但对人类而言却是救人的药剂。

代表昆虫：舟蛾等。

舟蛾蛹

＋

蛹虫草菌

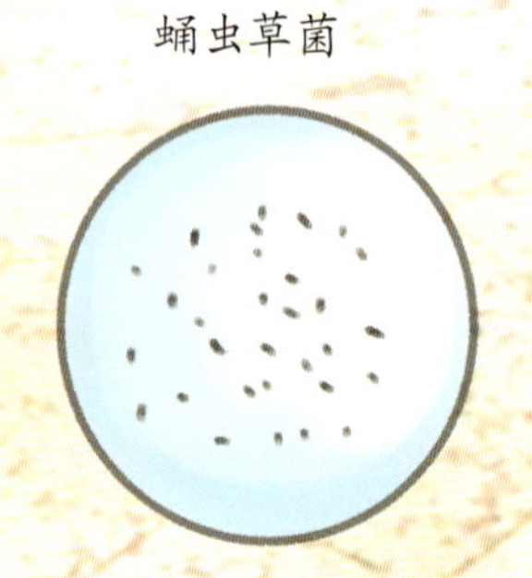

＝

蛹虫草

9. 昆虫毒液入药

有一些昆虫天生拥有令人望而生畏的毒性。不过，自古就有“以毒攻毒”的说法，因此虫毒不仅能害人，还可以救人。

代表昆虫：蜜蜂。

蜜蜂

药用昆虫的功效

在长达千年的临床应用中，人们发现药用昆虫能够直接或者间接地治疗患者，不仅疗效显著，而且数量丰富，作用范围广，比其他动物药材性价比更高。另外，人们还总结了药用昆虫及其产品具备的疗效。

1. 清热泻火。
2. 润肠通便。
3. 利尿。
4. 祛风湿。
5. 平肝熄风，治疗肝肾阴虚。
6. 疏通气机，调理气息。
7. 活血化瘀。
8. 补气益血，调理阴阳。
9. 生肌长肉。
10. 排解毒素。
11. 肌体皱缩，收敛腺液。
12. 清热化痰，逐寒开窍。
13. 安神镇痛。
14. 化痰止咳。
15. 止血。
16. 明目。
17. 治疗跌打损伤。
18. 解表散热。

…………

现代科学与昆虫

虽然人类对药用昆虫的研究与应用已经足有千年之久，但随着科技的进步，我们发现昆虫资源在药用方面还有进一步开发的价值。

对药用昆虫的研究和开发利用是一门非常复杂的学问，涉及昆虫学、生物化学、营养学、药剂学和生物技术等多个学科。不过，近年来，人们已经发现药用昆虫在治疗疮、肿痛甚至癌症等疾病上有着比较出色的表现。这已经引起许多相关学者对药用昆虫的重视。由此可见，如何普及有价值的药用昆虫以及相关药物方面的开发将成为未来一段时间里科学家重要的研究课题。

向昆虫“借力”

大自然里的昆虫资源异常丰富。目前为人们所认知、描述的昆虫约有90万种，而且在以每年约7000种的速度递增。如此海量的昆虫资源自然引起了人们的注意，人们开始不断地对其进行深层次的开发和利用，并且取得了许多喜人的成果。

油炸黑蚂蚁

蚂蚁和卵

蚂蚁酱

一、能吃的昆虫

人类食用昆虫的历史十分久远，大概可以追溯到国家尚未出现的时期。举个例子：茹毛饮血的古老中国人在与大自然作斗争的时候，意外发现像狗熊、穿山甲这样的野兽因为吃蚂蚁而变得强壮有力，于是把小小的蚂蚁划归到自己的食谱中。

先秦典籍《周礼·天官》中有“蚳醢以供天子馈食”的描述。“蚳醢”究竟是什么，怎么会成为周天子的食品呢？东汉大儒郑玄对这句话的注释是“以蚍蜉子为醢也”，意思是“把蚂蚁卵做成酱”。这是目前我国关于食用蚂蚁的最早记载。

你知道吗？

随着人们对昆虫资源的日渐重视，一门新的学科——资源昆虫学应运而生。如今，它被许多高等农林院校列为课程，已经成为昆虫学中难以分割的一部分。

你知道吗？

蚂蚁作为可食用的美味，一直备受人们的喜爱。合适的蚂蚁不仅可以做成蚁子酱（也就是蚁卵酱），还可以用来熬汤、清蒸、红烧，甚至生吃。因为美食和利润，越来越多的人开始尝试养殖蚂蚁。

除了蚂蚁，还有很多昆虫成为人类餐桌上的美味佳肴。比如：利比亚先民早在公元前5世纪就有食用蝗虫的传统；在中国昆虫学会50周年庆典暨学术讨论会上，柞蚕被端上各位专家的餐桌；法国巴黎街头有一家专门用昆虫做美食的餐馆……

昆虫究竟为什么成为许多人钟爱的美食呢？实际上，虽然昆虫的外表看上去不怎么样，有的甚至还很吓人，但它们的味道尝起来颇佳，口感很不错，是不可多得的美食。另外，现代科学分析表明，昆虫的营养价值非常高，其体内丰富的蛋白质含量甚至超过了体形比它们大上许多的鸡、鸭、鱼。而且，这些昆虫体内还有很多人体所需的维生素、微量元素以及氨基酸，对人们的身体健康有很大帮助。

昆虫的种类多，数量大，分布广，如果能保证大规模、稳定地饲养，想必在不久的将来，昆虫就会成为高蛋白食物的重要来源之一。

二、昆虫激素的利用

生物的生长发育、蜕皮、变态、生殖、滞育等生理过程与行为反应全都离不开激素的参与。昆虫作为广大生物的一员，自然也不例外。

昆虫的激素主要分为两大类——内激素和外激素。前者指的是由昆虫内分泌腺分泌，依靠体液来进行传播的激素，比如保幼激素、蜕皮激素等。后者是由昆虫的某种器官或组织分泌，靠空气和其他媒介传递给别的个体，引起对方行为反应的激素，比如性信息素、踪迹信息素等。

这些昆虫激素对我们有什么帮助吗？事实上，人们凭借科技手段已经能够合成绝大部分昆虫激素了。这也就意味着，昆虫的生理活动与生命行为已经基本被人们掌控。

试想一下：人们如果想让自己养的蚕多多吐丝，就可以为其注入保幼激素，延长蚕宝宝的生长期，让它们可以继续吐丝；想让蚕宝宝早点化茧，可以为其注入一些蜕皮激素，让它们提前结茧。另外，人们假如想对一些农业害虫以及林业害虫进行捕捉、防治，也可以利用人工合成的激素完成。

昆虫的内分泌器官及其主要激素

激素来源器官	昆　虫	激素名称
脑	多种昆虫	脑激素（促前胸腺激素）
咽侧体	多种昆虫	保幼激素
（前）胸部腺	多种昆虫	蜕皮激素
心侧体	飞蝗	激脂激素
食管下神经节	蚕	滞育激素
脑	蚕	黑化激素
末端腹神经节	非洲飞蝗	鞣化激素 围蛹形成激素
心侧体	蜚蠊	后肠灵
神经节	吸血蝽 吸血蝽蝇类	利尿激素 表皮塑化因子
脑	天蚕蛾 柞蚕蛾	蜕壳激素 （羽化激素）
生殖腺：卵巢	蝇 飞蝗	卵巢静态激素 蜕皮甾酮
睾丸间隙细胞	飞蝗	睾丸激素

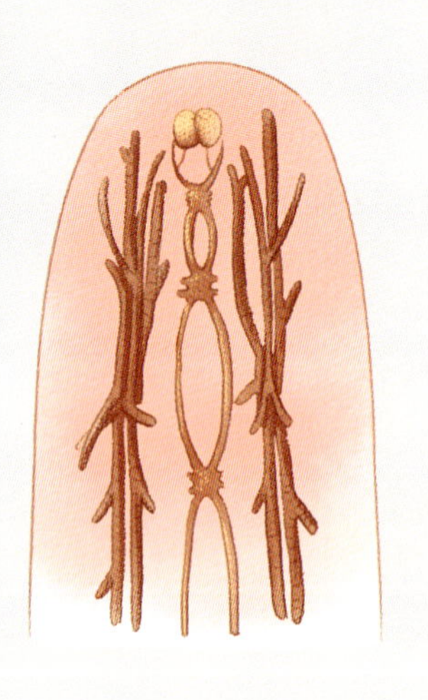

蝶类靠外激素来吸引异性或示警

三、工业原料来自它们

一些昆虫及其产物天生就是十分优质的工业原料，因此也被称为“工业昆虫”。

人们对于工业昆虫的利用可以追溯到几千年前。比如：中国早在上古黄帝时期就已经把桑蚕驯化成家养，为人们提供用来纺织的蚕丝。即便是到了工业化的现代，桑蚕吐出的丝也是必不可少的工业原料。

养蚕缫丝的过程

除了广为人知的桑蚕，还有许多工业昆虫及其产物。

角倍蚜喜欢寄生在一种叫“盐肤木”的大树上。它们“赖”在大树的柔嫩枝叶上不肯走，每天好吃好喝。时间长了，就像人被惊吓或受风后起鸡皮疙瘩一样，植物表面被角倍蚜刺激得长出一种囊状聚生物——虫瘿。人们把这些虫瘿烘焙干燥后，就会得到“五倍子”。五倍子含有丰富的鞣酸，是制造皮革、染料必不可少的重要原料。

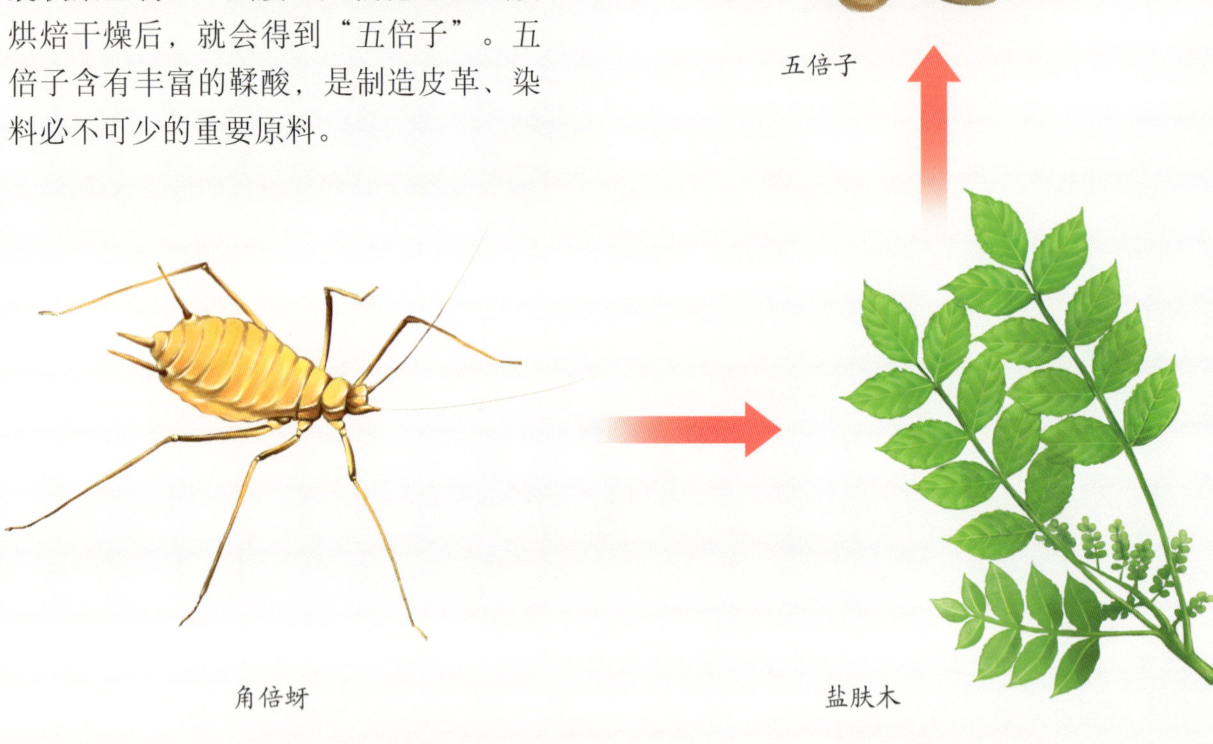

原产于北美与中美洲的胭脂虫一般成群地寄生于仙人掌类植物上，并用白色蜡粉和丝线状的覆盖物遮掩身体。成熟的虫体内部通常含有大量洋红酸，如果用手将其碾碎，鲜红的颜色就会满溢出来。大名鼎鼎的天然胭脂红色素就是用这些小昆虫制作出来的。它们被广泛应用于化妆品、染料等工业生产上。

四、昆虫与科研

和大多数实验动物比起来，昆虫不仅食物简单、饲养容易，而且繁殖量大、繁殖速度快，成长周期短，是许多科学研究的上等实验材料。

科学家通常会用昆虫进行营养代谢、神经内分泌、肌肉的生理与味觉感受器的研究。他们这样做是为了合理地利用益虫以及更加有效地防治害虫，保障人们的财产安全，避免经济损失。

除此之外，人们还利用昆虫进行了航天工程方面的科学研究。从 20 世纪中后期开始，苏联、美国等航天大国纷纷开始使用昆虫进行卫星搭载实验。中国也在 20 世纪 80—90 年代用果蝇、天蚕、家蚕等昆虫进行了几次卫星搭载实验，获得了许多宝贵的第一手记录与资料，不仅填补了国家在航天事业方面的空白，而且为接下来的研究奠定了基础。另外，最近兴起的探索电磁场的生物学效应也是人们利用昆虫进行研究的。

五、饲料昆虫营养多

昆虫虽然其貌不扬，但胜在营养丰富、肉嫩多汁。它们被烘干加工再粉碎以后，掺到喂养家禽和家畜的饲料里，不仅能补充动物的营养，而且可以提高家禽的产蛋量或家畜与家禽的瘦肉率。这些能被当成饲料的昆虫常被人们称为“饲料昆虫”。

截至目前，人们已经发现了 1000 多种能喂养鱼类、家畜以及家禽的饲料昆虫，包括黄粉虫（面包虫）、大麦虫等人们耳熟能详的昆虫。除了少数带有剧毒的昆虫，剩下的大多数昆虫可以被收集起来，加工做成合适的动物性饲料。这么做既可以充分利用昆虫体内含有的丰富的营养物质，又能使许多为祸一方的害虫“变害为宝”，节约大量资源。

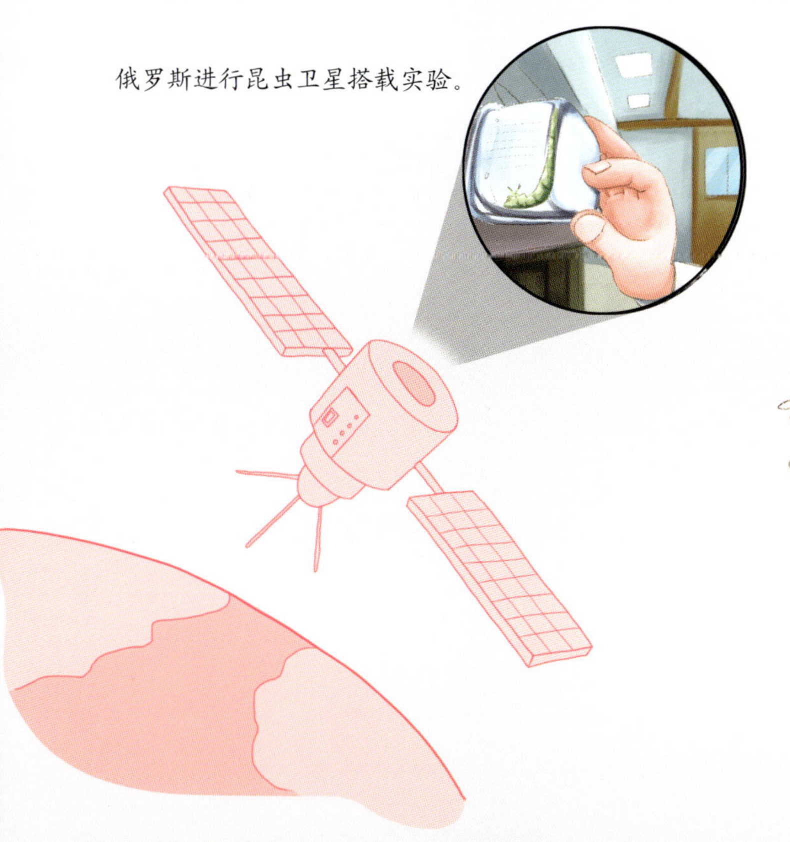
俄罗斯进行昆虫卫星搭载实验。

面包虫

大麦虫

六、艺术与美丽并存的昆虫

昆虫家族里不乏姿色艳丽、雄壮威武、鸣声清亮、仪态潇洒的成员，比如蝴蝶、蟋蟀、蝈蝈等。人们把这些观赏性大于实用性的昆虫称为“工艺观赏昆虫”。

在中国古代，很多文人墨客将外观美丽、雄壮的昆虫作为吟诗作画的题材。还有许多人专门饲养一些昆虫当作娱乐、消遣的宠物，或者将其制作成美丽的装饰品。截至目前，国内发现的可利用的工艺观赏昆虫已经多达 400 种。

蟋蟀
蝴蝶
蝈蝈

第六章

昆虫的奇妙物语

属于昆虫的纪录

昆虫家族成员众多，是地球上最大的动物种群，其庞大的规模快和生物圈里其他动物的种类之和旗鼓相当。不过，大家族也有大家族的麻烦，成员多了总要分个高低上下，也因此产生了许多世界之最。

1. 世界上最长的昆虫——竹节虫“Chan's megastick”

有一位对竹节虫情有独钟的昆虫爱好者在马来西亚婆罗洲岛上的热带雨林里进行探险时，意外发现了一个“怪物”——一只长度惊人的雌性竹节虫。据测量，它的身体完全伸展开后，长度达到了惊人的 56.6 厘米，如果光算身体的话，长度也有 35.7 厘米，是截至目前人类发现的世界上最长的昆虫。

如今，这只已经死亡的雌性竹节虫被英国伦敦自然历史博物馆收藏，并被起了个名字叫“Chan's megastick”。有些学者表示，“Chan's megastick”是一个新物种，它的发现打破了之前维持了大约 100 年的纪录。

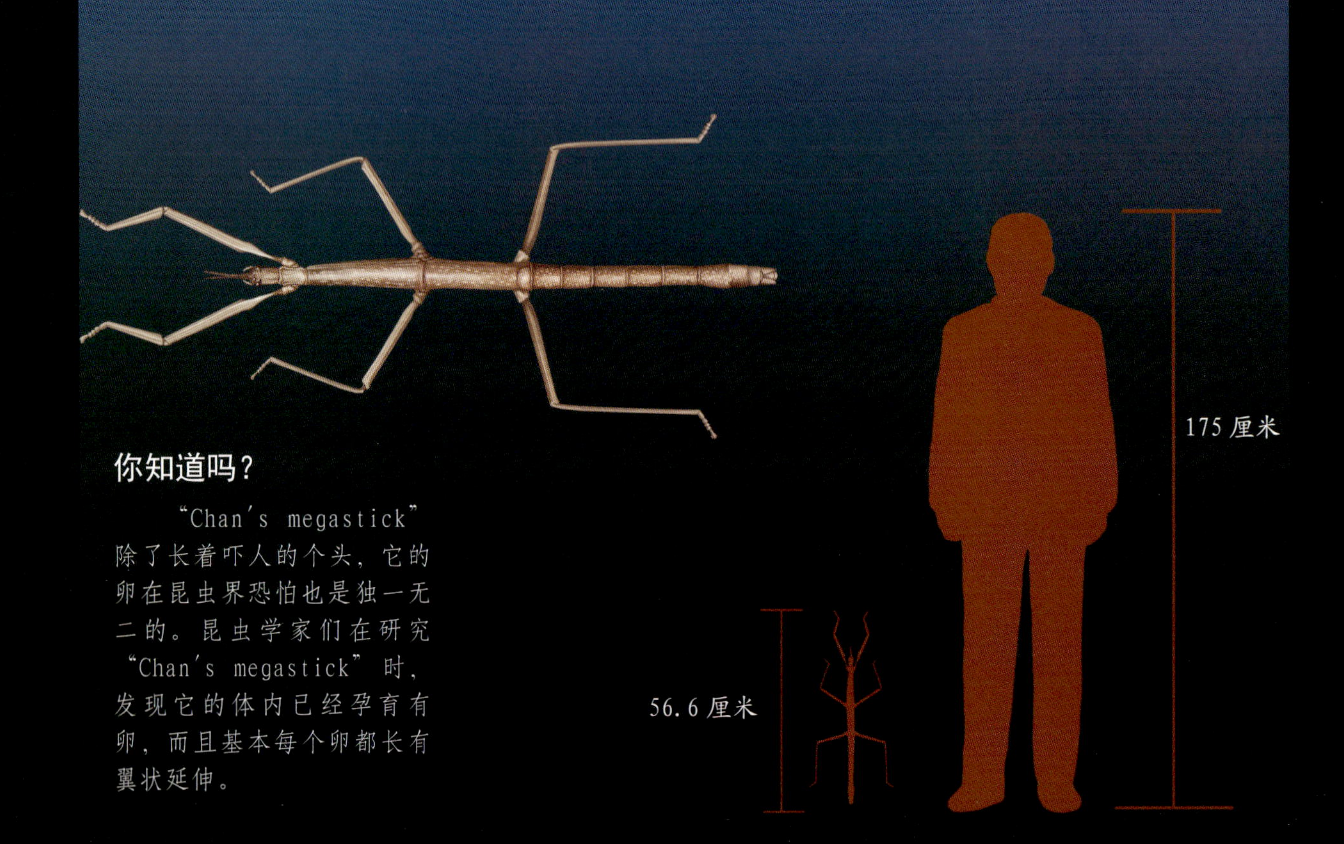

你知道吗？

“Chan's megastick”除了长着吓人的个头，它的卵在昆虫界恐怕也是独一无二的。昆虫学家们在研究“Chan's megastick”时，发现它的体内已经孕育有卵，而且基本每个卵都长有翼状延伸。

2. 世界上最大的蛾子——乌桕大蚕蛾

乌桕大蚕蛾是鳞翅目昆虫蛾类里的“巨无霸”，翅展最大甚至能达到 30 厘米，是目前人们公认的世界上最大的蛾子。乌桕大蚕蛾浑身遍布橘黄色的鳞毛，翅膀上长有色彩斑斓的鳞片，显得气质端庄、严肃，颇有几分“蛾中之王”的风采，因此也被称为“凤凰蛾”。

乌桕大蚕蛾还因为其独一无二的体形被当成著名怪兽电影《哥斯拉》里电影角色的原形。

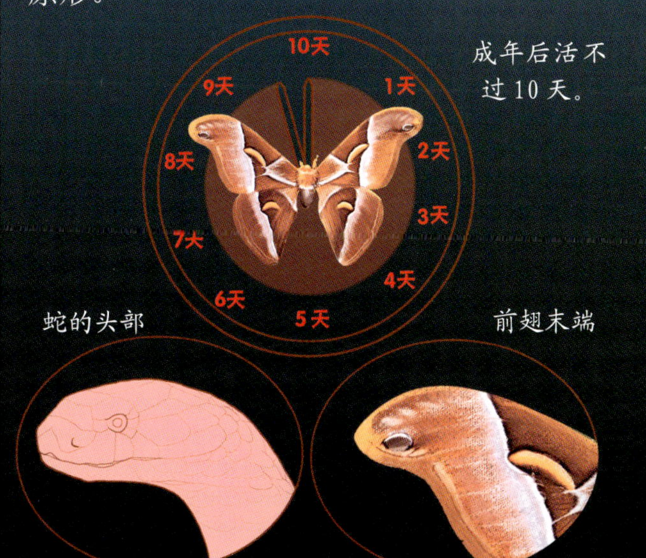

3. 世界上最大的水生昆虫——越中巨齿蛉

2014 年 7 月中旬，四川成都华希昆虫博物馆的工作人员在青城山后山考察时，意外发现了几只怪模怪样、大得吓人的昆虫。经辨认，工作人员发现它们是一种叫“越中巨齿蛉”的昆虫。好奇的工作人员捕捉了几只越中巨齿蛉个体，并把它们带回了博物馆。

你知道吗？

乌桕大蚕蛾主要分布在亚洲，由于它们成年后生存的时间一般不超过 10 天，因此比较少见，是一种很珍稀的昆虫。因为乌桕大蚕蛾前翅末端部位和蛇的头部很像，所以香港人又称呼它们为“蛇头蛾”。

在对几只越中巨齿蛉进行测量后，工作人员惊讶地发现，它们的体形太夸张了。其中一只的展翅宽度甚至超过了 21 厘米。要知道，当时公认的世界上最大的水栖昆虫是产自中南美洲的巨豆娘（也叫“直升机豆娘”），其最大展翅宽度为 19.1 厘米。

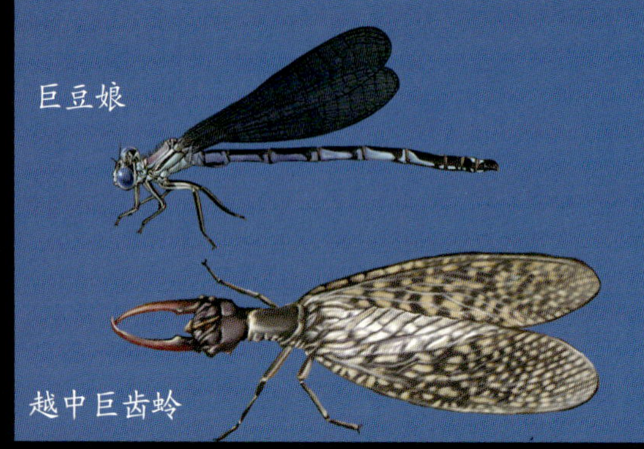

工作人员再次确认了越中巨齿蛉的展翅宽度数据后，向英国吉尼斯申报了世界纪录。2016 年，吉尼斯世界纪录管理团队在经过漫长的审核、确认后，正式宣布一只展翅宽度达 21.6 厘米的越中巨齿蛉成为“世界上最大的水生昆虫”，同时将证书交给了成都华希昆虫博物馆。

4. 翅膀扇动频率最高的昆虫——摇蚊

摇蚊在世界范围内分布广泛。它们是扇动翅膀速度最快的昆虫，1 分钟要扇动翅膀 1046 次，平均每秒下来要扇动翅膀大约 17 次。

5. 世界上最干的生物——象甲

象甲身体内部的含水量非常少，只有 40% ～ 44%，因此它们是世界上最干的生物。

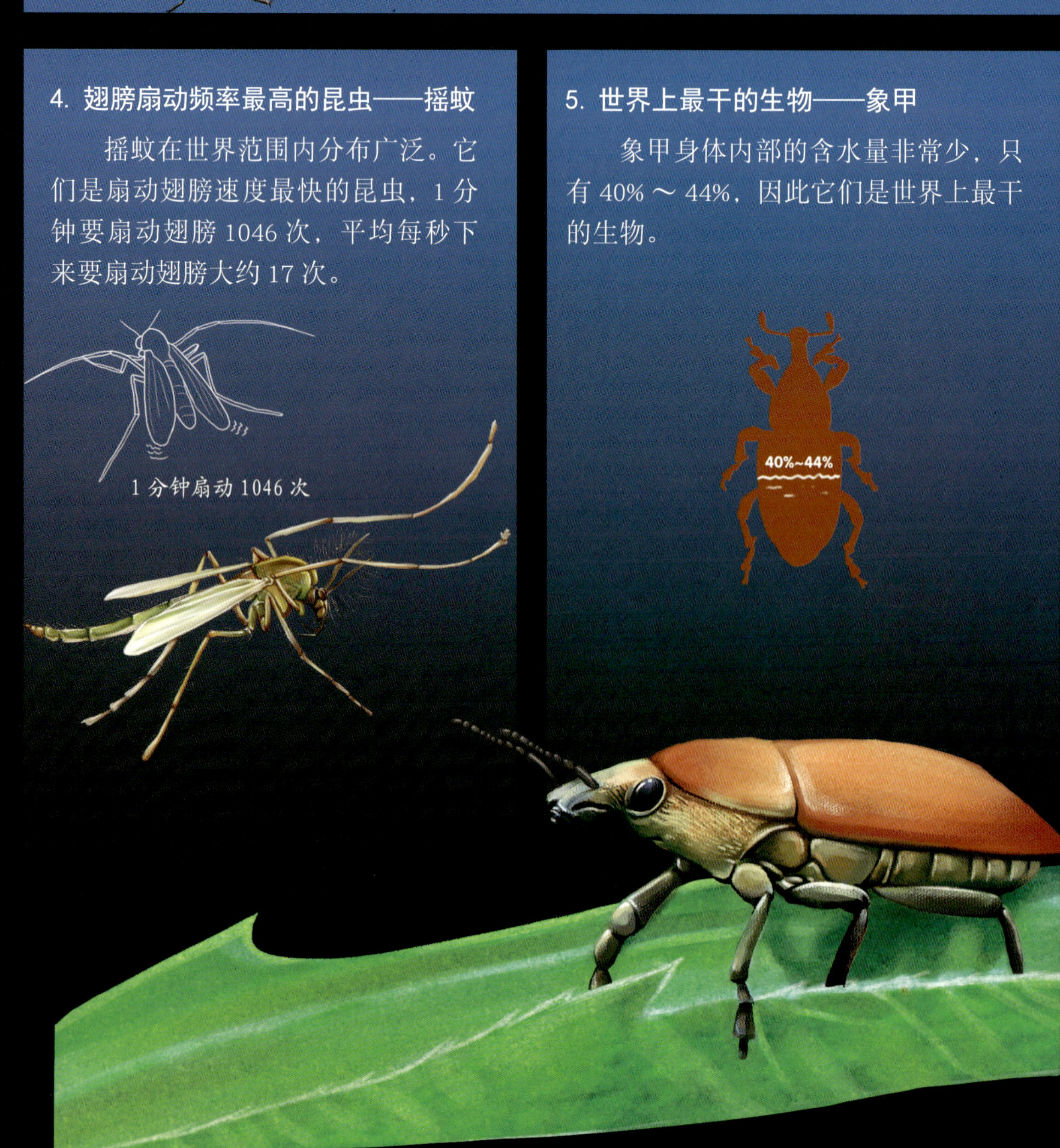

6. 嗓门最大的昆虫——非洲蝉

蝉类是炎炎夏日中天生的“噪音制造者”，非洲蝉更是其中之最。通常一只50厘米左右的雄性非洲蝉叫声可以达到100分贝！摇滚乐演唱会现场的噪音也只有110分贝左右。因此，非洲蝉是世界上嗓门最大的昆虫。

7. 嗅觉最灵敏的昆虫——天蛾

天蛾能够在10多千米外闻到彼此的信息素。

8. 最勤劳的昆虫——蜜蜂

它们从出生就开始寻找合适的花源，传授花粉，采集花蜜，直到死亡为止，从不偷懒。

9. 跳得最高的昆虫——沫蝉

它们虽然只有5毫米，但用力一跃却可以跳到大约相当于自身大小140倍的高度，相当于一个人跳200米那么高，超过了前纪录保持者跳蚤。

昆虫医生

人类使用昆虫治病的历史十分悠久，许多昆虫是优秀的药材。另外，昆虫家族里的很多成员是医术高超的“杏林能手”。

一、蜜蜂疗法：蜇蜇蜇！

也许有人会想：被蜜蜂蜇一下多疼啊！它们怎么会治病呢？别惊讶，这种听上去很像胡来的方法叫作“蜂针疗法”，简称“蜂疗”，在中国已经有很长的历史了。明代的古医书里就有关于“蜂针”治病的记载；清代医学家赵学敏在《本草纲目拾遗》中更是明确写出了以蜂针治病的办法。

意大利蜜蜂

治疗时，医生通常会用医用镊子夹住活蜂的腰部，蜇刺在患者已经消过毒的穴位上，或者直接取出一只蜜蜂的螫刺，分散地点刺穴位。它对风湿病、类风湿关节炎、免疫力低下、过敏性鼻炎、子宫肌瘤、神经痛、颈椎病、骨质增生等疾病具有显著的疗效。

“蜂针疗法”取材容易，不需要特殊加工，而且集蜂毒、针刺、温灸效应于一身，是十分常见的民间治疗方法。

蜂针疗法一般选用家养的中华蜜蜂或意大利蜜蜂。这样做不仅是因为这两种蜜蜂十分常见，更是因为家养蜜蜂的毒液成分与野生蜜蜂不同。家蜂毒性温和，而野蜂很容易使患者过敏。另外，在选择用作针刺的蜜蜂时，应选用毒液充分的蜜蜂，箱门口的守卫蜂或要飞出去采蜜的蜜蜂是最合适的。

中华蜜蜂

你知道吗？

相传三国时期的吴国有一位妙手回春的大夫叫董奉。他心地善良，为人治病从不收取药费，只立了一条规矩：重病痊愈者要在山里种五棵杏树，轻病痊愈者栽种一棵杏树。几年后，山上的杏树郁然成林。因此，人们把中医学界称为“杏林”，医生也往往自称“杏林中人”。

取黄蜂尾针，合硫炼，加冰、麝为药，置疮疡之头，以火点之，灸疮上，本草未载此法。须先以湿纸覆疮，先干者，即疮头灸之。

——《本草纲目拾遗》卷十

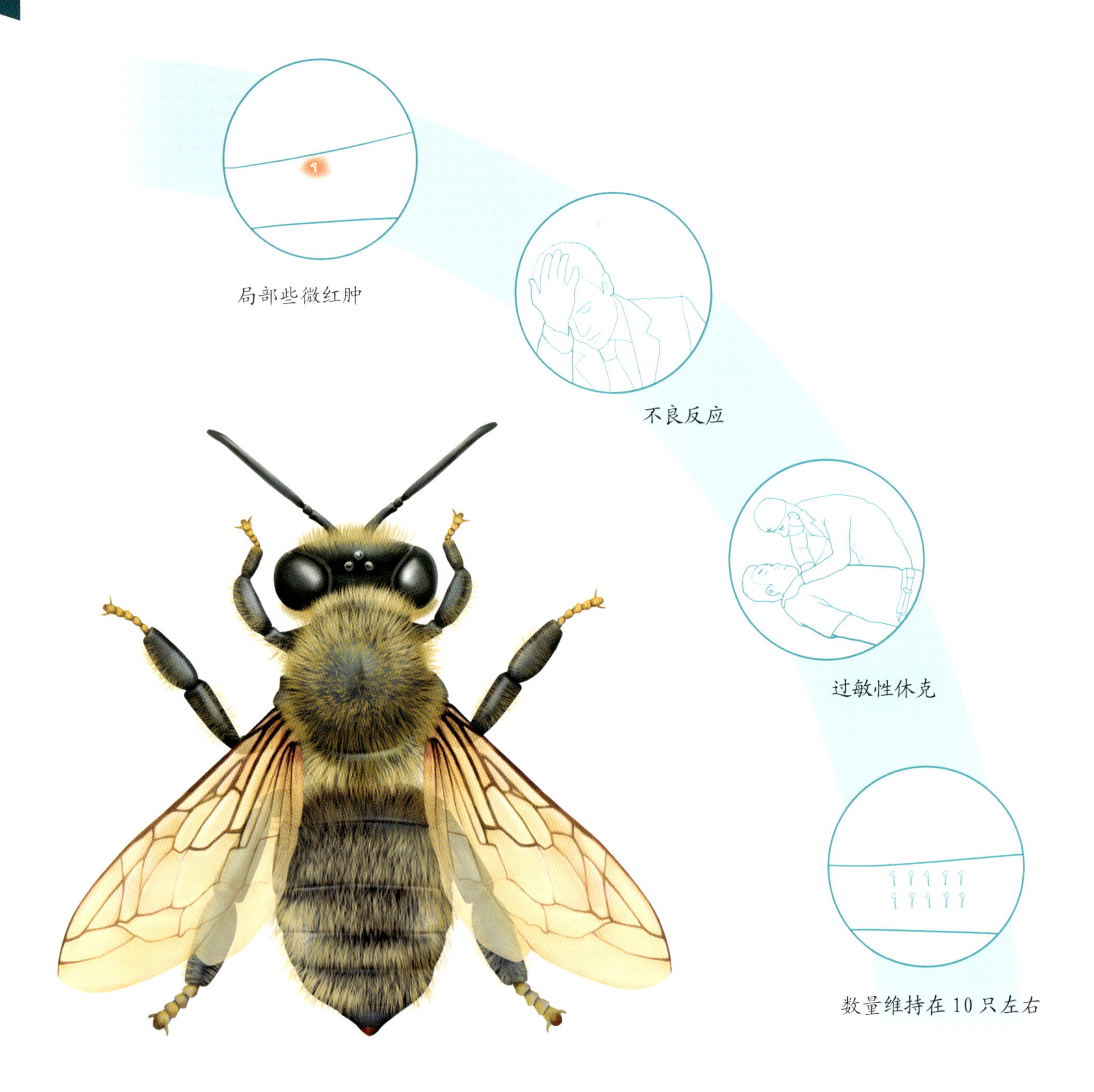

注意事项

1. 对于初次接受蜂刺治疗的患者，首先必须进行试针，测验其是否具有继续接受常规治疗的资格。

2. 在试针过程中，要把蜜蜂螯刺留在患者体内 5 分钟后再拔出，然后等待 15 ～ 30 分钟，观察患者反应。如果只是局部些微红肿，没有其他不适的局部或者全身反应，就可以进行接下来的常规治疗；反之则不可进行治疗。

3. 对于在试针过程中出现剧烈不良反应的患者应该立即治疗，对症下药。

4. 虽然概率较低，但如果出现过敏性休克的患者，应立即将其送往医院治疗。

5. 蜂针治疗虽然效果不错，但是药三分毒，因此最好将蜂针的数量维持在 10 只左右。如果超出定量，很可能会给患者身体带来负担。

二、神奇的蝇蛆疗法

听起来，这是一种比蜜蜂疗法更加不靠谱的治疗方法。蜜蜂好歹是勤奋的象征，而蝇蛆呢？细菌、肮脏、病毒……似乎没有什么好的词语与它们相关。实际上，蝇蛆这种令人厌恶的小生物已经是外科医生的得力助手了。

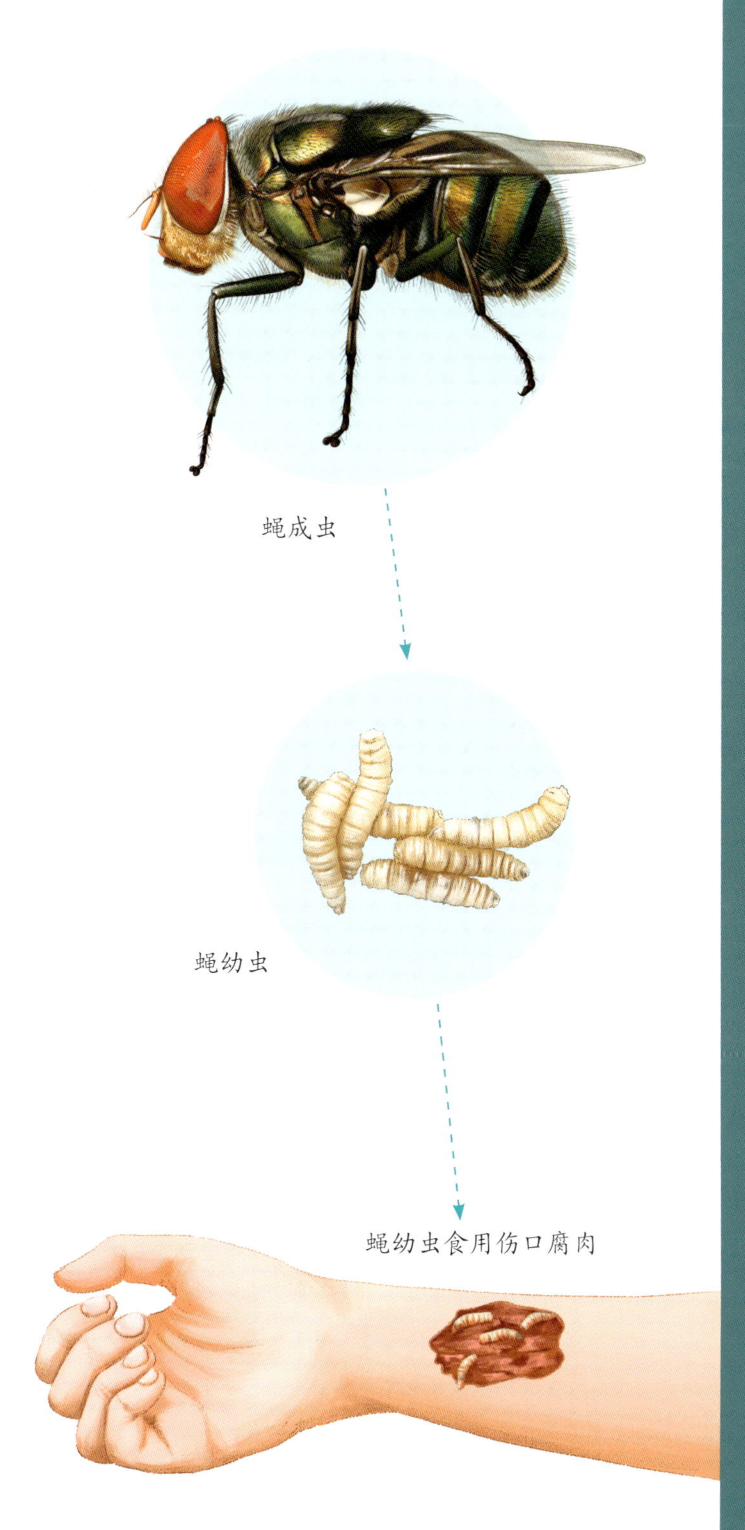

早在16世纪，人们就已经注意到蝇蛆在清理感染创口方面具有非同一般的功能。19世纪初，历史上著名的法兰西第一帝国皇帝——拿破仑就在自己的军队里推行用蝇蛆为受伤感染的士兵治疗。人们发现，这些蝇蛆不仅没有加重感染，反而促进了伤口的愈合，挽救了许多士兵的生命。后来，这种以“蝇蛆治疗外伤感染”的办法一直沿用到第一次世界大战时期。

二战时期，“救命神药”抗生素的出现使蝇蛆疗法成为笨拙的土法子。直到后来，由于抗生素的滥用出现了耐药菌，医生们才把目光又投向过去瞧不上眼的蝇蛆疗法。

所谓“蝇蛆疗法”，指的是利用蝇蛆喜欢食用腐肉的特点，将它们放在患者腐烂的外伤处清洁伤口。而且，因为蝇蛆对新鲜血肉并不感兴趣，所以不必担心它们会损害患者的健康组织。“蝇蛆疗法”对治疗糖尿病足溃疡、褥疮、皮肤溃烂等有很好的效果。

但是，并不是所有蝇蛆都适用于清洁外伤，目前可用于治疗的蝇蛆只限于未发育完全的丽蝇幼虫等少数几个品种。

昆虫也能破案

在一起凶案现场，刑侦人员仔细探查着每一个角落，甚至连一些小昆虫也不肯放过。难道这些小昆虫还能帮忙破案不成？然而，事实证明，昆虫能破案并非天方夜谭。

法医昆虫学

法医昆虫学是法医学的一门分支学科，讲究在刑事案件的调查侦破过程中正确应用昆虫的种种特性。从某种程度上讲，昆虫是与尸体同在的。很多腐食性昆虫会在人类的遗骸上“安家落户”。法医昆虫学就是通过对这些昆虫进行司法鉴定获取它们“透露”出来的各种信息，帮警方掌握大量与尸体相关的信息，协助破案。

许多人认为法医昆虫学是近几十年来才渐渐崛起的新兴学科。实际上，早在将近1000年前的中国宋代就已经有了关于法医昆虫学的文献记载。

南宋晚期著名的法医学家宋慈在他编著的《洗冤集录》中记载了一则主审官通过蝇类集中落在一把残留血腥气的镰刀上的现象来确定杀人凶手的事例。这是利用苍蝇嗜血的习性来破案的典型例子，被国际上公认为世界上最早的关于昆虫破案的文字记载。

有检验被杀尸在路旁，始疑盗者杀之，及点检沿身衣物俱在，遍身镰刀砍伤十余处。……俄而，居民赍到镰刀七八十张，令布列地上。时方盛暑，内镰刀一张，蝇子飞集。检官指此镰刀问为谁者，忽有一人承当，……检官指刀令自看："众人镰刀无蝇子，今汝杀人，血腥气犹在，蝇子集聚，岂可隐耶？"

——《洗冤集录》卷二之五

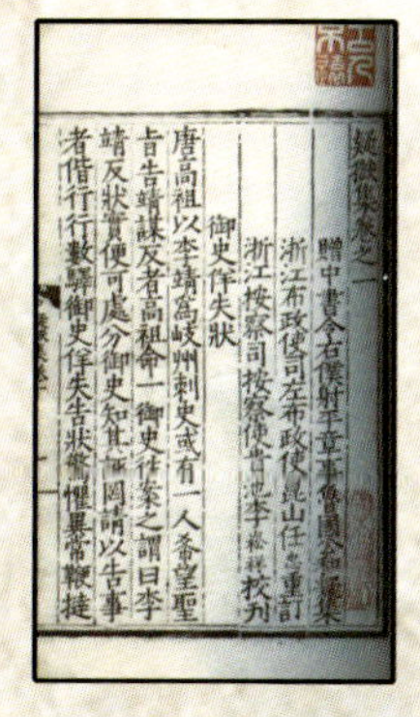

疑獄集卷之一

贈中書令右僕射[illegible]集

浙江布政使司左布政使昆山任[illegible]重訂

浙江按察司按察使[illegible]李[illegible]校刊

御史佯失狀

唐高祖以李靖爲岐州刺史或有一人希望聖
旨告靖謀反者高祖命一御史往案之謂曰李
靖反狀實便可處分御史知其誣罔請以告事
者偕行行數驛御史佯失告狀驚懼異常鞭撻

《疑狱集》明嘉靖十四年刻本

你知道吗？

在五代十国时期，后晋和凝、和蒙父子编纂的《疑狱集》中也有关于昆虫破案的例子。在案例里，某人暴死，官员一开始并未发现可疑之处，后来发现死者的头部集中了很多苍蝇，认为其死于外伤，最后在死者头顶果然发现一枚钉进头骨的铁钉。

现代法医昆虫学的研究始于19世纪后半叶的欧洲，但真正崛起还是在20世纪后半叶。越来越多的昆虫学者和法医学家意识到昆虫在法医学上的重大作用，并利用手头的资料大大地丰富了法医昆虫学的内容和应用范围。

目前市面上关于法医昆虫学的专业书籍并不多，比较著名的有两本：一本是肯·史密斯的《法医昆虫学手册》（*A Manual of Forensic Entomology*），是世界上第一本法医昆虫学专著；还有一本是《昆虫学与死亡：操作指南》（*Entomology & Death: A Procedural Guide*）。

法医昆虫学家根据昆虫和一些节肢动物的食性及致病特点将其分为以下几类：

2. 寄生虫和捕食者： 重要性仅次于食尸昆虫的类别，包含部分鞘翅目、双翅目和膜翅目昆虫以及某些螨类。这些虫子在发育早期属于食尸性，晚期变为捕食性。
蝇蛆
1. 食尸昆虫： 包括丽蝇、麻蝇等双翅目以及蠡等鞘翅目昆虫。它们都是以尸体为食的昆虫。刑侦人员可以依据它们的日龄长推算尸体的死亡时间。
麻蝇
丽蝇

3. 杂食昆虫： 这类昆虫如果大量生活在尸体上，会使食尸昆虫数量锐减，减缓尸体腐败程度，包括蚁类、黄蜂与一些吃尸体的甲虫。

4. 偶然寄生的节肢动物： 它们寄生在尸体上有很大的偶然性，只是把尸体当成暂时的落脚点，包括一些螨类、蜘蛛、蜈蚣等。

家蝇

历史上的真实案例

1. 公寓杀婴案

1855年，法国巴黎的一所公寓发生了一起命案。被害人是一个婴儿，尸体已经干化。报案人表示，他们是这所公寓的新住户，尸体是在公寓的墙后面发现的。

由于婴儿尸体干化程度太严重，加上证据太过缺乏，警方的调查一时陷入僵局。这时，一名机灵的调查员想到了请外援帮忙。这名外援不是像福尔摩斯那样的大侦探，而是一名叫柏格瑞特的医生。

柏格瑞特仔细检查了婴儿尸体后，通过尸体上昆虫的堆积以及腐坏程度，准确推断出婴儿的死亡时间是在7年之前，也就是1848年。根据柏格瑞特的分析，公寓的新住户被洗清了嫌疑，警方则迅速逮捕了1848年住在这里的房客。最终，这些恶棍承认了自己的罪行。这是欧洲学者首次将昆虫学知识巧妙地运用在法医学上的实践。

2. 虚假的不在场证明

2003年，美国加利福尼亚州发生了一起骇人听闻的屠杀案：一名女子和她的母亲以及3个孩子被残忍杀害。警方第一时间将目标锁定为女人的丈夫——文森特·布拉泽斯。这并不是无的放矢，警方是根据文森特以往在家庭、社会上的表现才认定他具有重大作案嫌疑的。

然而，麻烦的事情发生了。文森特出示了自己于命案发生期间在俄亥俄州拜访哥哥的证据。这个完美的不在场证明让案件调查一时陷入僵局。

后来，细心的警方在文森特租来的汽车上发现了疑点：车上的空气过滤器和散热器上为什么有一些奇怪的昆虫？他们认为这些不起眼的小虫子很可能是解决问题的关键，于是就将昆虫送到了加州大学的昆虫学家林恩·吉姆西那里，希望她能识别出这些昆虫。

功夫不负有心人。吉姆西很快确认这些昆虫来自加州与落基山脉的西部，根本不可能出现在俄亥俄州，而且它们都是夜行性昆虫。很显然，文森特说谎了！他曾在夜间驾车返回过加州，并杀害了自己的家人！

在“昆虫证据”的面前，文森特的不在场证明成了一纸笑话。

趴在文森特汽车散热器上的昆虫

3. 肢解抛尸案

巴克·卢克斯顿既不是将军，也不是政客，只是一名普通医生。然而，他却以一种令人恐惧的方式成为历史名人。

巴克·卢克斯顿有一颗敏感、多疑的心，总是怀疑自己的妻子红杏出墙，对自己不忠（然而直到今天，人们也没有发现巴克妻子出轨的证据）。最终，妒火焚毁了巴克的理智，他在家中将妻子伊莎贝拉·克尔杀死。不仅如此，巴克担心家里的女佣告密，把她也杀掉了。

为了掩盖罪行，巴克利用自己的医学知识把两名死者肢解碎尸，并去除了尸体上面的特征标记（伤疤和痣），然后把它们远远地扔到了一条溪流中。

很快，警察发现了被丢弃的尸体碎块。他们对这堆可怕的东西感到一筹莫展，于是请来了一位叫默恩斯的昆虫学家。默恩斯通过研究尸块上的蝇蛆，判断它们的虫龄不超过14天，从而推理出尸体被扔到水里的具体时间。最终，在证据面前，巴克对自己的罪行供认不讳，被判处绞刑。这是英国历史上第一次以蝇蛆作为断案的证据。

虫与草

很多人第一次听说“昆虫可以变成草”时，觉得那是天方夜谭，是不可能的。毕竟昆虫是昆虫，草是草，是两个完全不同的物种，怎么会发生“一种动物突变成一种植物”的事情呢？其实，所谓的“虫变草”只是人们不了解自然界各种生物变迁而产生的误解。

在“虫变草”的生物中，比较典型的就是鼎鼎大名的“冬虫夏草”了。

（冬虫夏草）甘平保肺，益肾止血，化痰已劳咳。

——〔清〕吴仪洛：《本草从新》

冬虫夏草是中国的一种名贵药材。有关它的药效记载最早出现在清代吴仪洛的著作《本草从新》中。中医认为冬虫夏草是一种非常好的滋补药物，与人参、鹿茸齐名，并称为中国的“三大补药”。

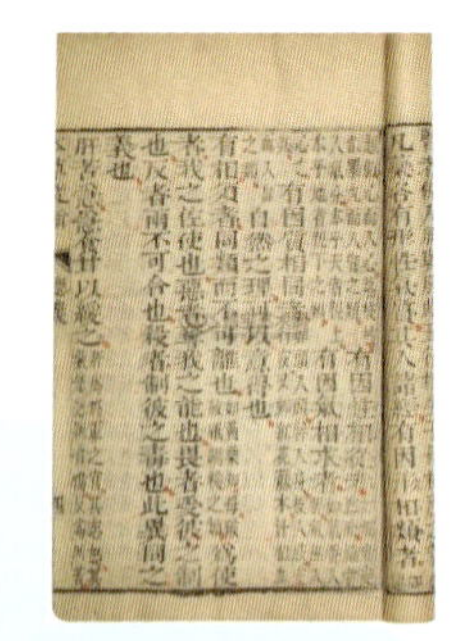

《本草从新》清代刊本

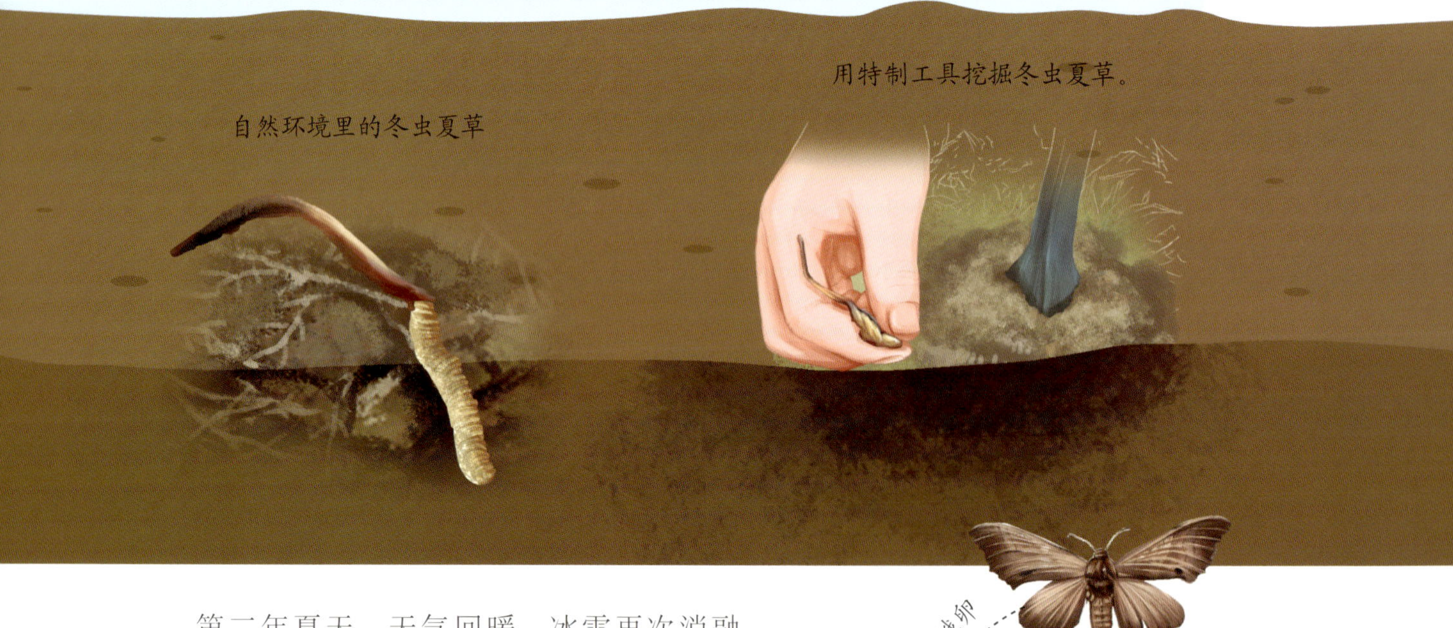

自然环境里的冬虫夏草

用特制工具挖掘冬虫夏草。

第二年夏天，天气回暖，冰雪再次消融。受到温暖天气的影响与雪水滋润，地底的菌丝会再次成长，从幼虫尸体的头部长出一根像草茎一样的细长“草尖儿”，其名字叫“真菌子座”。真菌子座冒出地面以后，顶部就会渐渐膨胀，变成粗大的椭圆形，而其根部此时依旧留在地下和幼虫相连。此时的它被人们称为“夏草”。

蝙蝠蛾卵

蝙蝠蛾

蝙蝠蛾幼虫

蝙蝠蛾虫蛹

冬虫夏草菌

冬虫夏草

可治病的药材包括动物和植物，冬虫夏草究竟属于哪一类呢？植物吗？但仔细看就会发现它的主体是昆虫。难道是动物？可上面的“草茎”怎么解释？事实上，冬虫夏草既不是动物，也不是植物，而是昆虫与真菌的结合体。

原来，在海拔 3800 米以上的雪山草甸上生活着一种叫“虫草蝙蝠蛾”的昆虫。每当夏天来临的时候，这些小昆虫就会将卵产在地表的花叶上。虫卵孵化以后，幼虫就会主动钻入冰雪消融的湿润土壤中，靠吸食植物根部的营养生活。与此同时，奇妙的虫草真菌也会入侵这些幼虫的身体，一边吸收幼虫体内的营养，一边生长出菌丝。到了冬天，菌丝就会包裹住已经僵死的幼虫身体。这个阶段它被人们称为“冬虫”。

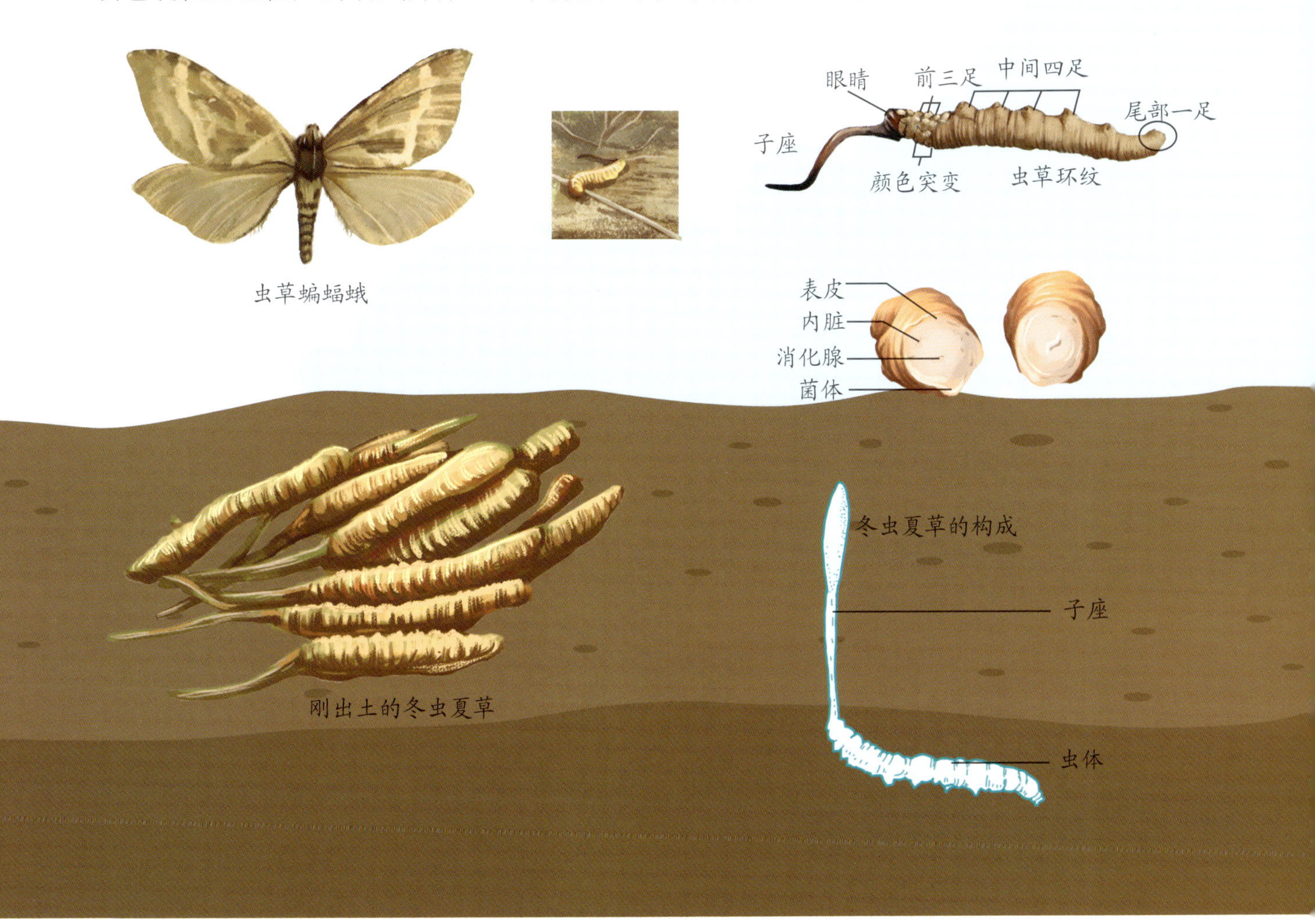

除了冬虫夏草，蝉花也是“虫变草”的一个例子。

蝉花又名“大虫草”，与冬虫夏草一样，不仅是非常名贵的中药材，也是昆虫在受到真菌感染后变化而成的。

刚出土不久的蝉花

虽然蝉花的形成过程与冬虫夏草大致一样，但也是存在差别的：

1. 蝉花是蝉的若虫被真菌感染后形成的产物，不是蝙蝠蛾幼虫。

2. 冬虫夏草多产于高山地区，蝉花则对地点不挑剔，可以说只要有蝉存在的地区，都有出现蝉花的可能性。

匪夷所思的虫情

通常情况下，昆虫会遵循自然界的客观规律来生存，但在某些时候，它们也会在环境或者气候的刺激下做出种种在人们看起来十分诡异、违背常理的行为。这种现象被昆虫学家称为“异常虫情”。

一、缥缈的“虫烟”

1950 年 9 月，北京的居民忽然发现了一件怪事：不知从哪天开始，鼓楼顶部西侧的黄色琉璃兽头上每天傍晚都会飘起一缕缕奇怪的黑烟，看上去分外诡异。

羽摇蚊

没多久，大半个北京城的人知道了这件事。在那个迷信氛围相对浓重的年代，人们说什么的都有，甚至还有一些别有企图的人趁乱造谣。

为了早日清除谣言带来的恶劣影响，有关部门邀请了当时中科院昆虫研究室的朱弘复、刘友樵等几位昆虫学家来研究真相。几位先生不负厚望，迅速破解了“鼓楼冒烟”的谜团。原来，那一缕缕黑烟不过是一大群摇蚊在空中交配，也就是所谓的“婚飞现象”。

摇蚊为什么会跑到鼓楼“婚飞”呢？据调查，这是因为当时政府在整治什刹海时挖出了很多淤泥，使这里成了适合摇蚊繁殖的场所，加上摇蚊有趋向黄色的习性，所以才出现了摇蚊在北京鼓楼顶端的黄色琉璃兽头上方进行“婚飞”的现象。

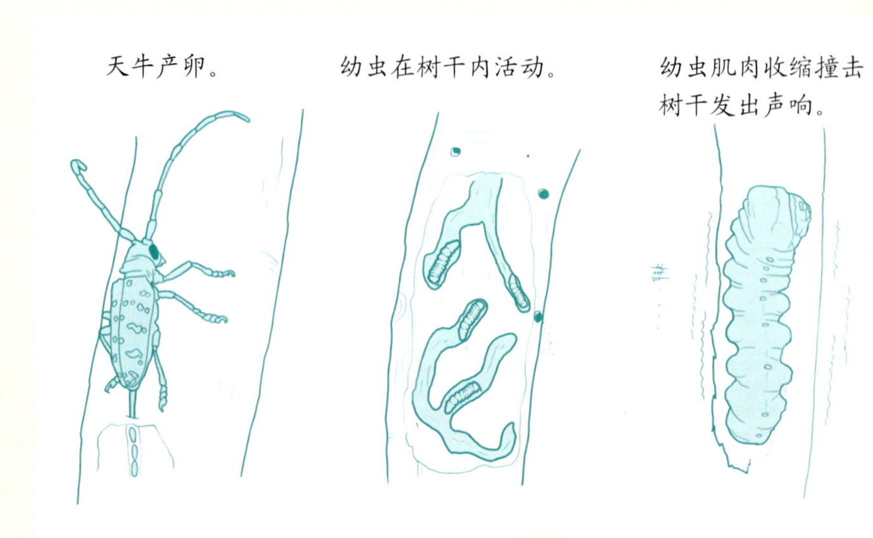

天牛产卵。
幼虫在树干内活动。
幼虫肌肉收缩撞击树干发出声响。

蚜虫在植物间迁飞。

春季向玉米等转移。

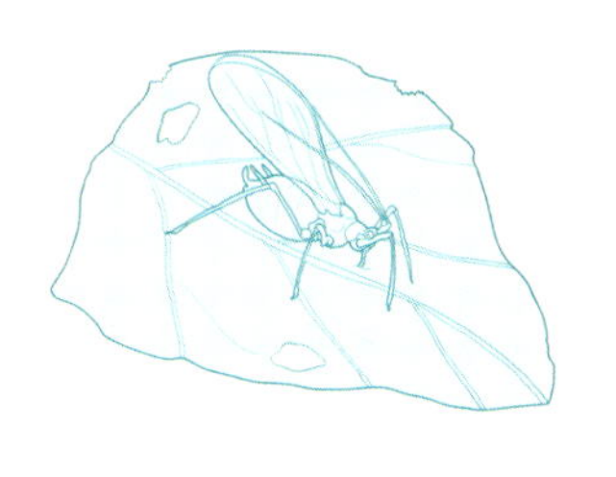

蚜虫吸食植物汁液。

二、“白羊变黑”为哪般

1971年春，在邻近蒙古国的陕西省神木县，一阵飞机的轰鸣声过后，大量蚊虫突然出现。它们的数量如此之大，甚至直接将山坡上的羊群“染”成了黑色。

“白羊变黑”的奇闻引起了许多人的恐慌。政府为了查明真相，立即请中科院两名经验丰富的学者——朱弘复教授与李铁生先生赶赴当地进行调查。

很快，事情有了结果。所谓“白羊变黑”的怪事，原来只是一种有翅蚜虫在作怪。这种蚜虫每到春季就会开始向玉米、榆树等植物转移，神木县当地的植物又恰巧以这些为主，因此有翅蚜虫一起大规模迁飞的现象才会被人们误认为蚊虫飞舞。至于“白羊变黑”的情况，则是因为蚜虫对黄色比较敏感，而羊群常年在野外活动，羊毛被沾染成黄色，所以才吸引了大量蚜虫落在它们身上。

棉蚜虫幼虫　　棉蚜虫

三、啼笑皆非的“鬼打更”

20世纪50年代，某地农村有一户人家“霸占”了一座庙宇的地基，并在上面建起了新房。当房主打算住进去时，房子却出了事。每逢夜幕降临，新房屋顶就会传来“梆梆梆”的敲击声。村里人都说这是盖房得罪了庙里的鬼神，这种声音是“鬼打更”。迷信的房主吓得将新房锁了起来。

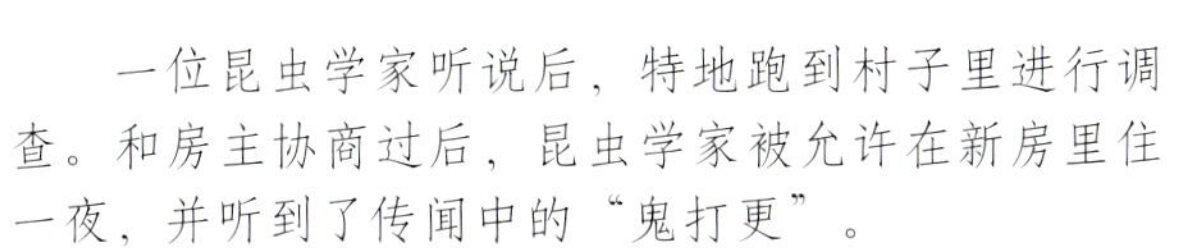

一位昆虫学家听说后，特地跑到村子里进行调查。和房主协商过后，昆虫学家被允许在新房里住一夜，并听到了传闻中的“鬼打更”。

次日一大早，胸有成竹的昆虫学家搭着梯子爬上房梁，用砍刀剥开有蛀洞的地方，取出一条条肥胖的天牛幼虫，并把它们展示给房主。

原来，雌性天牛交配后会把卵产在树皮下。虫卵孵化后，幼虫就会在结实的木材里啃出一条条“隧道”。时间长了，大量木屑和排泄物会把隧道与洞孔堵住。幼虫为了腾出活动空间，只好猛烈地收缩胸部肌肉，牵动身体撞击虫洞壁，发出“梆梆梆”的敲击声。这就是村民听到的“打更声”。

索 引

Index

A

B

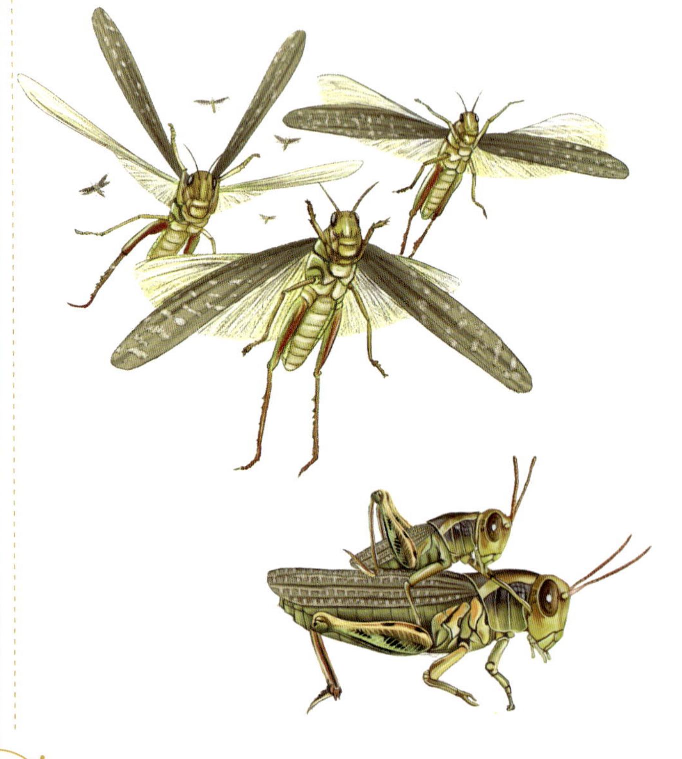

C

D

F

G

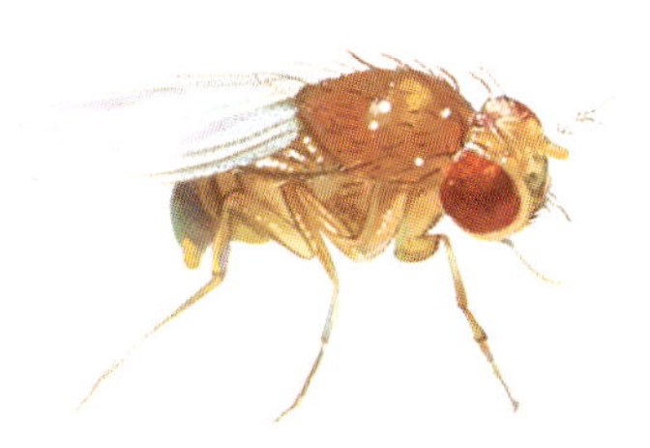

H

J

K

L

M

N

O

P

Q

R

S

T

X

Y

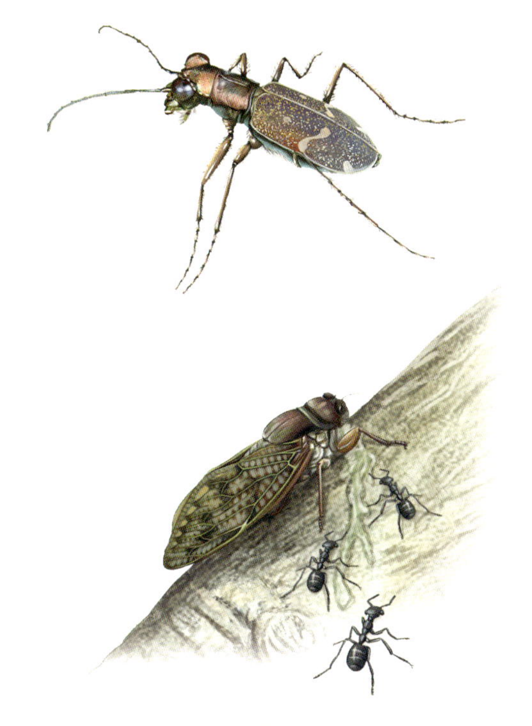

Z